全国高职高专计算机立体化系列规划教材

ASP.NET 动态网站开发

主　编　崔　宁
副主编　李　娟　徐海燕
　　　　于　峰　牟艳霞
　　　　李　颖　张恒斌
　　　　张克瑜

北京大学出版社
PEKING UNIVERSITY PRESS

内 容 简 介

本书采用项目教学法，通过一个实际开发的网站"图书馆在线管理系统"介绍了基于 C#的 ASP.NET 程序设计的基础知识和编程技巧。本书主要讲解了 ASP.NET 的概念、C#语法基础、HTML 与 JavaScript 语法基础、Web 服务器控件的使用、内置对象的概念及其应用、ADO.NET 数据库访问技术、网站的配置与发布等内容。第 8 章给出了"图书馆在线管理系统"的详细实现过程和代码，讲述了按照软件工程的思路，使用 ASP.NET 开发网站的过程和方法。

本书概念清楚，逻辑性强，以应用开发为主线，以实践操作为主体，以形成软件产品为目的，通过项目的开发引出相关的理论知识，提高相应的实践技能。

本书适合作为高职高专院校计算机专业的教材，也适合自学 ASP.NET 的读者参考使用。

图书在版编目(CIP)数据

ASP.NET 动态网站开发/崔宁主编． —北京：北京大学出版社，2012.5
(全国高职高专计算机立体化系列规划教材)

ISBN 978-7-301-20565-5

Ⅰ．①A… Ⅱ．①崔… Ⅲ．①网页制作工具－程序设计－高等职业教育－教材 Ⅳ．①TP393.092

中国版本图书馆 CIP 数据核字(2012)第 076544 号

书　　　　名：	ASP.NET 动态网站开发
著作责任者：	崔　宁　主编
策 划 编 辑：	李彦红　刘国明
责 任 编 辑：	李彦红
标 准 书 号：	ISBN 978-7-301-20565-5/TP · 1217
出　版　者：	北京大学出版社
地　　　　址：	北京市海淀区成府路 205 号　100871
网　　　　址：	http://www.pup.cn　http://www.pup6.cn
电　　　　话：	邮购部 62752015　发行部 62750672　编辑部 62750667　出版部 62754962
电 子 邮 箱：	pup_6@163.com
印　刷　者：	河北滦县鑫华书刊印刷厂
发　行　者：	北京大学出版社
经　销　者：	新华书店

787mm×1092mm　16 开本　16.25 印张　375 千字
2012 年 5 月第 1 版　　2012 年 5 月第 1 次印刷

定　　　　价：30.00 元

前　言

ASP.NET 是 Microsoft 公司推出的 Web 开发平台，也是目前最先进、特征最丰富、功能最强大的 Web 开发平台。ASP.NET 具有方便、灵活、性能优越、生产效率高、安全性好、完整性强等特点，是目前主流的网络编程环境之一。它建立在.NET Framework 之上，使用 VB.NET 或 C#等模块化语言编写程序，提供了更易于编写且结构更清晰的代码。ASP.NET 在结构上几乎完全是基于组件和模块化的，Web 应用程序的开发人员使用这个开发环境可以实现更加模块化的、功能更强大的应用程序。目前，学习和使用 ASP.NET 的计算机软件爱好者和从业人员越来越多，很多学校也将其作为必修课程。

本书是为高职高专院校计算机专业的学生以及对动态网站开发感兴趣的读者编写的，意在培养读者的网站开发能力，以及分析和解决问题的能力，以适应网络社会对人才的需要。本书编写成员多年从事 ASP.NET 教学工作，在教学中，我们一直非常注重学生实践技能与实战能力的培养。除了在本校建立软硬件条件较好的实习实训实验室外，我们还与北京中软有限公司和北京华信智原教育技术有限公司有着良好的校企合作关系。该公司为我们的师生提供了良好的项目实训条件。在合作的过程中，我们不但提高了双师技能，还积累了大量的项目教学经验。本书采用的项目"图书馆在线管理系统"即来源于教学一线，并与实际工作高度吻合，易于被学生理解和接受。

全书通过"图书馆在线管理系统"贯穿各个章节，采用模块化、工作过程系统化的思路开发项目，按照由简到繁的原则，循序渐进地讲解各个相关知识点。教学实践证明，本书项目难度适中，模块划分合理，内容翔实，易于被高职层次的学生接受。

全书将项目细分为不同的模块，采用任务驱动的教学方式讲授知识，每章内容均对应着一定模块的实现，共分为以下 8 章内容。

第 1 章主要介绍 ASP.NET 的开发环境、特点和安装与使用方法。

第 2 章主要介绍 C#语言的基本语法。

第 3 章主要介绍 HTML 标记和 JavaScript 的语法。

第 4 章介绍了 Web 服务器常用控件、验证控件和用户自定义控件的使用。

第 5 章介绍 ASP.NET 的内置对象，包括 Request 对象、Response 对象、Application 对象、Session 对象、Cookies 对象以及 Server 对象的应用。

第 6 章主要介绍数据库访问技术，包括使用 SQL Server 建立数据库，常用的 SQL 语句，ADO.NET 的几大控件的使用以及数据库绑定技术。

第 7 章介绍网站的配置与发布。

第 8 章为综合实训，详细介绍了"图书馆管理系统"的开发过程，综合运用前面所学的知识，形成一个独立成型的产品。

本书由崔宁任主编，李娟、徐海燕、于峰、牟艳霞、李颖、张恒斌、张克瑜任副主编，其中，崔宁编写了第 3、5、6 章，李娟编写了第 2 章，徐海燕编写了第 7 章，于峰编写了第 4 章，牟艳霞编写了第 8 章，李颖编写了第 1 章，张克瑜、张恒斌担任全书的校对与排版工作。本书所有项目的选取与设计均得到北京华信智原教育技术有限公司技术总监何涛老师的指导，在此我们向何涛老师表示深深的感谢。本书还参考了大量的相关技术资料，吸取了许多同仁的宝贵经验，在此深表谢意。

尽管书稿几经修改，但由于编者水平和时间限制，书中难免有不足之处，恳请各位专家和广大的读者批评指正，编者 E-mail：ning.c@163.com。

编　者

2012.1

目　　录

第 1 章　欢迎来到 ASP.NET 编程世界

 教学目标

(1) 了解.NET 平台。

(2) 掌握安装 Visual Studio 2008 的步骤。

(3) 掌握创建 ASP.NET 应用程序的步骤。

(4) 掌握简单 ASP.NET 应用程序的设计流程。

 教学要求

知识要点	能力要求	关联知识
安装 Visual Studio 2008 的编程环境	(1) 掌握安装 Visual Studio 2008 的步骤 (2) 了解 Visual Studio 2008 的 3 种安装方式	各种控件、窗口和方法
如何创建 ASP.NET 应用程序	(1) 熟悉 Visual Studio 2008 编程环境 (2) 掌握创建 ASP.NET 应用程序的步骤	Web Form 窗体及简单控件的使用
简单 ASP.NET 应用程序的设计流程	熟练掌握 ASP.NET 应用程序的设计流程	编写应用程序

 重点难点

➤ 创建简单 ASP.NET 应用程序。

➤ 熟悉 Visual Studio 2008 编程环境。

➤ 创建框架网页的方法。

➤ 在网页中插入需要的 JavaScript 函数来实现一定的功能。

1.1 任务描述

本书的目标是使用 ASP.NET 开发《图书馆在线管理系统》。开发网站的第一步工作是新建网站，故本章的任务为建立一个网站 library，并在该网站首页上显示一个按钮，单击此按钮时，通过一个弹出窗口显示欢迎信息。网站首页如图 1.1 所示。弹出窗口的页面如图 1.2 所示。

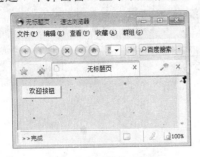

图 1.1　网页运行效果

图 1.2　单击按钮后的效果

1.2 实践操作

使用 ASP.NET 开发网站的前提是在计算机上安装 Visual Studio 开发环境。本书采用的是 Visual Studio 2008 编程环境。

在 Visual Studio 2008 开发环境下，创建一个 ASP.NET 网站，也就是开发一个 ASP.NET Web 应用程序，其开发步骤如下。

1. 需求分析

根据实际应用的需要进行需求分析。开发者必须首先明确用户对网站的要求，从而确定网站应具有的功能。

本章中由于网站功能简单，可以直接根据项目描述得到需求分析的结果。

2. 新建 ASP.NET Web 应用程序

进入 Visual Studio 2008 开发环境，新建一个 ASP.NET 网站。开发者根据所要创建的网站要求选择合适的应用程序类型。

3. 新建用户界面

建立网站之后，根据网站需求分析的结果，在 Web 页面上合理地布置控件，并调整控件的大小和位置。

4. 设置对象的属性

网站的布局需要用到各种控件，因此要对控件的外观以及初始状态进行设置，以满足网站的需要。选中相应控件，在"属性窗口"中进行属性设置即可。

5. 编写代码

完成网站布局工作后，接下来要为网站编写代码，实现相应的功能。每个控件的"属性窗口"中均列出了该控件对应的全部事件的列表,选中相应事件双击即可打开该事件的代码编写界面。

对于每个控件来说都有一个最常用的事件,直接在控件上双击可以打开该事件的代码编写界面。

6. 运行调试网站

运行网站进行测试,从而发现网站中存在的问题并进行调试。调试是网站开发过程中非常重要的步骤,一个网站往往要经过多次的调试直到改正所有错误为止。

1.3　问 题 探 究

1.3.1　IIS 的安装

IIS 是运行在 Windows 2000/XP/2003 操作系统之上的 Web 服务器,是运行 ASP.NET 应用程序所必需的服务器平台。安装 Windows 2000 Server 与 Windows 2003 时,默认会自动在系统中安装 IIS 5.0,但若是安装 Windows 2000 Professional 与 Windows XP Professional,则默认情况下系统并不会安装 IIS,需要单独进行安装,其安装过程如下。

(1) 单击【开始】|【设置】|【控制面板】菜单项。

(2) 双击【添加或删除程序】图标,在【添加或删除程序】窗口中单击【添加/删除 Windows 组件】按钮,如图 1.3 所示。

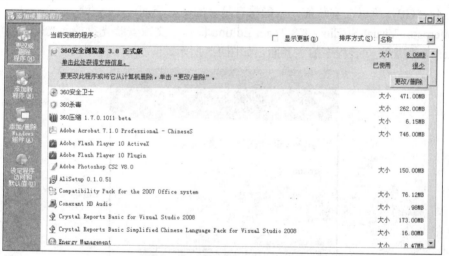

图 1.3　【添加或删除程序】窗口

(3) 出现如图 1.4 所示的窗口后,选中【Internet 信息服务(IIS)】复选框,然后单击【详细信息】按钮,再选中【FrontPage 2000 服务器扩展】、【Internet 信息服务管理单元】、【公用文件】几项即可。接下来依次单击【确定】和【下一步】按钮,系统将开始安装 IIS。

(4) 在安装过程中,系统将会提示插入 Windows 2000 Professional 或者 Windows XP Professional 的安装光盘,此时将光盘放入光驱中,继续安装即可。

(5) 安装完成后会在【控制面板】中的【管理工具】里面出现【Internet 信息服务】的图标,双击即可打开【Internet 服务管理器】,对 IIS 进行配置。

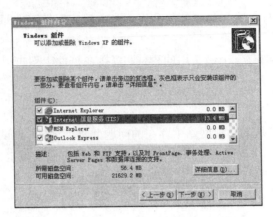

图 1.4 【Windows 组件向导】对话框

1.3.2 安装 Visual Studio 2008

Visual Studio 2008能够开发的程序包括常见的 Visual C#、Visual Basic、Visual C++和 Visual J#等。ASP.NET Web 应用程序开发是 Visual Studio 2008 一个重要的组成部分。

1. 安装 Visual Studio 2008 编程环境

安装 Visual Studio 2008 编程环境之前，首先应检查计算机硬件、软件系统是否符合要求。Visual Studio 2008 编程环境安装文件大约占 4GB 空间，其中包括 Visual Studio 2008 编程环境和 MSDN(微软开发者网络)开发帮助文档。完全安装 Visual Studio 2008 编程环境后占用的空间大约在 4～5GB，所以在安装前，应确保有足够的硬盘空间。

将 Microsoft Visual Studio 2008 Team Edition 简体中文版安装光盘放入光驱，启动安装文件 Setup.exe，将出现安装程序的主界面，如图 1.5 所示。

图 1.5 Visual Studio 2008 安装程序的主界面

在安装程序主界面上有以下 3 个选项。

(1) 【安装 Visual Studio 2008】选项：单击此选项可以安装 Visual Studio 2008 编程环境和所需的组件。

(2) 【安装产品文档】选项：单击此选项可以安装 MSDN 程序开发文档，其中包含 Visual Studio 开发帮助。

(3) 【检查 Service Release】选项：单击此选项可以检查最新的服务版本，以确保 Visual Studio 具有最新的功能。

首先，单击【安装 Visual Studio 2008】选项，进入 Visual Studio 2008 维护模式界面，此时安装文件将向操作系统加载安装组件，当系统加载完安装组件后，单击【下一步】按钮，将进入 Visual Studio 2008 的注册界面，如图 1.6 所示。选择接受安装协议并输入产品序列号和名称后，单击【下一步】按钮，进入 Visual Studio 2008 组件安装选择界面。

图 1.6　Visual Studio 2008 安装步骤

在 Visual Studio 2008 组件安装选择界面中，提供了以下 3 种安装方式，如图 1.7 所示。

(1)【默认值】安装方式：提供 Visual Studio 2008 最重要的安装组件方式。

(2)【完全】安装方式：提供 Visual Studio 2008 所有组件都安装的安装方式。

(3)【自定义】安装方式：提供用户自定义的 Visual Studio 2008 安装组件的安装方式。

建议用户选择【默认值】或【完全】安装方式，则会直接安装 Visual Studio 2008。图 1.8 所示为默认安装方式。

单击【安装】按钮后，将进入 Visual Studio 2008 的安装进度界面，如图 1.9 所示。当某一组件安装完毕后，将会在组件名称的左边显示对号标记。

安装完毕后，安装程序将会提示安装完成。单击【完成】按钮，完成系统安装，如图 1.10 所示。

图 1.7　安装模式选择

图 1.8 　【默认值】安装方式

图 1.9 　安装进度显示

图 1.10 　安装完成提示

2. 安装 MSDN Library 联机帮助文件

MSDN 文件是在开发程序时，系统提供的在线帮助文件。安装 MSDN Library 的步骤如下。

在 Visual Studio 2008 安装程序主界面中单击【安装产品文档】选项，就会进入 MSDN Library 联机帮助文档的安装界面。

单击【下一步】按钮，进入 MSDN Library 接受协议界面，选择接受协议。单击【下一步】按钮，进入 MSDN Library 客户信息界面，输入用户名和单位。继续单击【下一步】按钮，进入 MSDN Library 安装类型选择界面，安装程序提供了 3 种安装方式：完全安装、自定义方式和最小方式。用户可以根据需要选择不同的安装方式。

单击【下一步】按钮，进入 MSDN 的安装路径设置界面，设置联机帮助文件的安装路径。

单击【下一步】按钮，进入 MSDN 准备安装界面，继续单击【下一步】按钮，进入 MSDN 的安装进度界面。

安装完成后，单击【完成】按钮，退出安装程序。

至此，Visual Studio 2008 安装成功，其中包括开发环境组件和帮助文档 MSDN。

3. 启动 Visual Studio 2008

安装成功后，在【开始】菜单中选择【程序】|Microsoft Visual Studio 2008|Microsoft Visual Studio 2008 命令，就可以启动 Visual Studio 2008 编程环境。第一次启动 Visual Studio 2008，系统会提示选择默认环境设置，在这里选择【Visual C#开发设置】，再单击【启动 Visual Studio】按钮即可。如图 1.11 所示，第一次启动 Visual Studio 2008，系统将按照用户设置进行环境配置。

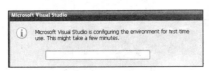

图 1.11　Visual Studio 2008 启动提示

环境配置结束后，系统将进入 Visual Studio 2008 的编程环境，如图 1.12 所示。

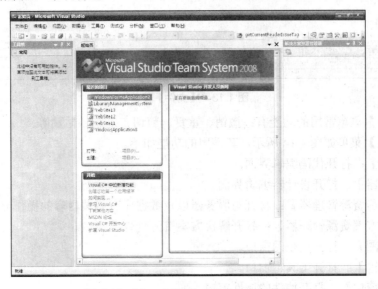

图 1.12　Visual Studio 2008 编程起始页

4. 熟悉 Visual Studio 2008 编程环境

Visual Studio 2008 将支持程序开发的各种功能集成在一个公共的工作环境中，称之为"集成开发环境"。在该编程开发环境中提供了各种控件、窗口和方法，用户可以方便地进行各种应用程序的开发，以及在各种开发界面中切换，这在很大程度上节约了开发时间。

Visual Studio 2008 的开发环境主要由以下几部分组成：菜单栏、工具栏、窗体、工具箱、【属性】对话框、解决方案资源管理器等。

1) 菜单栏

菜单栏包括【文件】、【编辑】、【视图】、【项目】、【数据】、【工具】、【调试】、【测试】、【分析】、【窗口】和【帮助】等，其中包括了开发 Visual C#程序的所有命令。

(1)【文件】菜单如图 1.13 所示，其常用的功能如下。

①【新建】：新建项目、网站等应用程序。

②【打开】：打开已有的项目、网站等应用程序。

③【关闭】：关闭正在编写的项目。

④【关闭解决方案】：关闭正在编写的解决方案。

⑤【退出】：退出 Visual Studio 2008 编程环境。

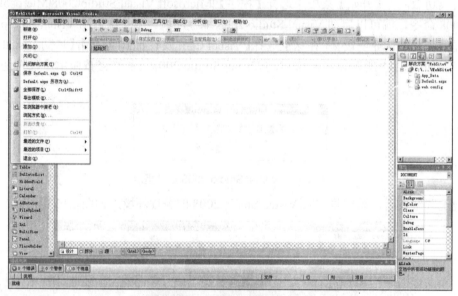

图 1.13 【文件】菜单

(2)【编辑】菜单常用的功能有：撤销、重复、剪切、复制、粘贴等。

(3)【视图】菜单如图 1.14 所示，其常用的功能如下。

①【代码】：打开代码编辑界面。

②【设计器】：打开设计器编辑界面。

③【服务器资源管理器】：打开与服务器以及数据库有相关内容的操作界面。

④【解决方案资源管理器】：打开解决方案资源管理器窗口。

⑤【类视图】：打开类视图窗口。

⑥【工具箱】：打开工具箱窗口。

⑦【属性窗口】：打开控件的属性窗口。

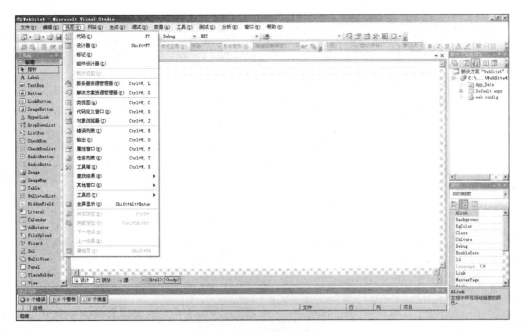

图 1.14　【视图】菜单

(4)【调试】菜单如图 1.15 所示，其常用的功能如下。

① 【启动调试】：启动当前应用程序的调试，快捷键是 F5 键。

② 【开始执行(不调试)】：启动当前应用程序的执行，不调试，快捷键是 Ctrl+F5 键。

图 1.15　【调试】菜单

2) 工具栏

工具栏在菜单栏的下面，工具栏提供了常用命令的快速访问按钮，单击某个按钮，可执行对应的操作，效果和使用菜单是一样的。

3) 窗体

在创建了一个 ASP.NET Web 应用程序后，系统会自动生成一个默认的 Web Form 窗体，也就是应用程序界面。在开发过程中，开发者编程使用的各种控件都是布局在窗体之上的，当程序运行时，用户看到的就是窗体。窗体的效果，如图 1.16 所示。

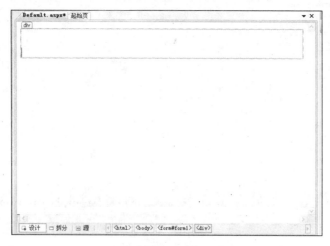

图 1.16　窗体

4) 工具箱

工具箱中提供了各种控件。在默认情况下，工具箱将控件按照功能的不同进行了分类，如标准、数据、验证、导航等。如图 1.17 所示。用户在编程过程中，根据需要选择各种控件。如果所需要的控件在工具箱中找不到，可以右击工具箱，在弹出的快捷菜单中选择【选择项】命令，进入【选择工具箱项】对话框，如图 1.18 所示，在这里找到需要的控件并添加即可。

图 1.17　工具箱

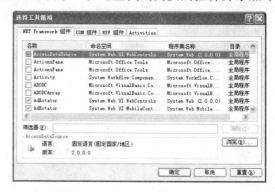

图 1.18　【选择工具箱项】对话框

5) 【属性】对话框

【属性】对话框包含选定对象(Web 页面或控件)的属性、事件列表。在设计程序时可以通过修改对象的属性来设计外观和相关值，这些属性值将是程序运行时各对象属性的初始值，如图 1.19 所示。

【属性】对话框包括【按分类排序】、【字母顺序】、【属性】、【事件】等几个按钮，分别用于设置显示属性或事件，以及显示内容的分类。

6) 解决方案资源管理器

解决方案资源管理器采用 Windows 资源管理器的界面，按照文件层次列出当前解决方案中的所有文件。解决方案资源管理器包括以下几个按钮：【属性】、【刷新】、【嵌套相关文件】、【查看代码】、【视图设计器】、【复制网站】以及【ASP.NET 配置】等，如图 1.20 所示。

图 1.19　【属性】对话框

图 1.20　解决方案资源管理器

1.3.3　创建一个新网站

在 Visual Studio 2008 中，创建一个 ASP.NET Web 应用程序意味着创建一个 ASP.NET 网站。创建一个新网站的步骤如下。

首先启动 Visual Studio 2008 编程环境，在【文件】菜单中，选择【新建网站】命令，系统会出现【新建网站】对话框，效果如图 1.21 所示。

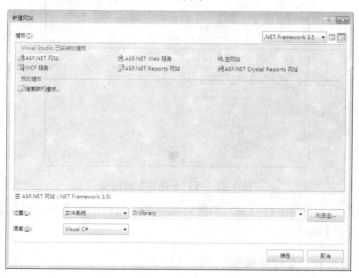

图 1.21　【新建网站】对话框

在【语言】选择中选择 Visual C#语言，在左侧的【Visual Studio 已安装的模板】中选择【ASP.NET 网站】选项，在【位置】选项中选择解决方案所保存的位置。

　　若是第一次建立网站，系统将网站保存到默认位置，并设置网站名称为默认名称 WebSite1。可以在【位置】文本框中修改这个设置，单击【浏览】按钮，选择用户想要的保存位置即可。本例中将网站保存到 D 盘根目录下，网站名称为"library"，如图 1.21 所示。然后单击【确定】按钮，完成网站的创建，效果如图 1.22 所示。

图 1.22　新建网站

　　除了新建项目外，还经常需要打开项目和保存项目。

　　如果一个 ASP.NET Web 应用程序已经创建好，需要继续编写，这时可以选择打开项目，步骤如下。

　　选择【文件】|【打开】|【网站】命令，在弹出的【打开网站】对话框中(图 1.23)，选择要打开的网站，单击【打开】按钮，可以打开该网站。

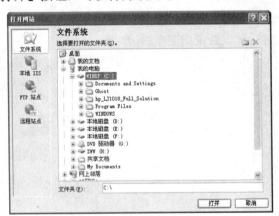

图 1.23　【打开网站】对话框

　　当编辑完网站后，需要保存网站，步骤为：单击工具栏中的【全部保存】按钮，或者选择【文件】|【全部保存】命令。

1.3.4　设计用户界面并设置控件属性

　　使用 ASP.NET 创建的网站，网页的扩展名为.aspx。在每个新建的网站中，系统会自动生成一个网页 Default.aspx。用户可以根据自己的需要修改该网页的名称，也可以向该网站中添加其他的网页。

将 Default.aspx 网页重命名为 Library.aspx，方法是在右方的解决方案资源管理器中选中对应项 Default.aspx，单击右键，在弹出的菜单中选择【重命名】命令，使得网页名称处于可编辑状态。输入想要的名称即可，需要注意的是扩展名不允许改变。

修改好网页名称后，接下来要根据项目要求设置页面，即在网页上添加相应的控件。ASP.NET 提供了很多的用户控件用于界面设置，从而大大地简化了网页设计步骤。这些控件位于开发环境右方的【工具箱】中。选中相应的控件拖曳到开发页面中即可。对于大多数网页而言，往往含有多个不同的控件，用户应该根据自己的需求做好页面布局，力求布局清晰，方便使用。

本例中根据项目要求，需要在界面上摆放一个 Button 控件。选中【工具箱】中的 Button 项，将其拖曳到页面中，如图 1.24 所示，此时页面上包含了一个按钮控件。

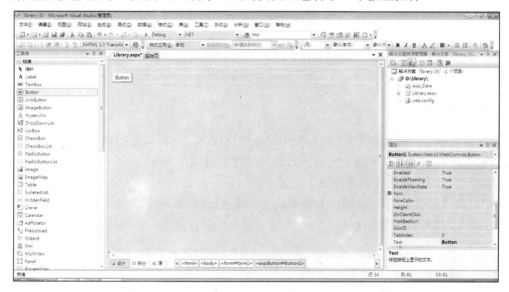

图 1.24　设置页面

设置完页面后，需要修改各个控件的属性，方法是选中页面中相应的控件，在屏幕右下方的属性窗口中即可列出该控件的所有属性，用户根据需要修改即可。

本例中选中 Button 控件，在属性列表框中找到 Text 属性，设置其内容为"欢迎按钮"，可以看到按钮的显示文本发生了变化。

1.3.5　编写事件代码

编写事件代码是在代码编辑窗口中进行。在 Web 页面中空白处右击，选择【查看代码】命令，将进入代码编辑界面，如图 1.25 所示。

本 Web 应用程序中需要编写的代码放在 Button 按钮的单击事件中。在设计界面中双击 Button 按钮，进入该按钮的单击事件，编写如下代码：

```
protected void Button1_Click(object sender, EventArgs e)
    {
        Response.Write("<script>alert('Hello,欢迎来到ASP.NET编程环境')</script>");
    }
```

图 1.25　代码编辑页面

1.3.6　运行调试程序

编写完代码后，该 ASP.NET 应用程序处于编辑状态，如果需要测试已编辑的内容或者需要编译和运行网站，可以用以下几种方式对网站进行测试。

(1) 单击工具栏中的【启动测试】按钮。

(2) 选择【调试】|【启动调试】命令或【开始执行(不调试)】命令。

(3) 按 F5 或 Ctrl+F5 组合键。

1.4　知　识　扩　展

1.4.1　.NET 概述

ASP.NET 是微软公司于 2001 年推出的 Web 应用程序开发的全新框架，是.NET 框架(.NET Framework)的重要组成部分，与 ASP(Active Server Pages)相比，ASP.NET 在结构体系上以及整体框架上有很大的跨越。ASP.NET 是建立在.NET 框架的通用语言运行时(Common Language Runtime，CLR)上的编程框架，可用于构建各种功能的 Web 应用程序。

.NET 框架设计为一个集成环境，可以在 Internet、桌面(如 Windows 窗体)，甚至移动设备(使用精简框架 Compact Framework)上无缝地开发和运行应用，其主要目标是提供一个覆盖整个应用范围的、一致的面向对象环境。.NET 框架设计者们确定了以下体系结构，将框架分解为两部分：通用语言运行时(CLR)和框架类库(FCL)，其结构如图 1.26 所示。

CLR 是 Microsoft 对 CLI(命令行接口)标准的具体实现，它处理代码执行及所有相关任务：编译、内存管理、安全、线程管理、强制类型安全和类型使用。在 CLR 中运行的代码称为托管代码(Managed Code)，以区别于不在 CLR 中运行的非托管代码(Unmanaged Code)，如基于 COM 或 Windows API 的组件。

图 1.26　.NET 框架体系结构

.NET 的另一个主要部分是框架类库(FCL)，对于在.NET 中运行的应用来说，它是一个可重用的类型(类、结构等)代码库。正如图 1.26 所示，它包含了数据库访问、图形、与非托管代码互操作、安全、Web 和 Windows 窗体等类。只要是遵循.NET 框架的语言都会使用这个公共类库。因此，只要知道了如何使用这些类，不论选择用哪一种.NET 语言编写程序，这些知识都可以用上。

如果开发人员下决心花时间来学习 C#和.NET，很自然地会想到，能否将获得的知识应用于其他平台上。更明确地说，Microsoft 的.NET 产品是否仅限于 Windows 操作系统？或者，它是不是一个可移植的运行时和开发平台，可以在多个操作系统上实现？要回答这个问题，有必要先了解 Microsoft .NET、C#和 CLI 标准之间的关系。

CLI 定义了一个与平台无关的虚拟代码执行环境。由于未指定任何操作系统，所以操作系统可以是 Windows，也可以是 Linux。该标准的核心是定义了一个通用中间语言(Common Intermediate Language，CIL)和一个类型系统，遵循 CLI 的编译器必须生成 CIL，而类型系统则定义了遵循 CLI 的所有语言都支持的数据类型，这种中间代码将编译为其主机操作系统的本地语言。

CLI 还包含了由 Microsoft 开发并大力推行的 C#语言的标准，因此，C#是.NET 事实上的标准语言。概括起来，CLI 定义了两个实现：一个是最小实现，称为内核概要(Kernel Profile)；另一个提供了更多特性，称为精简概要(Compact Profile)。内核概要包含遵循 CLI 的编译器所需要的类型和类，其中基类库包括基本的数据类型类，还包括提供简单文件访问、定义安全属性以及实现一位数组的其他类。精简概要添加了 3 个类库：定义简单 XML 解析的 XML 库、提供 HTTP 支持和端口访问的网络库，以及支持反射(程序通过元代码实现自检的一种方法)的反射库。

1.4.2　网页工作原理

1. 服务器端和客户端

对于每一个网站开发人员来说，了解网页工作原理是一项基本功。要了解网页的工作原理，首先要明白服务器端和客户端的概念。在网络中，提供服务的一方称为服务器端，而接受服务的一方称为客户端。例如，当浏览搜狐主页时，搜狐主页所在的服务器就称为服务器端，而大家自己的计算机就称为客户端。

网页根据其生成方式，可以大致分为静态网页和动态网页两种。两种网页的工作原理不同。

2. 静态网页及其工作原理

所谓静态网页，就是说该网页文件里没有程序代码，只有 HTML 标记，这种网页一般以后缀.htm 或.html 存放。静态网页一经形成，内容就不会再变化，不管何时何人访问，显示的都是一样的内容，如果要修改有关内容，就必须修改源代码，然后重新上传到服务器上，比如一些常见的单位简介、个人介绍等页面。

静态网页的工作过程如下。

(1) 用户在浏览器中输入静态网址。

(2) 用户按 Enter 键后向服务器端提出一个浏览网页的请求。

(3) 服务器端接受请求，找到用户要浏览的静态网页文件。

(4) 服务器端将网页文件发送给用户。

3. 动态网页及其工作原理

所谓动态网页，就是说该网页文件不仅含有 HTML 标记，而且含有程序代码，这种网页的后缀一般根据不同的程序设计语言而不同，如 ASP.NET 文件的后缀为.aspx。动态网页能够根据不同的时间、不同的来访者而显示不同的内容，如常见的 BBS、留言板等都是通过动态网页实现的。

动态网页的工作原理如下。

(1) 用户在浏览器中输入动态网址。

(2) 用户按 Enter 键后向服务器端提出一个浏览网页的请求。

(3) 服务器端接受请求，找到用户要浏览的动态网页文件。

(4) 执行网页文件中的程序代码，将执行结果转化为静态网页。

(5) 服务器端将静态网页文件发送给用户。

练　　习

一、选择题

1. (　　)是用于创建 Web 应用程序的平台，此应用程序可使用 IIS 和.NET Framework 在 Windows 服务器上运行。

    A. C#
                              B. ASP.NET

    C. Visual Basic.NET
                D. Visual Studio.NET

2. ASP.NET 页面(　　)。

    A. 只能采用单一语言编写代码

    B. 可用多种语言混合编写代码

    C. 既可用单一语言也可用多种语言混合编写代码

    D. 视情况而定

3. ASP.NET 是一种建立在(　　)上的编程框架。

    A. 面向对象
                              B. 面向类型

    C. 类库
                                D. 公共语言运行库

4. 关于动态网页，以下说法正确的是(　　)。

    A. 只有包含在服务器端执行的脚本才是动态网页

    B. 包含有动画、视频或声音的网页也是动态网页

    C. 根据用户不同，请求返回不同结果的网页是动态网页

    D. ASP.NET 的页面产生的一定是动态页面

二、简答题

1. 简述 ASP.NET 的功能和特点。

2. 什么是静态网页？什么是动态网页？

三、操作题

1. 建立一个简单的 ASP.NET Web 应用程序。要求：在用户单击【提交】按钮之后，可以根据用户在 TextBox 控件中的输入内容给出相应的问候。

2. 建立一个简单的 ASP.NET Web 应用程序。要求：用户输入用户名和密码，在用户单击【提交】按钮后，根据已经设置好的用户名和密码进行匹配。如果和已经设置好的用户名和密码相同，则给出登录成功的提示；如果和已经设置好的用户名或者密码不相同，则给出登录失败的提示。

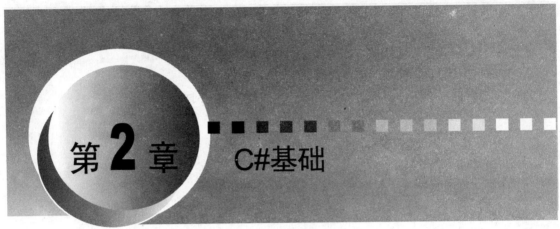

第 2 章　C#基础

教学目标

(1) 会创建 C#程序。

(2) 会定义和使用常量和变量。

(3) 能够区分各种数据类型，并会正确使用。

(4) 能够正确运用表达式和运算符。

(5) 会在程序中应用流程控制语句。

(6) 能够正确使用数组。

(7) 能够处理程序的异常。

(8) 能够理解面向对象的基础知识。

教学要求

知识要点	能力要求	关联知识
常量和变量	(1) 了解常量和变量的类型 (2) 掌握常量和变量的应用	程序中的定义
数据类型	(1) 掌握基本数据类型 (2) 掌握数据的用法	数据类型转换
表达式和运算符	(1) 表达式和运算符的应用 (2) 运算符的优先级与结合性	在程序中的应用
流程控制语句	(1) 理解分支和循环结构的含义 (2) 掌握分支结构语句的应用 (3) 掌握循环结构语句的应用 (4) 掌握跳转控制语句的应用	程序设计语言基础
数组	(1) 理解一维数组的定义 (2) 掌握二维数组的声明与使用方法 (3) 掌握数组的应用	复杂的变量类型
程序的异常	(1) 掌握 math 类函数的使用 (2) 掌握处理异常的方法 (3) try-catch-finally 的使用	异常处理应用于一般的程序中，处理程序中可能出现的错误
面向对象程序设计	(1) 理解面向对象的基本概念 (2) 掌握类的声明方法 (3) 掌握类的构成	正确调用类的方法和属性

重点难点

➢ 表达式和运算符的应用。

➢ if...else 语句、if...else if 语句及 switch 语句的应用。

➢ while 语句、do...while 语句及 for 语句的应用。

➢ 数组的声明与使用。

➢ 处理异常的方法及 try-catch-finally 的使用。

2.1　C#特点

C#为.NET 平台而设计，是一种全新的程序设计语言。它从 C++发展而来，同时具备 RDA(应用程序快速开发)语言的高效率和 C++固有的强大能力。

2.1.1　C#简介

C#是专为.NET 开发平台而设计的编程语言，它是一种面向对象的编程语言，与.NET 紧密结合，.NET 的各种优点都可以通过 C#体现出来，但是 C#没有自己的运行库，它作为.NET 的服务提供者之一，使用.NET 的类库，这些类库也为.NET 平台的其他开发语言提供支持，这正是.NET 开发平台的突出特点。

C#与 Web 技术紧密结合，通过 SOAP(Simple Object Access Protocol)实现了应用程序的解决方案与 Web 标准相统一。有了 Web 服务框架的帮助，程序员就可以使用 C#语言，利用已有的面向对象编程知识与技巧开发 Web 服务。

C#具有完善的安全性和错误处理，在 C#中消除了软件开发中易犯的错误，并提供完整的安全机制。另外与 C++相比，C#能以更少的代码实现同样的功能。

C#还支持版本控制技术，具有较好的灵活性及兼容性等优点。

总的来说，C#是一种精确、简单、类型安全的面向对象程序设计语言，使用 C#语言，开发人员可以方便地构建范围广泛的应用程序。

2.1.2　C#特点

从语法上看，C#非常类似于 C++和 Java，许多关键字都是相同的。于是大多数独立的评论员对其说法是"C#派生于 C、C++和 Java"。这种描述在技术上是非常准确的，但没有涉及该语言的真正优点。C#语言特性如下。

(1) 完全支持面向对象编程，包括接口和继承、虚函数和运算符重载的处理。

(2) 定义完整、一致的基本类型集。

(3) 对自动生成 XML 文档说明的内置支持。

(4) 自动清理动态分配的内存。

(5) 具有对.NET 基类库的完全访问权，并易于访问 Windows API。

(6) 语言访问内存。

(7) 可以用于编写 ASP.NET 动态 Web 页面和 XML Web 服务。

(8) 通过提供可填写的模板，代码段存储为 XML 文件，加速了通用代码构造的输入。

(9) 在编写代码时，集成开发环境(IDE)自动跟踪提示相关的类、结构体、枚举、变量等信息，保证了编码的正确性。

2.1.3 一个简单应用 C#的例子

这里以创建和编译一个控制台程序为例，介绍使用 C#命令行编译器编译应用程序的方法。

【例 2-1】编写一个程序，运行程序后显示"欢迎进入 C#世界！"。

首先进入 Visual Studio 2008 的开发环境，在 VS 主界面下选择【文件】|【新建】|【项目】命令，打开【新建项目】对话框，如图 2.1 所示。

图 2.1　【新建项目】对话框

在【新建项目】对话框的模板列表中选择【控制台应用程序】，为项目起一个名字"Myfirst Project"，然后单击【确定】按钮。在打开的代码编辑界面中输入代码，如图 2.2 所示。

运行程序，效果如图 2.3 所示。

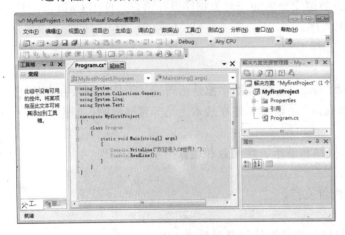

图 2.2　代码编辑页面

图 2.3　例 2-1 的运行效果

其中 using、namespace、class、public、static、void 和 Main 都是 C#的保留字，同 C++一样，Main 函数是整个应用程序的入口。

注意：C#对大小写敏感，C#中的主函数"Main"首字母要大写，这一点与 C/C++不同。

2.2　常量与变量

2.2.1　常量

常量即在程序运行过程中不会发生改变的量，常用的常量声明的格式如下：

```
const   数据类型 常量名=值表达式;
```

定义常量时可以在最前面加上一定修饰符，在面向对象程序设计中由访问修饰符来对变量进行访问限制，C#提供了下面几种常用的访问修饰符。

(1) public：表示对变量的访问不受任何限制。

(2) protected：表示可以在类的内部访问该变量。只允许本类和派生类的成员对变量进行访问。

(3) internal：表示变量的访问范围只能在当前模块内。

(4) private：表示变量的访问只能在包含它的类中。

当没有修饰符时，系统默认为该常量是 private 类型的常量，即只能在本函数内使用。例如，可以如下定义常量：

```
public const float pi=3.1415;
public const int x=1,y=2;
```

注意：可以在一行声明多个常量，不过如果每行只声明一个常量，代码会更具有可读性。

2.2.2　变量

与常量相对应，变量指在系统运行过程中值会发生改变的量。变量的声明格式如下：

```
数据类型 变量名;
```

例如：

```
int x;        //定义一个整型变量 x
double d;     //定义一个浮点型变量 d
char c;       //定义一个字符变量 c
```

对于同一类型的变量，可以放在一行中进行定义，例如：

```
int x,y,z;  //定义了 3 个整型变量，变量名分别为 x,y,z
```

在为变量起名字时，必须遵循 C#中的以下命名要求。

(1) 变量名必须以字母开头。

(2) 变量名只能由字母，数字，下划线组成，不能包含空格，标点符号，运算符号等。

(3) 变量名不能使用 C#中的关键字(如 using, int 等)。

(4) 变量名不能使用 C#中库函数名称(如 Main, write 等)。

在符合以上命名要求的基础上，用户可以任意为自己的变量起名，但对于一个优秀的程序员来说，在变量命名中应尽量体现变量的性质、内容等信息，做到见名识义，这样利于提高程序的可读性。

声明变量后需要为变量赋一个初始值，即变量的初始化。变量的初始化可以在声明时同时进行，例如：

```
int x=1;
int z=1,y=2;        //不同变量用逗号隔开
```

也可以将初始化语句放在声明语句的后面，例如：

```
int  x;              //变量的声明，此处声明为整型变量
x=1;                 //变量的赋值
```

与常量的定义一样，可以在变量定义前面加上一定的修饰符，若不加任何修饰符，则系统默认为 private 类型的变量。

2.3　数据类型

任何信息在计算机中均以数据的形式存储，数据又分为许多不同的数据类型。C#支持两种类型：值类型和引用类型，本节只讨论值类型。值类型又分为简单类型、结构、枚举类型、数组等，其中，数组类型放在 2.7 节中介绍。

2.3.1　简单类型

日常生活中的信息也可以表示为不同的数据类型。以一张火车票为例，火车票上需要有起止地、车次等文本信息，开车日期、时间等信息，还有票价、检票口等数值信息。在计算机中，存储这些信息就需要使用不同的数据类型。

1. 整型

整型存储的即日常生活中的整数。它又分为有符号整数与无符号整数。有符号整数可以存储正整数，也可以存储负整数，无符号整数则不需带正负号，默认情况下只能存取正整数。

最常用的整型类型为 int。在 C#中，使用 4 个字节存储一个 int 类型的数据，其取值范围是-2 147 483 648～2 147 483 647。

2. 实型

实型即小数类型，常用的实型包括 float(单精度浮点型)和 double(双精度浮点型)。二者的区别在于所占的存储空间不同，一般 float 占 4 个字节，而 double 占 8 个字节。因此，double 表示的数据范围要远远大于 float。

3. 字符类型

除了数字以外，计算机处理的信息主要就是字符了。字符类型为 char，它可以接受数字字符、英文字母、表达符号等。C#提供的字符类型按照国际上公认的标准采用 Unicode 字符集，一个 Unicode 的标准字符长度为 16 位，用它可以来表示世界上大多数语言。

4. 字符串类型

字符串类型 string 是一系列字符构成的序列。以英文字母为例，一个字符类型的数据只能接受一个字母，而一个字符串类型的数据可以接受任意长度的字符序列。因此，可以为其赋值为一个单词，一句话等。

5. 布尔型

布尔型 bool 是用来表示真和假这两个概念的，这虽然看起来很简单，但实际应用非常广泛。布尔型表示的逻辑变量只有两种取值，要么为真，要么为假。在 C#中分别采用 true 和 false 两个值来表示。

6. 日期类型

C#中使用 DateTime 来表示日期类型，它可以接受时间数据和日期数据。对 DateTime 类型的数据进行加减时，其运算规则符合时间加减规则。例如，定义一个 DateTime 类型的数据 d，d 的值为"2011/6/30"，则表达式 d+1 的值为"2011/7/1"。

不同数据类型之间可以进行相互转换。转换方法为：

```
Convert.to 类型名(要转换的数据);
```

类型转换的实质是调用 Convert 类完成转换。Convert 类中包含很多写好的类型转换函数，这些函数均以"to"连接上要转换的类型来命名。例如：

```
Convert.toInt16(i);        //将 i 转换为整型数据
Convert.toDateTime(s);     //将 s 转换为日期数据
Convert.toDouble(j);       //将 j 转换为浮点型数据
```

2.3.2　结构类型

结构类型是指把各种不同类型的数据信息组合在一起形成的类型，一个结构类型变量内所有数据可以作为一个整体进行处理。结构的定义形式如下：

```
struct 结构名
{
  public　类型　成员变量名1;
  public　类型　成员变量名2;
  public　类型　成员变量名3;
  ……
}
```

例如，可以定义一个学生结构：

```
struct student
{ public　string　ID;
  public　string　name;
  public　int　score;
}
Student stu1;        //声明该学生结构的变量 stu1
```

stu1 就是一个 student 结构类型的变量。要访问该结构中的成员，需要先写上结构变量名，后面加符号"."，再跟成员名，例如：

```
stu1.name="白云";   //访问学生的姓名
```

注意：结构成员变量的类型可以是简单的数据类型，也可以是数组、枚举、已定义的结构体等其他数据类型。

2.3.3 枚举类型

枚举类型 enum 实际上是为一组在逻辑上密不可分的整数值提供便于记忆的符号,比如声明一个代表星期的枚举类型的变量:

```
enum weekDay{Sunday,Monday,Tuesday,Wednesday,Thursday,Friday,Saturday};
WeekDay day1;
```

结构是由不同类型的数据组成的一组新数据类型,结构类型变量的值是由各个成员的值组合而成的,而枚举则不同,枚举类型的变量在某一时刻只能取枚举中某一个元素的值。比如,day1 这个枚举类型变量,它的值要么是 Sunday,要么是 Monday 或是其他的星期元素,但它在一个时刻只能代表具体的某一天,不能既是星期一又是星期二。

系统默认枚举中的每个元素类型都是 int 型,且第一个元素的值为 0,后面每个元素的值顺序加 1。用户可以修改这个设置,为每个枚举元素赋上不同的数值,例如:

```
enum weekDay{Sunday=7,Monday=1,Tuesday,Wednesday,Thursday,Friday,Saturday};
```

2.4 运算符与表达式

运算符又称为操作符,是数据间进行运算的符号。计算机中的数据要参与运算,必须通过运算符来实现。

由操作数和运算符连接而成的式子称为表达式,其目的是用来说明一个计算过程。表达式根据某些约定、求值次序、结合性和优先级规则来进行计算。

C#中的运算符根据其功能的不同,可以分为 6 个不同的类别,分别是算术运算符、字符串运算符、关系运算符、逻辑运算符、条件运算符和赋值运算符。

2.4.1 算术运算符与算术表达式

1. 算术运算符

算术运算符用于对操作数进行算术运算。C#中的算术运算符及其功能见表 2-1。

表 2-1　算术运算符

运算符	功能	结合性	目	实例
+	加法	左结合	双目	a+b
−	减法	左结合	双目	a−b
*	乘法	左结合	双目	a*b
/	除法	左结合	双目	a/b
%	求余	左结合	双目	a%b
+	正号	右结合	单目	+a
	负号	右结合	单目	−a
++	自增	右结合	单目	++i,i++
−−	自减	右结合	单目	−−j,j−−

其中+、−、*、/以及%又称为基本的运算符,它们都是双目运算符,即有两个操作数才可

以完成运算。使用基本的算术运算符可以对操作数进行基本的加、减、乘、除四则运算，这里需要说明以下两点。

1) 除法运算符

对于除法运算符来说，当参与运算的两边都是整数的时候，进行的是整除运算，比如 9/7 或者 8/5 的结果都为 1，而不是 1.3 及 1.8，计算结果要舍弃小数部分。

如果除法运算法规两边的数据有一个是负数，那么得到的结果在不同的计算机上有可能不同，例如，-7/5 在一些计算机上结果为-1，而在另一些计算机上的结果可能就是-2。通常除法运算符的取值有一个约定俗成的规定，就是按照趋向于 0 的结果取值，因此-7/5 的结果为-1。

注意： 当参与除法运算的两个操作数有一个不是整数时，进行的是常规的除法运算，如 8/5.0 的结果为 1.6。

2) 模运算符

模运算符即求余运算符。对于模运算来说，要求运算符两边的操作数都是整型数据，否则将产生错误。计算的结果是两数相除后得到的余数，比如表达式 7%5、8%6、55%3 都是正确的表达式，它们的结果分别为 2、2、1。

除了+、-、*、/以及%运算符外，剩余的 4 种算术运算符为单目运算符，即只有一个操作数。

自增运算符++和自减运算符--的作用是分别使变量的值自动加 1 或自动减 1。它们只能用于变量，而不能用于常量或表达式，例如 12++或--(x+y)都是错误的。使用这两种运算符对变量进行运算有两种不同的表达方式，如：

```
a;          //先进行 a+1 的运算，再使用 a 的值
--a;        //先进行 a-1 的运算，再使用 a 的值
a++;        //先使用 a 的值，再进行 a+1 的运算
a--;        //先使用 a 的值，再进行 a-1 的运算
```

解释： 从运算的结果来看，a++和++a 都相当于 a=a+1，其不同之处在于：a++是先使用 a 的值，再进行 a+1 的运算；++a 则是先进行 a+1 的运算，再使用 a 的值。a--和--a 的区别与之类似。

2. 算术表达式

算术表达式用算术运算符和括号将操作数连接起来，组成的符合语法规则的式子，其中操作对象可以是常量、变量，也可以是函数等。

在任何一个算术表达式中，算术运算符有一定的运算顺序，即运算符的优先级。在求表达式的值时，需要按照运算符的优先级别进行计算。由于乘法、除法运算的优先级高于加法、减法运算，所以在求算术表达式的结果时，首先要进行乘除运算，然后再进行加减运算。如果一个表达式中包含连续两个或两个以上优先级相同的运算符，则要遵循自左向右的顺序进行运算。

自增运算符和自减运算符的优先级高于其他的算术运算符，例如对于表达式"6 + a++"，由于"++"运算符的优先级别高于"+"运算符，所以表达式"6 + a++"应当看作"6 + (a++)"。如果 a 的原值为 2，则表达式"6 + a++"的运算结果为 8，运算结束后 a 的值为 3。

【例 2-2】制作一个简易的计算器，输入两个操作数，求出两个操作数对应的四则运算。

```
namespace 算术运算符及其表达式
{
    class Program
    {
        static void Main(string[] args)
        {
            int firstnum, secondnum;
            int i, j, m;
            double n;
            Console.WriteLine("请输入第一个操作数：");
            firstnum =Convert.ToInt16( Console.ReadLine());
            Console.WriteLine("请输入第二个操作数：");
            secondnum = Convert.ToInt16(Console.ReadLine());
            i = firstnum + secondnum;
            j = firstnum - secondnum;
            m = firstnum * secondnum;
            n = Convert.ToDouble( firstnum) / secondnum;
            Console.WriteLine("两数相加为"+i);
            Console.WriteLine("两数相减为" + j);
            Console.WriteLine("两数相乘为" + m);
            Console.WriteLine("两数相除为" + n);
            Console.ReadLine();
        }
    }
}
```

运行结果如图 2.4 所示。

图 2.4　例 2-2 运行结果

解释： Console.ReadLine( )的作用是接受用户在键盘上输入的数值，但接收来的数据类型为 string，因此要使用类型转换函数将其转换为整型。Console.WriteLine( )可以将括号中的数据输出到屏幕上。当输出的数据为字符串常量时，需使用双引号将其引起来，若输出的为变量，则直接写上变量名即可。

2.4.2　字符串运算符与字符串表达式

字符串运算符只有一个，即"+"运算符，表示将两个字符串连接起来。例如：

```
string connec="abcd"+"ef";        //connec 的值为"abcdef"
```

"+"运算符还可以将字符型数据与字符串型数据或多个字符型数据连接在一起：

```
string connec="abcd"+'e'+'f';     //connec 的值为"abcdef"
```

2.4.3　关系运算符与关系表达式

关系运算符用于比较两个数的大小关系，用于关系表达式中，产生的结果为布尔类型的数值。常见的关系运算符见表 2-2。

表 2-2　关系运算符

运算符	功能	结合性	目	实例
>	大于比较	左结合	双目	a>b
<	小于比较	左结合	双目	a<b
==	等于比较	左结合	双目	a==b
!=	不等于比较	左结合	双目	a!=b
>=	大于等于比较	左结合	双目	a>=b
<=	小于等于比较	左结合	双目	a<=b

当参与比较的两个操作数满足操作符指定的大小关系时，表达式返回真值 true，反之，若比较关系不成立，则返回假值 false。例如：

```
int a = 4;
int b = 1;
bool c = a < b;
```

在本例中，a<b 的结果存储在变量 c 中，其值为 false。

使用关系运算符将两个表达式连接起来的式子被称为关系表达式。关系表达式的值只有两个逻辑值，即为真(true)或假(false)。

可以进行关系运算的数据类型包括整型、实型、布尔型、字符型、枚举型等，其中，整型、实型、字符型和枚举型可以使用全部关系运算符进行运算，布尔型只能使用==和!=运算符来判断左右表达式是否相等。例如：

```
bool b1,b2;
int a=3,b=10;
b1=a>b;//b1 的值为 false
b2=a<=b; //b2 的值为 true
```

注意：对于字符串的比较，满足如下的比较规则。

(1) 若两个字符串值均为 null，或两个字符串长度相同，且对应的字符序列也相同则认为两个字符串相等。

(2) 若两个字符串只有一个值为 null，则该字符串值较小。

(3) 若两个字符串均为 null，则逐个取出字符串中的字符进行比较，当比较到第一个不相等的字符时，根据字符的大小确定字符串的大小。

2.4.4　逻辑运算符与逻辑表达式

逻辑运算符是对两个逻辑值进行运算的运算符。使用逻辑运算符连接的表达式称为逻辑表达式，其运算结果也是一个逻辑值。在 C#中，常用的逻辑运算符见表 2-3。

表 2-3　逻辑运算符及其实例

运算符	功能	结合性	目	实例
!	逻辑非	右结合	单目	! a
&&	逻辑与	左结合	双目	(j>=1)&&(j<=10)
||	逻辑或	左结合	双目	(j<=1)||(j>=10)

逻辑运算符的优先级从高到低为：!(非)→&&(与)→||(或)。表 2-4 给出了逻辑运算符的运算规则。

表 2-4　逻辑运算符的运算规则

a	b	!a	a&&b	a||b
0	0	1	0	0
0	1	1	0	1
1	0	0	0	1
1	1	0	1	1

注意：

(1) C#语言中在给出一个逻辑表达式的最终计算结果时，用 1 表示真，用 0 表示假。但在进行逻辑运算的过程中，凡是遇到非零值时就当真值参加运算，遇到 0 值时就当假值参加运算。

(2) 对于数学上的表示多个数据间进行比较的表达式，在 C#中要拆成多个条件并用逻辑运算符连接形成一个逻辑表达式。例如，要表示一个变量 j 的值处于 1 和 10 之间时，必须写成 j>=1&&j<=10。

2.4.5　条件运算符与条件表达式

C#语言中提供的唯一的三目运算符是条件运算符(? :)。由条件运算符将 3 个表达式连接起来的有效式子称为条件表达式，其格式如下：

```
表达式 1? 表达式 2：表达式 3
```

说明：

(1) 条件运算符的规则是首先判断表达式 1 的值，若表达式 1 的值为真(非 0)，则计算表达式 2 的值，并将表达式 2 的值作为整个条件表达式的值；若表达式 1 的值为假(0)，则计算表达式 3 的值，并将其作为整个表达式的值。

(2) 条件运算符的结合方向为"自右向左"。如果有以下条件运算：

```
a > b ? a : c > d ? c : d
```

相当于

```
a > b ? a :(c > d ? c : d)
```

(3) 其中表达式 1 的值必须为逻辑值，且条件表达式始终只计算表达式 2 和表达式 3 其中的一个。

2.4.6　赋值运算符与赋值表达式

C#语言提供了两类赋值运算符：基本赋值运算符和复合赋值运算符。由赋值运算符连接的表达式称为赋值表达式，其一般格式为：

变量　赋值运算符 表达式

赋值表达式的作用是把赋值运算符右边的表达式的值赋给左边的变量。赋值运算符的优先级为：只高于逗号运算符，比其他运算符的优先级都低。表 2-5 列出了赋值运算符及其功能。

表 2-5　赋值运算符及其实例

运算符	功能	结合性	目	实例
=	赋值	右结合	双目	a=2*b
+=	加赋值	右结合	双目	a+=2*b
-=	减赋值	右结合	双目	a-=2*b
*=	乘赋值	右结合	双目	a*=2*b
/=	除赋值	右结合	双目	a/=2*b
%=	模赋值	右结合	双目	a%=2*b

在赋值表达式中，赋值运算符左边的操作数叫左操作数，赋值运算符右边的操作数叫右操作数，对赋值表达式求解的过程就是将右操作数的数值赋给左操作数。左操作数通常是一个变量，右操作数可以是常量、变量或表达式，其中，表达式又可以是赋值表达式。例如：

x = (y = 14 + 5)

括号内的"y = 14 + 5"是一个赋值表达式，它的值等于14+5。"x = (y = 14 + 5)"相当于"y = 14 + 5"和"x = y"两个赋值表达式，因此 y 的值等于 19，整个赋值表达式的值也为 19。由于赋值运算的结合性是自右向左的，所以"x = (y = 14 + 5)"和"x = y = 14 + 5"是等价的。下面是赋值表达式的例子：

```
x=y=z=5        赋值表达式的值为 5，x、y、z 的值均为 5
x=5+(z=6)      表达式的值为 11，x 的值为 11，z 的值为 6
x=(y=4)+(z=6)  表达式的值为 10，x 值为 10，y 的值 4，z 的值 6
x=(y=10)/(z=2) 表达式的值为 5，x 的值 5，y 的值 10，z 的值 2
```

【例 2-3】赋值表达式及运算符应用实例

```
namespace 赋值运算符及其表达式
{
    class Program
    {
        static void Main(string[] args)
        {
            int a = 6, b = 4, c;
            c = (++a) - (b--);
            Console.WriteLine("c="+c);
            int x, y, z = a;
            x = (y = z + 1);
            Console.WriteLine("x="+ x);
            int m = 1, n = 2, p = 3;
            m += n *= p -= 1;
            Console.WriteLine("m={0},n={1},p={2}", m,n,p);
            Console.Read();
        }
    }
}
```

运行结果如图 2.5 所示。

图 2.5　例 2-3 运行结果

2.4.7　运算符的优先级与结合性

1. 优先级

(1) 一元运算符的优先级高于二元和三元运算符。

(2) 不同种类运算符的优先级有高低之分，算术运算符的优先级高于关系运算符，关系运算符的优先级高于逻辑运算符，逻辑运算符的优先级高于条件运算符，条件运算符的优先级高于赋值运算符。

(3) 有些同类运算符优先级也有高低之分，在算术运算符中，乘、除、求余的优先级高于加、减；在关系运算符中，小于、大于、小于等于、大于等于的优先级高于相等与不等；逻辑运算符的优先级按从高到低排列为非、与、或。

可以使用圆括号明确运算顺序或改变运算顺序，例如：

```
b*c+d          //先计算 b*c 的值，再计算该乘积与 d 的和
b*(c+d)        //先计算 c+d 的值，再计算该和与 b 的乘积
```

2. 结合性

在多个同级运算符中，赋值运算符与条件运算符是由右向左结合的，除赋值运算符以外的二元运算符是由左向右结合的。

各类运算符的优先级和结合性见表 2-6。

表 2-6　优先级和结合性

优先级	说明	运算符	结合性
1	括号	( )	从左到右
2	自加、自减运算符	++、--	从右到左
3	算术乘除运算符	*、/、%	从左到右
4	算术加减运算符	+、-	从左到右
5	关系运算符	<、<=、>、>=、==、!=	从左到右
6	逻辑运算符	!、&&、||	从左到右
7	条件运算符	(?：)	从右到左
8	赋值运算符	=、+=、*=、/=、%=、-=	从右到左

2.5　程序控制结构

程序的基本组成单位是语句，任何一个程序都是由若干条语句构成的。语句的执行顺序即程序的控制结构，而程序的控制结构无非以下 3 种。

（1）顺序结构。所有的程序均按照其语句先后顺序自上而下的执行，执行完一行语句才去执行下一行的语句。每条语句执行且只执行一次。这样的结构称为顺序结构。顺序结构是最基本的程序结构。

（2）分支结构。在程序的执行过程中，需要进行逻辑判断，若满足条件则去执行相应的语句。这样程序可以通过一个条件在多个可能的运算或处理步骤中选择一个来执行，从而使得计算机根据条件的真假能够做出不同的反应，因此分支结构提高了程序的灵活性，强化了程序的功能。

在 C#中，两种语句可以实现分支结构：if 语句和 switch 语句。

（3）循环结构。程序执行过程中，有时候对于一些语句需要连续执行多次，这时可以使用循环结构。

循环结构也可以通过两种语句来实现：for 语句和 while 语句。

为了更加准确地表述程序的 3 种控制结构，给出 3 种结构对应的程序流程图，如图 2.6 所示，其中，(a)表示顺序结构，(b)表示分支结构，(c)表示循环结构。

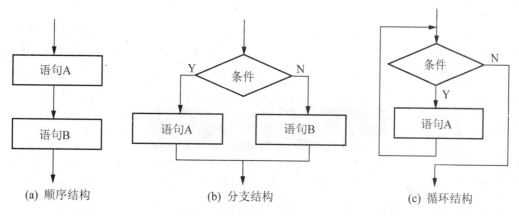

(a) 顺序结构　　　　　(b) 分支结构　　　　　(c) 循环结构

图 2.6　3 种控制结构的流程图

2.5.1　分支结构

分支结构使用选择语句实现。C#提供两种选择语句：一种是条件语句，即 if 语句，另一种是开关语句，即 switch 语句。它们都可以用来实现多路分支，根据执行条件选择要执行的代码。

1. if 语句

if 语句根据布尔类型的条件表达式的值选择要执行的语句，其语法结构与 C/C++一样，最简单的 if 语句只设置一条选择路径，称为单分支语句，其语法格式如下：

```
if(条件表达式)
 {语句;}
```

当条件表达式的值为 true 时，执行大括号里的表达式，否则语句结束。如果大括号里的语句只有一行，大括号也可以省略。

使用 if…else 结构的选择语句称为双分支语句，其语法为：

```
if(条件表达式)
 {语句1; }
```

```
else
  {语句2; }
```

上式中，如果条件表达式值为 true，执行语句 1，否则执行语句 2。

当需要实现多条选择路径的时候，可以在 if…else 语句中嵌入多个 else if 分支，结构为：

```
if(条件表达式1)
  {语句1;}
else if(条件表达式2)
  {语句2;}
…
else
  {语句n;}
```

当条件表达式 1 的值为 true 时，执行语句 1，执行完毕整个 if 语句结束；否则若条件表达式 2 的值为 true，则执行语句语句 2，执行完毕整个 if 语句结束；以此类推，如果以上条件都不成立，则执行最后一个 else 语句后的语句 n。else 分支总是与最近的一个尚未配对的 if 语句配对。

【例 2-4】编写一个大小写转换的程序。用户在键盘上输入一个字符，若输入的为大写字母，则将其转换为小写字母输出；若输入的为小写字母，则将其转换为大写字母输出；若输入的为数字，则直接输出；若输入的为其他字符，则提示错误。程序的运行结果，如图 2.7 所示。

图 2.7　大小写转换效果

题目分析：首先获取键盘上输入的一个字符，然后根据该字符的 ASCII 码进行判断，不同的 ASCII 码值对应不同的输出效果。

程序代码：

```
namespace 大小写转换
{
    class Program
    {
        static void Main(string[] args)
        {
            char c;
            c = Convert.ToChar(Console.ReadLine());
            if (c >= 65 && c <= 90)                    //大写英文字母
            {
                Console.WriteLine("您输入的为大写字母" + c+",经过转换，输出的字符为：");
                c = Convert.ToChar(c + 32);
                Console.WriteLine(c);
            }
            else if (c >= 97 && c <= 122)              //小写英文字母
            {
                Console.WriteLine("您输入的为小写字母" + c + ",经过转换，输出的字符为：");
```

```
            c = Convert.ToChar(c - 32);
            Console.WriteLine(c);
        }
        else if (c >= 49 && c <= 58)            //数字字符
        {
            Console.Write("您输入的为数字字符");
            Console.WriteLine(Convert.ToInt16(c) - 48);
        }
        else
        {
            Console.WriteLine("错误字符, 无法转换");
        }
        Console.ReadLine();
    }
}
}
```

【例 2-5】用户在键盘上输入一个年份和月份，计算机输出对应的月份有多少天。运行界面，如图 2.8 所示。

图 2.8　例 2-6 的运行界面

题目分析：计算机的输出可以分为以下几种情况：若用户输入的是 1,3,5,7,8,10,12 月份，则直接输出 31 天即可；若用户输入的是 4,6,9,11 月，则直接输出 30 天即可；若用户输入的是 2 月，则还需要去判断年份是否为闰年，闰年的 2 月有 29 天，平年的 2 月有 28 天，所以当满足用户输入的月份为 2 时，需要在相应的程序段中再写一个 if 语句，以便来区分最终的输出到底是 28 还是 29。

程序代码：

```
namespace 判断天数
{
    class Program
    {
        static void Main(string[] args)
        {
            int year, month;
            Console.WriteLine("请输入年份: ");
            year = Convert.ToInt16(Console.ReadLine());
            Console.WriteLine("请输入月份: ");
            month = Convert.ToInt16(Console.ReadLine());
            Console.WriteLine("该年该月的天数为: ");
            if (month == 1 || month == 3 || month == 5 || month == 7 || month == 8
|| month == 10 || month == 12)
            {
                Console.WriteLine("31");
```

```
        }
        else if (month == 4 || month == 6 || month == 9 || month == 11)
        {
            Console.WriteLine("30");
        }
        else if (month == 2)
        {
            if (year % 400 == 0 && year % 4 == 0 || year % 100 != 0)
                Console.WriteLine("29");
            else
                Console.WriteLine("28");
        }
        else
        {
            Console.WriteLine("error input");
        }
        Console.ReadLine();
    }
}
}
```

2. switch 语句

当判断的条件相对较多时，使用 else if 语句会使程序变得难以阅读，这时使用 switch 语句进行操作就十分方便。switch 根据一个表达式的多个可能取值来选择执行的代码段，因此也称为多路开关语句，其基本格式为：

```
switch(表达式)
{
case 常量表达式1;
    语句 1;
    break;
case 常量表达式2;
    语句 2;
    break;
    ...
default:
    语句 n;
    break;
}
```

注意：一个 switch 语句中至多只能有一个 default 语句，也可以没有 default 语句。

switch 语句执行规则如下。

(1) 首先计算出 switch 后面括号中表达式的值。

(2) 如果 switch 表达式的值等于某一个 case 分支的常量表达式的值,那么程序将转换到这个 case 标号后的语句列表中执行。

(3) 如果 switch 表达式的值无法与任何一个 case 常量表达式相匹配，则程序会跳转到 default 标号后的语句列表中。

(4) 如果 switch 表达式的值无法与 switch 语句中任何一个 case 常量表达式相匹配，并且没有 default 分支，则程序会跳转到 switch 语句的结尾，即退出整个 switch 语句。

说明：

(1) case 后面的常量表达式的值必须互不相同。

(2) 多个 case 语句可以共用一组程序代码，但每个常量表达式后面的冒号不可省。

(3) case 的顺序是任意的。

(4) 当一个 case 语句对应的代码包含多行时，多行代码可以不使用大括号括起来。

(5) default 语句可视情况而省略。

当表达式的值与某一个 case 后面的常量匹配时，程序即从这个 case 开始进入代码段执行，当执行完这个 case 对应的代码段时，并不是退出整个 switch 语句，而是不经判断的直接执行该 case 语句后面所有的代码。例如，若表达式的值与常量表达式 1 匹配，则程序从代码 1 开始进入 switch，依次执行代码 1，代码 2，……，代码 n 和代码 $n+1$，直至遇到 switch 语句的结束大括号时才退出 switch 语句。这显然不符合多分支判断的本意。要解决这一问题，需要在每个 case 对应的代码段后面加上 break 语句。break 的作用是跳出 switch 语句。

注意：与 C/C++不同，C/C++允许 switch 语句中 case 标签后不出现 break 语句，但 C#不允许这样，它要求在每个 case 后必须使用 break 语句退出该代码块，否则编译将报错。

【例 2-6】使用 switch 语句重新编写上面的例 2-6。

```
namespace 判断天数
{
    class Program
    {
        static void Main(string[] args)
        {
            int year, month;
            year = Convert.ToInt16(Console.ReadLine());
            month = Convert.ToInt16(Console.ReadLine());
            switch (month)
            {
                case 1: case 3: case 5: case 7: case 8: case 10: case 12:
                    {
                        Console.WriteLine("31");
                        break;
                    }
                case 4: case 6: case 9: case 12:
                    {
                        Console.WriteLine("30");
                        break;
                    }
                case 2:
                    {
                        if (year % 400 == 0 && year % 4 == 0 || year % 100 != 0)
                            Console.WriteLine("29");
                        else
                            Console.WriteLine("28");

                        break;
                    }
                default:
                    Console.WriteLine("error input");
```

```
            break;
        }
        Console.ReadLine();
    }
}
```

2.5.2 循环结构

循环语句可以实现程序的重复执行，常用的循环语句有 while 语句，do…while 循环语句和 for 语句，程序员可根据实际需要进行选择。

1. for 循环

for 循环语句的语法格式为：

```
for (<表达式 1>;<表达式 2>;<表达式 3>)
{
    循环体语句;
}
```

说明：

<表达式 1>的作用是循环变量的初始化，即为循环变量赋一个初始值。该语句在循环之前执行，且只执行一次。

<表达式 2>为循环条件表达式，控制循环的执行。当表达式 2 为真时，重复执行循环，当表达式 2 为假时，退出循环转去执行循环后面的语句。

<表达式 3>的作用是修改循环变量的值。该表达式在每次执行完循环体后、下一次循环条件判断之前执行，这样与循环判断条件有关的循环变量会不断被修改，当其不满足循环判断条件时退出循环。

概括地说，表达式 1 表示循环变量的初值，表达式 2 表示循环变量的终止条件，表达式 3 表示循环变量的改变。这 3 点是循环构成的三要素，任何的循环语句都要有这 3 个要素。若这 3 个要素编写不当，往往造成循环语句永远无法退出，这种情况称为"死循环"。"死循环"在语句上没有错误，因此编译时不会被系统检测出来，但是逻辑上的错误确是致命的。在编写循环时，一定要避免出现"死循环"。

【例 2-7】用户输入一个自然数 n，编写程序计算出前 n 个自然数的和。运算效果，如图 2.9 所示。

图 2.9　计算自然数的和

分析：计算自然数的和需要重复的进行加法运算，当类似的代码需要多次执行时，考虑用循环语句实现。循环语句需要明确循环的三要素。设置循环变量为 i，因为要计算自然数的和，所以 i 的初始值为 1，循环的执行条件为 i<=n，每次执行完加法运算后，i 的值加 1 准备进行下一次的运算。

代码如下:

```
namespace 求和
{
    class Program
    {
        static void Main(string[] args)
        {
            int i, n, sum=0;
            Console.WriteLine("请输入 n: ");
            n = Convert.ToInt16(Console.ReadLine());
            for (i = 1; i <= n; i++)
                sum += i;
            Console.WriteLine("前 n 个自然数的和为: "+sum);
            Console.ReadLine();
        }
    }
}
```

【例2-8】编写控制台程序，打印出乘法表，效果如图2.10所示。

图 2.10　乘法表

代码如下:

```
namespace MultiplicationTable
{
    class Program
    {
        static void Main(string[] args)
        {
            int n, i, j;
            Console.WriteLine("                    乘法表\n");
            for (i = 1; i <= 9; i++)
            {
                for (j = 1; j <= i; j++)
                {
                    n = i * j;                      //计算乘法值
                    Console.Write(" {0,4}",n);      //格式化输出
                }
                Console.WriteLine();                //换行，相当于 Console.Write("\n")
            }
            Console.Read();
        }
    }
}
```

2. while 循环语句

while 循环语句的语法格式为:

```
while(循环条件表达式)
{
    循环体语句;
}
```

while 语句执行过程如下。

(1) 先计算循环条件表达式的值。

(2) 若值为 true 则执行循环体语句，然后重新执行步骤(1)。

(3) 若循环条件表达式的值为 false，则结束循环。

作为循环结构的一种表现形式，while 语句也需要预备循环的三要素，其中，循环变量的初始化要放在 while 语句之前，循环变量的结束条件即 while 后面的循环条件表达式，而循环变量的改变需要放在循环体内实现。如果循环体内没有改变循环变量的值，将造成死循环。

当循环体有多条语句构成时，需要使用大括号将其引起来。

【例 2-9】使用 while 语句实现例 2-7。

```
namespace 求和
{
    class Program
    {
        static void Main(string[] args)
        {
            int i, n, sum=0;
            Console.WriteLine("请输入n: ");
            n = Convert.ToInt16(Console.ReadLine());
            i = 1;
            while (i <= n)
            {
                sum += i;
                i++;
            }
            Console.WriteLine("前n个自然数的和为："+sum);
            Console.ReadLine();
        }
    }
}
```

在 while 语句中可以使用 break 语句结束整个循环，也可以用 continue 语句来停止执行本次循环，继续进行下一次的 while 循环。

3. do-while 循环

do-while 循环语句的语法格式为：

```
do
{
  循环体语句;
} while (循环条件表达式);
```

从语法格式上，可以看出 do...while 与 while 语句不同，它先执行一遍循环体，然后再根据循环条件表达式进行条件判断，若表达式的值为真，则重复执行循环体并判断；若表达式的值为假则退出循环。

do...while 语句中循环三要素的位置与 while 语句一样,需要注意的是 while 后面的分号不能省略。

do...while 是一种直到型循环,即执行循环体直到条件不满足为止,所以 do...while 语句中的循环体至少会执行一遍。

【例 2-10】do while 循环应用实例。

```
namespace do_while
{
    class Program
    {
        static void Main(string[] args)
        {
        int i=100;
        int s=0;
        do
        {
            s += i;
            i++;
        } while (i <= 100);
        Console.WriteLine("s={0}",s);
        Console.Read();
        }
    }
}
```

该程序的执行结果为:s=100

2.5.3 跳转语句

跳转语句主要用来实现程序的跳转,从而改变程序的执行顺序。C#中的跳转语句主要有 break 语句和 continue 语句。

1. break 语句

break 语句称为中断语句,用于以下两种情况的中断。

(1) 用在 switch 结构中,当某个 case 子句执行完后,使用 break 语句跳出整个 switch 语句。

(2) 用在循环结构中,当程序执行到 break 语句时,会自动跳出 break 所在的循环,改去执行循环后面的语句。

【例 2-11】用户在键盘上输入一个数,判断该数是不是素数。

题目分析:根据素数的定义,若 n 不能够被 $2 \sim \sqrt{n}$ 之间的任一个数整除,则 n 为素数。一旦找到一个数可以整除 n,则 n 为非素数,因此没有必须再继续执行循环,直接退出循环执行后面的语句即可。引入 flag 标记 n 是否为素数,flag=1 为素数,flag=0 为非素数。

代码如下:

```
namespace 素数判断
{
    class Program
    {
      . static void Main(string[] args)
        {
            int number, i,flag=0;
            number = Convert.ToInt16(Console.ReadLine());
            for (i = 2; i < number; i++)
```

```
    {
        if (number % i == 0)
        {
            flag = 1;
            break;
        }
    }
    if (flag==0)
    {
        Console.WriteLine("是素数！");
    }
    else
    {
        Console.WriteLine("不是素数");
    }
    Console.ReadLine();
    }
  }
}
```

注意：在多重嵌套循环中，break 语句只能跳出它所在的那一层循环结构。

2. continue 语句

continue 语句只能用在循环中。和 break 不同的是，当程序遇到 break 语句时，程序跳出 break 所在的整个循环，而当程序遇到 continue 时，跳过 continue 后面的语句转去进行循环控制条件的判断，以决定是否进行下一次循环，即 continue 语句结束的只是一次循环的执行。

图 2.11 所示是在 while 循环体中分别应用 break 和 continue 语句后的程序流程。从中不难看出二者的差别。

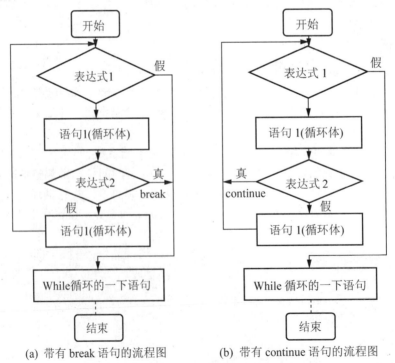

(a) 带有 break 语句的流程图   (b) 带有 continue 语句的流程图

图 2.11   在 while 循环中使用跳转语句的流程图

【例 2-12】 把 100～200 之间的不能被 3 整除的数输出。

题目分析：当数 n 不能被 3 整除时，输出 n 的数值，反之，则跳过数值输出语句，进入下一层循环，改去判断 $n+1$。

代码如下：

```
namespace continue实例
{
    class Program
    {
        static void Main(string[] args)
        {
            int n;
            for(n = 100;n <=200;n++)
            {
            if(n % 3 == 0)            //判断是否能被 3 整除
            continue;                 //能被 3 整除就结束本次循环
            Console.WriteLine(n);     //打印输出不能被 3 整除的数字
            }
        }
    }
}
```

常用的程序控制语句即为以上介绍的三类。熟练地应用这些语句，可以实现任意复杂的程序。

【例 2-13】 制作一个猜数游戏。运行程序后，系统自动生成一个 100 以内的随机数，然后用户来猜这个数的大小。若猜的数大于最大数或小于最小数，则给出相应的提示。否则，根据猜的数不断缩小范围并显示，直至猜对该数为止。界面如图 2.12 所示。

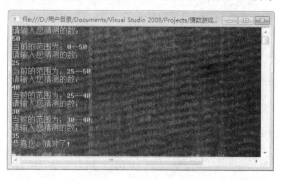

图 2.12　猜数游戏界面

题目分析：

(1) 根据题目要求，需要使用 4 个变量来依次保存随机数、用户猜测数、数值的最大范围值和最小范围值。

(2) C#中使用 Random 类来生成一个随机数，其语法如下：

```
Random rsource = new Random();      //生成随机数
source = rsource.Next(100);
```

其中，Random 表示随机数类。要声明一个随机数，需首先声明一个随机数类的对象，然后调用该对象的 Next 方法可以生成相应范围内的随机数。

(3) 当系统生成随机数后，用户需在键盘上输入自己的猜测数与之比较。

① 若猜测数不在当前范围内，则进行相关提示。

② 若猜测数在提示的数据范围内但不等于随机数，则根据猜测数去修改显示范围。

③ 若猜测数等于随机数，则结束整个猜测过程。

由于步骤(3)需要不断重复，且重复的次数不确定，因此将循环条件设置为永远成立，一旦用户猜对了数据，使用跳转语句 break 退出循环即可。

根据以上分析，程序代码如下：

```
namespace 猜数游戏_控制台_
{
    class Program
    {
        static void Main(string[] args)
        {
            int source;                          //生成的随机数
            int mynum;                           //猜想数
            int first = 0, last = 100;           //当前范围
            Random rsource = new Random();       //生成随机数
            source = rsource.Next(100);
            while (true)
            {
                Console.WriteLine("请输入您猜测的数：");
                mynum = Convert.ToInt16(Console.ReadLine());
                if (mynum < first)
                    Console.WriteLine("比最小的数都小，不知道怎么想的");
                else if (mynum > last)
                    Console.WriteLine("比最大的数还大，睡着了吧");
                else
                {
                    if (mynum > first && mynum < source)
                    {
                        first = mynum;
                        Console.WriteLine("当前的范围为：" + first + "--" + last);
                    }
                    if (mynum < last && mynum > source)
                    {
                        last = mynum;
                        Console.WriteLine("当前的范围为：" + first + "--" + last);
                    }
                    if (mynum == source)
                    {
                        Console.WriteLine("恭喜您，猜对了！");
                        Console.ReadLine();
                        break;
                    }
                }
            }
        }
    }
}
```

2.6　异　常　处　理

程序在执行时，可能会发生一些不可预测的错误或异常，比如发送电子邮件过程中，突然网络不通，这时就要采用异常处理来解决这种异常或错误。C#中的异常处理语句为 try 语句，该语句提供一种机制，用于捕捉在块的执行期间发生的各种异常。此外，try 语句还能让用户指定一个代码块，并保证当控制离开 try 语句时，总是先执行该代码。

try 语句的基本格式为：

```
try
{
    程序代码块;
}
catch(Exception e)
{
    发生异常时的异常处理代码块;
}
finally
{
    无论是否发生异常，均要执行的代码块;
}
```

各语句块的说明如下。

(1) try——包含导致异常的代码。

(2) catch——包含产生异常时要执行的代码。catch 块可以设置为只响应特定的异常类型，因此针对不同类型的异常，可提供多个 catch 块。还可以完全省略这个参数，让一般的 catch 块响应所有的异常。

(3) finally——包含总是会执行的代码，如果没有产生异常，则在 try 块之后执行，如果处理了异常，就在 catch 块后执行，或者在未处理的异常中断应用程序之前执行。

注意：try 语句可以具有多种形式，如一个 try 后面可以有一个或多个 catch，但至多只能有一个 finally 语句块。

当 try 语句运行时，若 try 代码块中的代码执行出现了错误，则针对该错误的类型找到与之匹配的最近的 catch 语句块去执行，若该操作执行失败，则继续搜索与之匹配的 catch 代码块，直到找到可以处理当前异常的 catch 为止。找到匹配的 catch 子句后，系统将把控制转移到该 catch 子句的第一条语句。

2.7　数　　组

数组是一组名称和类型完全相同的变量的集合。程序要引用数组的一个元素，只需指定数组名，随后将指定元素的位置编号放在一对方括号中即可。方括号中的编号称为"下标"或"索引"。下标必须是一个整数或是整数表达式。

2.7.1 数组的定义

数组是一组类型相同、存储空间联系的数据元素的集合，因此定义数组时需先指定数组的数据类型。数组的类型可以是 C#中的任意一种数据类型。由于数组中包含多个数组元素，还应在声明数组时指定数组元素的个数。

常见的数组的声明格式为：

数组类型[ ] 数组名=new 数组类型[数组元素个数];

例如：

```
int[ ] myArray=new int[10];
```

这里定义了一个类型为 int 类型的数组 myArray ，并对数组分配了 10 元素的内存空间。可以在声明数组的同时初始化每个数组元素，例如：

```
int[] myArray= {0,1,2,3,4,5,6,7,8,9};
```

也可以将数组的初始化与声明分开，放在数组声明的后面，例如：

```
int[ ] myArray=new int[10];
myArray[0]=0;
myArray[1]=1;
    ⋮
myArray[9]=9;
```

如果在声明数组时不进行数组元素的初始化，那么对整型数组来说，所有的数组元素将默认为 0；对 bool 型数组来说，所有的数组元素将默认为 false。

注意：数组元素的下标从 0 开始，即第一个数组元素为 myArray[0]，第二个数组元素为 myArray[1]，依次类推，最后一个数组元素为 myArray[9]。

由于各个数组元素的下标连续，因此对数组的访问可以使用循环来实现。

【例 2-14】一维数组使用实例。定义一个数组，并依次输出数组中的元素。

```
namespace 输出数组元素
{
    class Program
    {
        static void Main(string[] args)
        {
            int[] a = {0,1,2,3,4,5,6,7,8,9};
            for (int i = 0; i < 10; i++)
            {
                Console.WriteLine("第" + i + "个数组元素的值为：");
                Console.WriteLine(a[i]);
            }
            Console.ReadLine();
        }
    }
}
```

按 F5 键运行该应用程序，可以得到如图 2.13 所示的结果。

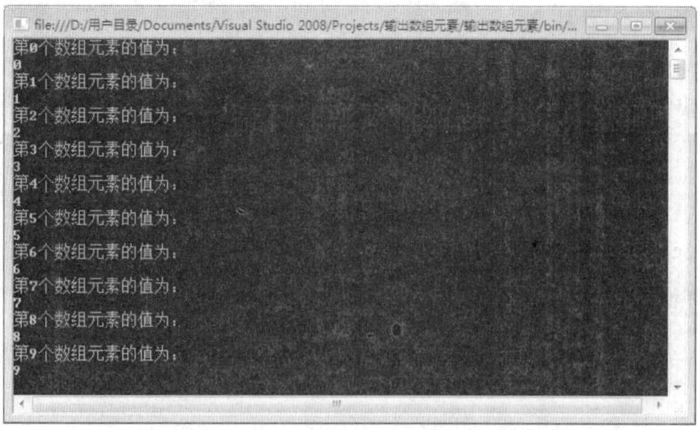

图 2.13　数组元素的输出

2.7.2　数组的使用

数组是一组名称和类型完全相同的变量的集合,所以数组元素的访问和变量的访问是一样的,访问数组元素之前必须对数组元素进行初始化。访问数组元素的表示形式为:

数组名 [下标]

其中,下标可以是整型常量或是整型表达式。

注意:像上节所讲的 C#数组是从零开始建立索引,即数组索引从零开始。如果超出数组元素的下标的最大值,将会抛出超出索引错误(IndexOutOfRangeExeption)。

【例 2-15】班里有 29 名同学,统计这 29 名同学的成绩,当录入每个成绩后,系统可以计算出其中的最高分、最低分、总分和平均分。运行效果,如图 2.14 所示。

图 2.14　成绩统计的运行效果

题目分析:使用数组来存储 29 个数据,通过循环录入每个学生的成绩后,将成绩逐个与最高分、最低分进行比较,并计算总分。当处理完 29 个同学的成绩后,最后计算出平均分。

代码如下:

```
namespace 成绩统计_控制台_
{
    class Program
    {
        static void Main(string[] args)
        {
```

```
        int[] score = new int[29];
        int max = 0, min = 100, total = 0, average = 0;
        for (int i = 0; i < 29; i++)
        {
            Console.WriteLine("请输入第" + i + "个同学的成绩：");
            score[i] = Convert.ToInt16(Console.ReadLine());
            if (score[i] > max)
                max = score[i];
            if (score[i] < min)
                min = score[i];
            total += score[i];
        }
        average = total / 29;
        Console.WriteLine("最高分为：" + max);
        Console.WriteLine("最低分为：" + min);
        Console.WriteLine("总分为：" + total);
        Console.WriteLine("平均分为：" + average);
        Console.ReadLine();
    }
}
}
```

2.7.3 二维数组

前面介绍的数组只有一个下标，称为一维数组。除了一维数组以外，C#语言允许构造多维数组。多维数组具有多个下标，以标识它们在数组中的位置，所以也称为多下标变量。本节主要介绍二维数组，多维数组可以由二维数组类推得到。

二维数组的定义和一维数组差不多，二维数组定义的一般格式为：

数组类型[,] 数组名=new 数组类型[数组的行数,数组的列数];

其中行数和列数为整型数值或整型表达式。数组行数表示一维下标的长度，数组列数表示二维下标的长度。例如，定义一个3行4列的二维数组如下：

int[,] a=new int[3,4];

该数组的下标变量共有3×4个，即：

```
a[0,0],a[0,1],a[0,2],a[0,3]
a[1,0],a[1,1],a[1,2],a[1,3]
a[2,0],a[2,1],a[2,2],a[2,3]
```

引用二维数组必须指定两个下标。读者应该严格区分在定义数组时使用的a[3,4]和访问数组元素时使用的a[3,4]的区别。前者a[3,4]用来定义数组的维数和各维的大小，后者a[3,4]中的3和4是下标值，a[3,4]是代表二维数组第4行第5列的数组元素，在上例的定义中并不存在a[3,4]这个元素。

在定义二维数组时，也可以对数组元素赋初值，其格式如下：

类型名[,] 数组名=new 类型名[行长度,列长度]{{初值表达式0},{初值表达式1}...{初值表达式n}};

把初值表达式中的数据依次赋给每一行的相应的元素。例如：

int[,] a=new int[3,3]{{1,2,3},{4,5,6},{7,8,9}};

初始化数组 a。此时，a 数组中的各个元素为：

```
a[0,0]=1    a[0,1]=2    a[0,2]=3
a[1,0]=4    a[1,1]=5    a[1,2]=6
a[2,0]=7    a[2,1]=8    a[2,2]=9
```

二维数组的初始化也可以只针对部分元素，例如：

```
int[,] b=new int[3,3]{{1,2,3},{},{8,9}};
```

只对数组 b 的 0 行的全部元素和最后一行的前两个元素赋初值，其余的元素的初值为 0。
数组初始化后，数组元素为：

```
b[0,0]=1    b[0,1]=2    b[0,2]=3
b[1,0]=0    b[1,1]=0    b[1,2]=0
b[2,0]=8    b[2,1]=9    b[2,2]=0
```

【例 2-16】修改例 2-15，班里有 29 名同学，每个同学共参加了 3 门课的考试，编写程序求出每科考试中的最高分、最低分，以及全班所有成绩的总分、平均分。

题目分析：用二维数组来存放学生的成绩，每个学生的成绩占一行，每行有 3 个数值，因此数组的长度为 29×3。由于每门课均要统计最高分、最低分，因此需要设置一个最高分数组和一个最低分数组。

```
namespace 二维数组
{
    class Program
    {
        static void Main(string[] args)
        {
            int [,] a=new int[29,3];
            for (int i = 0; i < 29; i++)
            {
                Console.WriteLine("请依次输入第"+i+"个同学的 3 门成绩");
                for (int j = 0; j < 3; j++)
                    a[i, j] = Convert.ToInt16(Console.ReadLine());
            }
            int[] max = new int[3];//分别记录 3 门课程的最高分
            int[] min = {100,100,100};//分别记录 3 门课程的最低分
            int total=0,average;
            for (int j = 0; j < 3; j++)
            {
                for (int i = 0; i < 29; i++)
                {
                    if (a[i,j] > max[j]) max[j] = a[i,j];
                    if (a[i, j]< min[j]) min[j] = a[i, j];
                }
            }
            for (int j = 0; j < 3; j++)
            {
                Console.WriteLine("第"+j+"门课程的最高分为："+max[j]);
                Console.WriteLine("第" + j + "门课程的最低分为： " + min[j]);
            }
```

```
    for (int i = 0; i < 29; i++)
        for (int j = 0; j < 3; j++)
            total += a[i,j];
    average = total / 29 / 3;
    Console.WriteLine("全班同学的总分为" + total);
    Console.WriteLine("全班同学的平均分" + average);
    Console.ReadLine();
    }
  }
}
```

按 F5 键运行应用程序，得到如图 2.15 所示的结果。

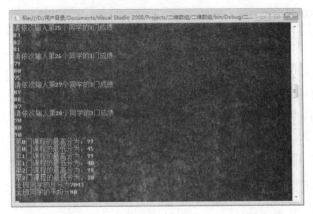

图 2.15　二维数组成绩统计的运行效果

2.8　面向对象基础知识

在面向对象的程序设计中，类是面向对象程序设计的核心，它实质上是定义了一种新的数据类型(引用类型)，因此，同一般的数据类型一样，要使用该类，需要声明该类型的变量。类的变量即为对象，或者说，对象是类的具体化，类是对象的抽象，因此，类和对象是密切相关的。

C#就是一种面向对象的程序设计语言。

2.8.1　类的定义

类是计算机用来创建对象的模板。与蓝图描述构成建筑物相比较，类以同样的方式描述其对象的特点，只不过这种描述通过类的属性、字段和方法体现。

例如，"人"是一个类，每一个人都是"人"类的实例，或称对象。类描述的是一类事物，故应该为"人"这个类设置所有人共有的属性，如姓名、性别、年龄、民族等。作为"人"类的一个对象，也就是一个具体的人，其每个属性均有确定的属性值，如李晓明(人的实例)年龄18，男，汉族。人类只有一个，而人类的实例可以有无数多个。

在面向对象的概念里，现实世界的个体将抽象化为程序中的对象，而个体的数据抽象化为程序对象的数据成员，个体的特性抽象化为程序对象的属性，个体的行为及处理问题的方法成为程序对象的方法。

由于对象是类的实例，因此对象可以执行类定义的操作，处理类的数据，访问类的一切成员。

在 C#中声明一个类需使用关键字 class，其定义格式为：

```
类修饰符 class 类名
{
    ...                //类的成员定义
}
```

注意：

(1) 类是以一对大括号开始和结束的，类的所有成员的声明均需放在大括号之间。在一对大括号后面可以跟一个分号，也可以省略分号。

(2) 除了 class 和类名外，其他的属性集、类修饰符等都是可选的。

(3) 类的主体包含属性、字段和方法。其中，属性和字段表示类的静态特性，方法表示类的动态特性。

例如，定义一个猫类如下：

```
class Cat
    {
        private string name;          //猫的名字
        private string color;         //猫的颜色
        private bool full;            //猫的饥饿状态
        public void eat()             //给猫喂食
        {
            this.full = true;
            Console.WriteLine("吃了个半饱，明天别让我自己去找吃的啦");
        }
    }
```

2.8.2　类的修饰符

类中成员定义时都需要指明访问修饰符，以用于设置类的访问权限，即对类进行封装。可以访问一个成员的代码范围叫做该成员的可访问域(Accessibility Domain)。访问修饰符用来控制所修饰成员的可访问域。访问修饰符使类或者类的成员在不同的范围内具有不同的可见性，用于实现数据和代码的隐藏。

类的访问修饰符如下。

(1) public 表示公有的，访问不受限制，可访问域限定于在类内和任何类外的代码中。

(2) protected 表示受保护的，可访问域限定于所在类和所在类派生的子类中。

(3) private 表示私有的，可访问域限定于它所属的类内。

(4) internal 表示内部的，可访问域限定于类所在的程序内。

(5) new 修饰符只能用于嵌套的类，表示对继承父类同名类型的隐藏。

(6) abstract 用来修饰抽象类，表示该类只能作为父类被用于继承，而不能进行对象实例化。

(7) sealed 表示该类为密封类，不允许被继承。

(8) protected internal 唯一的一种组合限制修饰符，它只可以被本程序集内所有的类和这些类的继承子类所存取。

注意：当类的各个成员前面没有访问修饰符时，系统默认其为 private 修饰的成员。

在类成员中还有一种较为特殊的成员——静态成员。类的静态成员可以是静态字段、静态方法等。静态成员与非静态成员的不同在于静态成员属于类，即在使用时要通过类名来调用，而非静态成员则总是与特定的对象(实例)联系，通过对象名来调用。

声明静态成员需要使用 static 修饰符。位置一般在访问修饰符的后面。若将类中的某个成员声明时加上 static，则该成员称为静态成员。类中的成员要么是静态的，要么是非静态的。

注意：类的非静态成员属于类的实例所有，每创建一个类的实例，都在内存中为非静态成员开辟一块区域，而类的静态成员属于类所有，为这个类的所有实例所共享。无论这个类创建了多少个实例，一个静态成员在内存中只占一块区域，因此，静态成员为类的全程成员，在整个类的使用全程范围内有效。

例如：

```
class STA
    {
        public static int sta;
        public int num;
        public void add(string s)
        {
            sta++;
            num++;
            Console.WriteLine("在变量{0}中 sta={1}", s, sta);
            Console.WriteLine("在变量{0}中 num={1}", s, num);
        }
    }
class Program
    {
     static void Main(string[] args)
        {
            STA s1 = new STA();
            STA s2 = new STA();
            STA s3 = new STA();
            STA.sta = 0;
            s1.num = 0;
            s2.num = 0;
            s3.num = 0;
            s1.add("p1");
            s2.add("p2");
            s3.add("p3");
            Console.ReadLine();
        }
    }
```

此程序的结果如图 2.16 所示。

在类 STA 中，定义了静态成员变量 sta 和普通成员变量 num，并定义了成员函数 add( )对两个变量进行自增。

从程序结果看，对成员变量 num，在类 STA 的实例 s1、s2 和 s3 中都会对其分配不同的存储空间，所以 s1.num、s2.num 和 s3.num 的值都是 1，而静态成员变量 sta 在内存中只为其分配唯一的内存空间，因此，值会累积。

图 2.16　静态成员变量实示例

2.8.3　属性

字段描述的是类的静态特性，如"人"类的姓名，年龄等，但为了保护数据，提高类的封装性，类成员一般定义为私有或受保护的，不容许外界直接访问，由此造成了很多的不便。

若外界需要访问类的某个字段，可以针对该字段建立一个属性。利用属性知识，提供给外界访问私有或保护字段的途径。

在类中声明属性的语法格式如下：

```
访问修饰符 数据类型 属性名
{
    get
    {
        return 字段名;              //获取属性值的代码，用return来返回属性值
    }
    set
    {
        字段名= value;             //设置属性值的代码
    }
}
```

例如，在上面定义的"猫"类中，猫的名字、颜色均为 private 类型的成员，外界不可以访问，因此，可以为这两个字段依次定义两个属性，每个属性访问对应的字段，如下所示：

```
class Cat
{
    private string name;
    private string color;
    public string Name          //定义属性 Name 访问 name 字段
    {
        get
        {
            return name;
        }
        set
        {
            name = value;
        }
    }
    public string Color         //定义属性 Color 访问 color 字段
    {
        get
        {
            return color;
        }
        set
        {
            color = value;
        }
    }
    public bool full;
```

```
    public void eat()
    {
        this.full = true;
        Console.WriteLine("吃了个半饱，明天别让我自己去找吃的啦");
    }
}
```

实际上属性由两个代码块构成，get 代码块表示获取属性的值，set 代码块表示修改属性的值。根据实际的需要，这两个代码块可以省略。例如，当属性定义中没有 get 代码块时，表示对应的属性只能写不能读，反之，若缺少了 set 代码块，则对应的属性为只读属性，不能够修改。

2.8.4　方法

方法表示类的动态特性。C#实现了完全意义上的面向对象，任何数据都必须封装在类中或是作为类的实例成员，没有全局常数和全局变量，也没有全局方法。在面向对象的程序语言设计中，对类的数据成员的操作都封装在类的成员方法中。

方法是类中用于执行计算或其他操作的成员，它的定义方式与函数类似。方法的声明包括修饰符、返回值数据类型、方法名、入口参数和方法体，其声明格式如下：

修饰符 返回值类型 方法名 （ [参数列表] ）
{ 方法体 }

方法的返回值类型必须是合法的 C#的数据类型。当方法定义中明确指出返回值类型时，在方法体里需要用"return"返回相应类型的数值。若方法没有返回值，则声明该方法时，返回值类型中写 void。例如，前面的"猫"类中定义的 eat( )方法，由于方法体中没有用 return 返回任何数值，所以方法名前面写的是 void。

方法的参数列表与 C++中定义的函数的参数列表一样。方法可以有 0 个、1 个或多个参数。参数用于向方法传递数据或者从方法中带回数据。参数列表中的每个参数都需要说明其数据类型及参数名。和变量定义不同，即使多个参数具有相同的类型，也不能够一起定义，必须每个参数单独定义，多个参数之间使用逗号隔开。

C#中允许方法重载，即多个不同的方法名称可以相同，系统在调用时根据其参数列表最终决定调用哪一个方法。

注意：

(1) 重载的方法名称必须相同。

(2) 重载的方法形参的个数或类型必须不同，否则将出现"已经定义了一个具有相同类型参数的方法成员"的编译错误。

例如，修改上面猫类的定义：

```
class Cat
    {
        private string name;
        private string color;
        public string Name
        {
            get
            {
```

```
            return name;
        }
        set
        {
            name = value;
        }
    }
    public string Color
    {
        get
        {
            return color;
        }
        set
        {
            color = value;
        }
    }
    public bool full;
    public void eat()
    {
        this.full = true;
        Console.WriteLine("吃了个半饱，明天别让我自己去找吃的啦");
    }
    public void eat(string food)
    {
        if (food == "fish")
            Console.WriteLine("我爱吃鱼！");
        else if (food == "mouse")
            Console.WriteLine("这年头吃老鼠女主人就不喜欢了！");
        else if (food == "")
            Console.WriteLine("怎么能饿着我！");
        else
            Console.WriteLine("生活难呀，凑合着吃吧");
    }
}
```

在该类中，定义了两个名称为 eat 的方法，第一个方法不带参数，第二个方法带有一个字符串类型的参数。定义一个 Cat 类的对象 mycat，则调用 mycat.eat( )，执行的是第一个 eat 方法，若调用 mycat.eat（"bread"），则调用的是第二个 eat 方法。

2.8.5　构造函数

构造函数是类中与类名同名的成员函数，当一个类的实例生成时，系统会自动调用构造函数对实例进行初始化。

构造函数是一种特殊的方法，其主要作用是在创建对象时初始化对象，每个类都有构造函数，即使没有声明，编译器也会自动地提供一个默认的构造函数，默认的构造函数一般不执行什么操作，只是在创建对象时，为对象分配必要的存储空间，并将不同类型的数据成员初始化为相应的默认值。

如果用户声明了自己的构造函数，系统将不再提供默认构造函数。当定义类的一个对象时，系统会自动调用构造函数执行。

注意：

(1) 一个类的构造函数通常与类名相同。

(2) 构造函数不声明返回类型。

(3) 一般地构造函数总是 public 类型的，如果是 private 类型的，表明类不能被实例化。

(4) 在构造函数中，除了对类进行实例化外，一般不能有其他操作，也不要尝试显式地调用构造函数。

例如，在上面的"猫"类中自定义一个构造函数如下：

```
class Cat
    {
        ……
        public Cat(string color, string name)
        {
            this.color = color;
            this.name = name;
            this.full = false;
        }
        ……
    }
```

该构造函数有一定的参数，表示在定义一个猫的对象时，同时为该对象命名，并指定其颜色和饥饿状态。

2.8.6　析构函数

在类的实例超出某个范围时，希望它所占的存储空间能被收回，以便能节省出计算机的存储空间做其他的用途，C#提供了析构函数，专门用于释放被占用的系统资源。

析构函数的名字与类名相同，只是在前面加了一个符号"～"，析构函数不接受任何参数也不返回任何值，若试图声明其他任何一个以符号"～"开头，而不与类名同名的方法或者试图让析构函数返回一个值都是不行的。

和构造函数一样，系统也自动地为类声明一个析构函数，用于释放该类所占的空间。

注意：析构函数不能被继承，不能有返回值，也不能显式调用，否则会出现错误。

2.8.7　this 关键字

关键字 this 可用于引用类的当前实例，可在构造函数、类的方法和类的实例中使用。在类的构造函数中出现的 this 可作为一个值类型，它表示对正在构造的对象本身的引用；在类的方法中出现的 this 表示对调用该方法的对象的引用。

注意：在 C#中，this 被定义为一个常量，因此，不能使用 this++、this--这样的语句，但是 this 可以作为返回值来使用。

2.8.8　对象

要使用定义的类，就必须实例化类，即创建类的对象。类与对象的关系是抽象与具体的关系。

C#使用 new 运算符来创建类的对象，格式如下：

```
类名 对象名 = new 类名([参数表]);
```

也可以将上面的语句一分为二：

```
类名 对象名;
对象名 = new 类名([参数表]);
```

其中，[参数表]是可选的，根据类模型提供的构造函数来确定。

声明类的对象相当于定义一个数据类型的变量，在定义完毕之后使用 new 运算符创建该对象实例，也就是为该变量分配内存，并且返回对该对象的引用。

例如，采用下面的语句创建 mycat 对象：

```
Cat mycat=new Cat();        //声明对象的同时实例化
```

也可以使用如下语句：

```
Cat  mycat;                 //先声明对象
mycat = new Cat();          //实例化对象
```

上面的语句 new Cat( )实例化对象时，计算机会自动调用类 Cat 的无参构造函数为对象分配空间，并初始化各个成员。

若采用如下语句：

```
Cat mycat = new Cat("white", "lee");
```

则系统会调用类 Cat 的有参构造函数实例化对象，并且将对象的颜色指定为 white，名字指定为 lee。

注意：用 new 创建一个类的对象时，将在计算机中为对象分配一块内存存储空间，每一个对象都有不同的存储空间。因此，两个不同的对象，即使它们的所有成员的值或代码都相同，它们也是不相等的。

【例 2-17】主人去买猫，为了挑到最好的猫，主人让两只猫打架，胜出者为要挑选的猫。编写程序模拟这一过程，帮助主人挑出合适的猫。

题目分析：首先要建立一个猫类。由于不同的猫要进行打架，并选出胜出者，为了能够模拟这个过程，为每只猫增加一个力量属性，比赛的过程转换为进行力量的比较，力量大的猫胜出。

代码如下。

首先写出猫类对应的代码：

```
class Cat
    {
    private string name;
    private int number;
    public string Name
        {
        get
            {
            return name;
            }
```

```
        }

    public int  Number
    {
        get
        {
            return number;
        }
    }
    public Cat(string name)
    {
        this.name = name;
        Random rpower = new Random();      //生成随机数
        number = rpower.Next(100);         //next 中的参数表示生成 100 以内的随机数,
                                           //也可以没有参数, 此时的范围为整型的范围

    }
}
```

由于主人挑选猫, 所以还应设置主人类。主人要判断到底哪只猫胜出, 因此主人类中设置方法 judge, 该方法将两只猫作为参数, 进行力量的比较, 然后返回力量大的猫。

```
class Master
{
    public Cat judge(Cat catA, Cat catB)
    {
        if (catA.Number > catB.Number)
            return catA;
        else
            return catB;
    }
}
```

在主函数中调用上面的两个类, 完成挑选猫的过程:

```
class Program
{
    static void Main(string[] args)
    {
        Cat cusA = new Cat("Tom");
        Thread.Sleep(100);
        Cat cusB=new Cat("Jacky");
        Master boss =new Master();
        Cat catwinner=boss.judge(cusA, cusB);
        Console.WriteLine(catwinner.Name);
        Console.ReadLine();
    }
}
```

练　习

一、选择题

1. 下面哪个标识符是正确的？（　　　）

    A. 2_sdf   B. int   C. _double   D. w#tang

2. 在数据类型中，int 型在内存中占（　　　）位。

    A. 8   B. 16   C. 32   D. 64

3. 设变量 a 是实型，f 是单精度，d 是双精度，则表达式 10+a+i*f 值的数据类型为（　　　）。

    A. int   B. float   C. double   D. 实型

4. 执行 int x=2,y=3;后表达式 x=(y=3)的值是（　　　）。

    A. 0   B. 1   C. 2   D. 3

5. 若有如下定义，则能使值为 3 的表达式是（　　　）。

int k=7,x=12;

    A. x%=(k%=5)   B. x%=(k-k%5)   C. x%=k-k%5   D. (x%=k)-(k%=5)

6. 执行语句 int a,b,c; a=(b=c=3,c++,b+=c);则 a 的值是（　　　）。

    A. 3   B. 4   C. 7   D. 11

7. 设 int n=3；则 ++n 的结果为（　　　），n 的结果为（　　　）。

    A. 2   B. 3   C. 4   D. 5

8. 设 int n=3；则 n++ 的结果为（　　　），n 的结果为（　　　）。

    A. 2   B. 3   C. 4   D. 5

9. 有一个二维数组声明为 int[,] myarray = {{1，2，3，4}，{2，3，4，5}，{3，4，5，6}}，那么 myarray[2，3]的值是什么？（　　　）

    A. 5   B. 4   C. 6   D. 3

10. 下列数组定义语句中，哪些是正确的？（　　　）

    A. int[] arr = new int[4]{1,2,3};

    B. int[] arr = {1,2,3,4};

    C. int[] arr = new int[3]{1,2,3,4};

    D. int[] arr = new int[4];

         arr = {1,2,3,4};

11. 在 C#语言中，应用数组元素时，其数组下标的数据类型允许是（　　　）。

    A. 整型常量   B. 整型表达式

    C. 整型常量或整型表达式   C. 任何类型的表达式

12. 若有说明：int a[10];则对 a 数组元素正确应用的是（　　　）。

    A. a[10]   B. a[3.5]   C. a(5)   D. a[10-10]

13. 若有说明：int a[3][4]={0};下列正确的叙述是（　　　）。

    A. 只有元素 a[0][0]可以得到初始值 0

    B. 此说明语句不正确

    C. 数组 a 中个元素都能得到初始值，但不一定都是 0

    D. 数组 a 中个元素都能得到初始值 0

14. 若二维数组 a 有 m 列,则计算任意元素 a[i][j]数组中的位置的公式为(   )。(设 a[0][0]位于数组的第一个位置上)

    A. i*m+1   B. i*m+j   C. i*m+j-1   D. i*m+j+1

15. 在 C#语言中,二维数组元素在内存中的存放顺序是(   )。

    A. 按行存放   B. 按序存放   C. 由用户定义   D. 无法确定

16. C#语言规定函数的返回值的类型由(   )。

    A. return 语句中表达式类型决定

    B. 调用该函数时的主调用函数类型决定

    C. 调用该函数是系统临时决定

    D. 在定义该函数时所指定的函数类型决定

二、填空题

1. 声明结构应使用关键字_____。

2. 表达式 10/3 的结果为_____ , 表达式 10%3 的结果为_____ 。

3. 命名空间使用关键字_____进行定义。

4. Connection 控件的作用为_____。

5. 现有一张名为 student 的数据表,写出 sql 语句查出表中的所有数据_____。

6. 修饰符_____表示公有成员,允许从外部进行访问类的公有成员。

7. 执行 DataAdapter 控件的_____方法可以填充数据集。

8. 使用 DataGridView 控件显示数据表需设置其_____属性。

9. 对话框分为_____和_____两种,其中_____有返回值。

10. 以下程序的执行结果为_____。

```
Static void main()
{
Int i=12345;
Int sum=0;
While(i/10!=0)
{
Int j=i%10;
Sum+=j;
}
Console.WriteLine(sum);
Console.Read();
}
```

11. 以下程序的执行结果为_____。

```
namespace Tempera
{
    class tempera                          //定义类 tempera
    {
        public   float cels;
        public   float change()           //change 方法用于将摄氏温度转化为华氏温度
        {
                return (9*cels)/5+32;
        }
```

```
}
class Program
{
    static void Main(string[] args)
    {
        tempera c=new tempera();        //c 为类 tempera 的实例
        Console.WriteLine("        温度转换\n");
        Console.Write("请输入摄氏温度值: ");
        c.cels=Convert.ToSingle(20);
        Console.WriteLine("转换为华氏温度值为{0}度",c.change());
        Console.ReadLine();
    }
}
}
```

三、操作题

1. 编写一个 Windows 应用程序，要求用户用两个文本框输入两个数，并将它们的和、差、积、商显示在标签(Label)中。

2. 一个称为"身体质量指数"(BMI)的量用来计算与体重有关的健康问题的危险程度。BMI 按下面的公式计算：

$$BMI=w/h^2$$

其中 w 是以千克为单位的重量。h 是以米为单位的身高。大约 20 至 25 的 BMI 的值被认为是"正常的"，编写一个应用程序，输入体重和身高并输出 BMI。

3. 12 个考试分数存储在数组 grades 中，给每个分数加 7。

4. 设一门课程有 15 个学生注册且一学期进行 5 次考试。编写一程序，接受输入的每一个学生的名字和分数。将名字存入一维数组中，分数存入二维数组中，然后程序应显示每一个学生的名字和学期平均分。

第 **3** 章　HTML 与 JavaScript

教学目标

(1) 会使用常用的 HTML 标记。

(2) 能够编写 JavaScript 脚本程序。

(3) 会制作框架网页。

(4) 能够熟练使用各种 HTML 控件。

教学要求

知识要点	能力要求	关联知识
HTML 文件的结构	(1) 掌握 HTML 文件的基本结构 (2) 了解 HTML 文件各部分的功能	程序的构成
HTML 的常用标签	(1) 掌握设置字体的方法 (2) 掌握设置段落的方法 (3) 掌握插入图片的方法 (4) 掌握布局网页的方法 (5) 掌握使用 HTML 的输入控件的方法 (6) 掌握 HTML 中下拉列表的使用 (7) 掌握超级链接的设置 (8) 掌握表单的用法	FrontPage 中各个网络元素的使用
框架网页的设置	(1) 了解框架网页的含义 (2) 掌握设置框架网页的方法	FrontPage 中网页的布局
JavaScript 的使用	(1) 了解在 HTML 中嵌入 JavaScript 的方式 (2) 掌握 JavaScript 的基本语法 (3) 掌握 JavaScript 中输入与输出的方法 (4) 掌握 JavaScript 的函数编写方法 (5) 掌握 JavaScript 内部对象的使用 (6) 掌握 JavaScript 文档对象的使用 (7) 掌握 JavaScript 事件的编写方法	程序设计语言基础

重点难点

➢ <html>、<head>、<title>、<body>等标签的含义。

➢ 常用的 HTML 标签及其使用。

➢ 创建框架网页的方法。

➢ 在网页中插入需要的 JavaScript 函数来实现一定的功能。

3.1　任务描述

本章介绍图书馆在线管理系统中"规章制度"模块的实现。

图书馆在线管理系统的首页上，选择【规章制度】菜单项，可以进入图书馆规章制度模块的主界面。该界面内显示图书馆的相关制度信息。

具体要求如下。

(1) 整个网页分为 4 部分，如图 3.1 所示，不同部分显示不同的页面。

图 3.1　【规章制度】主界面

其中，最上面显示网页标题；左上方部分显示登录界面；左下方部分进行登录提示；右面部分显示图书馆的开馆时间。

(2) 每次刷新页面，随机生成附加码以提高安全性。

(3) 用户输入用户名、密码和附加码，若验证成功，则左上方部分显示字体设置内容，同时左下方部分显示规章制度列表，如图 3.2 所示。

图 3.2　登录成功后的页面

(4) 单击左下方的规章制度标题，能够在右方显示出对应的内容，如图 3.3 所示。

图 3.3　查看"图书馆简介"信息

(5) 在字体设置部分可以设置字体、字号以及字体的颜色，设置完毕单击【确定】按钮，右方界面的字体相应的发生变化，如图 3.4 所示。

图 3.4　设置字体显示

(6) 在右方界面中，双击可以实现自动滚屏操作，单击或右击后退出自动滚屏。

3.2　实践操作

项目分析：根据任务描述，该模块由多个不同的页面构成，每个页面都是一个 HTML 文件。网页总共分为 4 部分，首先针对每部分分析一下 HTML 文件的个数。

(1) 最上方的部分内容不发生变化，仅需要一个文件即可。

(2) 左上方部分在用户登录前后界面发生变化，所以需要两个文件。

(3) 同理，左下方部分在用户登录前显示提示登录信息，登录后显示文件章节目录，所以也需要设置两个文件。

(4) 右方需要一个文件显示开馆时间。

(5) 用户单击不同的制度标题，对应着不同的页面内容，本模块暂列 5 项规章制度，因此设置 4 个文件。

综上所述，本模块一共需要建立 14 个 HTML 文件。建立起这些文件后，接下来要做的是把这些文件合理地组织起来，建立一个框架，将多个文件同时显示到一个页面中。框架页面也是一个 HTML 文件。

框架设置完毕，即完成了所有与显示页面相关的操作，但若要页面具有相应的功能，比如身份验证，自动滚屏等操作，还需要为 HTML 网页编写 Script 脚本。

通过上面的描述，整个模块的建设可以分为：设置 HTML 文件—设置框架—编写脚本语言等 3 个大的步骤。将在下节内容中，对这 3 个步骤进行详细的讲解。

3.3 问题探究

3.3.1 HTML 文件的设置

HTML(Hypertext Marked Language，超文本标记语言)，是一种用来制作超文本文档的简单标记语言。所谓超文本，是指它可以包含图片、声音、动画、影视等内容。超文本传输协议(HTTP)规定了浏览器在运行 HTML 文档时所遵循的规则和进行的操作，该协议的制定使浏览器在运行超文本时有了统一的规则和标准。用 HTML 编写的超文本文档称为 HTML 文件。HTML 文件能独立于各种操作系统平台，而且易学易用，非常简单。

注意：自 1990 年以来 HTML 就一直被用作 WWW(World Wide Web，万维网)的信息表示语言，使用 HTML 语言描述的文件，需要通过 Web 浏览器显示出效果，所以，HTML 并不是一种程序语言，它只是一种排版网页中资料显示的结构语言。

HTML 文件的扩展名为.htm 或.html。新建一个文本文件，命名为"demo.htm"，使用记事本打开这个文件即可对其进行编辑。

1. HTML 文件的基本结构

任何一个 HTML 文件都是以<html>开头，以</html>结尾，二者之间的部分为 HTML 文件的构成内容。<html></html>称为标签。HTML 文件即是由一系列的标签构成，不同的标签具有各自不同的含义，如上述的<html></html>即为文件的开始和结束标签，它们位于整个 HTML 文件的最外层，必须成对出现。

【例 3-1】一个简单的 HTML 文件。

建立一个文本文件，将其扩展名改为.htm，然后用记事本打开该文件，并输入如下内容：

```
<html>
    <head>
        <title>这是我的第一个网页</title>
    </head>
    <body>
        This is a test!
    </body>
</html>
```

由例 3-1 可见，一个 HTML 文件分为文档头和文档体两部分。

<head></head>是 HTML 文档头的标签。在浏览器窗口中，头部信息是不被显示的，在此标签中可以插入其他标记，用以说明文件的标题和整个文件的一些公共属性。在该例中，文档头标签就包含了一个<title></title>标签。

<title></title>是嵌套在<head>头部标签中的，标签之间的文本是文档标题，它被显示在浏览器窗口的标题栏。

注意：一对标签中可以包含其他的标签，但标签间不能交互嵌套，如下面的格式是不正确的。

<head>

<title>

</head>

</title>

文档体是 HTML 文件的主体部分，通过标签<body></body>标记。标签之间的文本是正文，即浏览器要显示的页面内容。

2. HTML 的常用标签

HTML 文件由一系列的标签构成，不同的标签有不同的含义。下面介绍一些常见标签的使用。

1) 设置字体

<font>标签用于控制文字的字体、大小和颜色。控制方式通过属性设置得以实现，设置格式如下：

<font face=值 1 size=值 2 color=值 3> 文字 </font>

<font>标签的属性见表 3-1。

表 3-1 font 标签的属性

属性	使用功能	默认值
face	设置文字的字体	宋体
size	设置文字的大小	3
color	设置文字的颜色	黑色

在【解决方案资源管理器】中右击网站名称，在弹出菜单中选择【添加新项】命令，如图 3.5 所示。

图 3.5 选择【添加新项】命令

系统随即可以弹出【添加新项】对话框，如图 3.6 所示。在该对话框中的模板列表中选择【HTML 页】项，在【名称】文本框中输入该网页的名称"Title.htm"，单击【添加】按钮，即可在网站目录下新建一个 html 文件并打开该文件进行编辑。

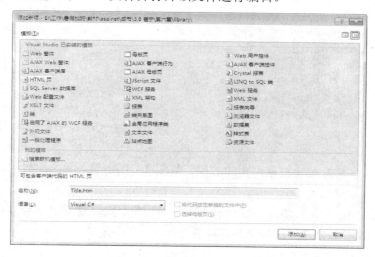

图 3.6　【添加新项】对话框

在该文件中编辑代码如下：

```
<html1
  <head></head>
  <body bgcolor="green">
      <font color="white" size="50" face="幼圆">德州职业技术学院图书馆</font>
  </body>
</html1>
```

编辑完毕后在浏览器中打开文件，则文本"德州职业技术学院图书馆"显示为白色 50pt 的幼圆字体。该文件即为 "规章制度" 模块中的第一个 HTML 文件。它的作用是显示网站名称，应放置在整个网页的最上方。

在该文件中，body 标签后面还增加了属性 bgcolor，用于设置 HTML 文件的背景色。本例中背景色为绿色。bgcolor 只能够设置背景的颜色，如要将背景设置为一幅图片，需使用 background 属性，例如：

```
<body background="1.jpg"></body>
```

注意：背景图片 "1.jpg" 必须与 title.htm 放置在同一个文件夹中。

2) 段落控制

可以通过以下两种方式手动地设置文本的段落结构。

(1) <p></p>是段落标记，进行段落控制。

(2)
为换行标记。

在网页中，换行和另起一段是不完全一样的，差别在于使用<p></p>另起一段时，上下两行的行间距大，而使用
换行时，行间距要小得多。

【例 3-2】在网站目录下新建 HTML 文件 "newhtml.htm"。

```
<html>
<head>
```

```
    <title>无标题页</title>
</head>
<body>
<p><font size="8" >开馆时间</font></p>
    <font size="8">第一、四季度: </font><br >
    <font size="8">AM:8:00-12:00</font><br >
    <font size="8">PM:2:30-17:00</font><br >
    <font size="8">第二、三季度: </font><br >
    <font size="8">AM:8:00-12:00</font><br>
    <font size="8">PM:2:30-17:30</font><br >
<p><font size="8">欢迎光临! </font></p>
</body>
</html>
```

newhtml.htm 文件显示在框架网页的右侧, 从图 3.1 的浏览效果上可以很明显地看出使用 <p></p>和
的差别。

注意: 在 HTML 中, 并不是所有的标签都成对出现,
就是以单标签的形式出现的。所谓的单标签指没有结束符(如</br>)与其对应的标签。水平线标签<hr>也是一个单标签, 其作用是在相应的位置画一条水平线。

3) 载入图片

在网页中插入图片的标签为<img>, 该标签同样为单标签。当浏览器读取到<img>标签时, 就会显示此标签所设定的图像。若执行插入图片的操作, 仅仅用这一个标签还不够, 还要配合其属性来完成。

<img>的部分属性描述见表 3-2。

表 3-2 img 属性

属性	说明
src	显示图像的 url 的路径
alt	当鼠标移至图片上时的提示文字
width	图片宽度
height	图片高度
align	存在多幅图片时, 图片的排列方式
lowsrc	设定低分辨率图片
border	边框
hspace	存在多幅图片时, 图片间的水平间距
vspace	存在多幅图片时, 图片间的垂直间距

【例 3-3】在网站所在目录下增加 html 文件"blank.htm", 显示图书馆图片。

```
<html>
<head>
    <title>无标题页</title>
</head>
<body>
    <p><font size="5" >请先登录, 登录成功后方可显示图书馆信息。</font></p>
    <img src="1.jpg" width=160 height=120 hspace=5 vspace=5 border=2 align="left"
alt="图书管借阅室" />
    <img src="2.jpg" width=160 height=120 hspace=5 vspace=5 border=2 align="left"
```

```
alt="电子查询" />
</body>
</html>
```

该文件显示在框架网页的左下方，浏览效果如图 3.1 中左下方部分所示。

4) 使用<table></table>进行网页的布局

表格在网站中应用非常广泛。进行网页的布局，比如对齐文本框等，往往要借助于表格来实现。

在 html 文档中，表格是通过<table>，<th>，<tr>，<td>标签来完成的，见表 3-3。

表 3-3　表格标记

表格标记	标签描述
<table></table>	用于定义一个表格开始和结束
<tr></tr>	行标签，一个行标签内可以包含多组由<td>或<th>标签所定义的单元格
<th></th>	定义表头单元格。表格中的文字将以粗体显示，在表格中也可以不用此标签，<th>标签必须放在<tr>标签内
<td></td>	单元格标签，一对<td></td>标签将建立一个单元格，<td>标签必须放在<tr>标签内

注意：在一个最基本的表格中，必须包含一组<table>标签，一组<tr>(或<th>)标签和一组<td>标签。

【例 3-4】使用表格制作一个如图 3.7 所示的网页。

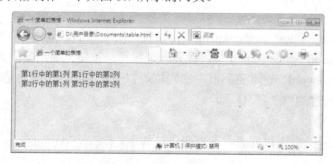

图 3.7　例 3-4 的显示效果

```
<html>
<head>
<title>一个简单的表格</title>
</head>
<body>
  <table>
    <tr>
      <td>第 1 行中的第 1 列</td>
      <td>第 1 行中的第 2 列</td>
    </tr>
    <tr>
      <td>第 2 行中的第 1 列</td>
      <td>第 2 行中的第 2 列</td>
    </tr>
  </table>
</body>
</html>
```

表格标签<table>有很多属性，利用这些属性可以设置表格的显示格式。最常用的属性见表 3-4。

表 3-4　表格属性

<table>标签的属性	属性描述
width	表格的宽度
height	表格的高度
align	表格的在页面的水平摆放位置
background	表格的背景图片
bgcolor	表格的背景颜色
border	表格边框的宽度(以像素为单位)
bordercolor	表格边框颜色
bordercolorlight	表格边框明亮部分的颜色
bordercolordark	表格边框昏暗部分的颜色
cellspacing	单元格之间的间距
cellpadding	单元格内容与单元格边界之间的空白距离的大小

5) 输入控件

HTML 中所有的输入控件均用<input>标识。一个<input>根据其 type 属性的值来决定其控件类型，每个控件都有自己的 id 属性和 value 属性。

例如：

<input type="text" value="wenbenkuang">：设置一个文本框，其内容为"wenbenkuang"。

<input type="button" value="anniu">：设置一个按钮，按钮上显示文字为"anniu"。

<input type="password">设置密码框，密码框类似于文本框，不同的是密码框内不显示具体文本内容，所有内容均以"•"显示。

6) 下拉列表标签

标签<select>表示一个下拉列表，其声明语法如下：

```
<select id="下拉列表名" >
     <option value="选项1">选项1</option>
     <option value="选项2">选项2</option>
</select>
```

【例 3-5】在网站所在目录下制作设置字体网页 htmlpage.htm，该网页可以选择字体的颜色、大小、字体类型等。

```
<html>
<head>
</head>
<body>
<table>
   <tr>
     <td>
      请您选择字体：
     </td>
     <td>
       <select id="selectfont" >
```

```
      <option value="宋体">宋体</option>
      <option value="新宋体">新宋体</option>
      <option value="幼圆">幼圆</option>
      <option value="华文行楷">华文行楷</option>
    </select>
  </td>
</tr>
<tr>
<td>
    请您设置字体大小：
</td>
<td>
  <select id="selectfontsize">
  <option value="50pt">超大</option>
  <option value="40pt">大</option>
  <option value="30pt">中</option>
  <option value="20pt">稍小</option>
  <option value="10pt">小</option>
  </select>
</td>
</tr>
<tr>
<td>
    请您设置字号颜色：
</td>
<td>
  <select id="selectcolor" >
  <option value="red">红色</option>
  <option value="blue">蓝色</option>
  <option value="black">黑色</option>
  </select>
</td>
</tr>
</table>
<hr />
</body>
</html>
```

该网页的浏览效果如图 3.2 左上部分所示。

7）表单<form>

表单标签<form></form>之间的内容构成表单，表单用于采集和提交用户输入的信息。它需要和提交按钮 submit 一起使用。单击提交按钮后，会自动将表单之间的内容提交到其 action 属性指定的位置上去。

下面的语句定义了一个提交按钮：

<input type="submit" value="提交">

注意：提交按钮与按钮类似，只是提交按钮需结合表单一起使用。当<input>标签的 type 属性为 button 时，表示一般按钮，为 submit 时表示提交按钮。

例如，定义一个表单如下：

<form id="form1" action="htmlpage.htm"></form>

解释：htmlpage.htm 为一个新的页面，当单击提交按钮后，将内容提交给 htmlpage.htm，也就是用 htmlpage.htm 代替当前显示网页。

【例 3-6】在网站所在目录下利用表单制作一个登录网页"demo.htm"，当用户输入的用户名和密码通过验证后，当前的登录网页变成字体设置网页"htmlpage"。

字体设置网页 htmlpage 同例 3-5。demo.htm 网页对应的 HTML 代码如下：

```html
<html>
  <head>
  </head>
  <body>
    <form id="form1" action="htmlpage.htm" onload ="pageload();">
    <font color="red" size="6" face="新宋体">请您登录<br/></font>
    <hr />
    <table>
      <tr>
        <td>
          <font face="新宋体">用户名：</font>
        </td>
        <td>
          <input type="text" id="txtuser" value="" /><br/>
        </td>
      </tr>
      <tr>
        <td>
          <font face="新宋体">密码：</font>
        </td>
        <td>
          <input type="password" id="txtpassword" value="" /><br/>
        </td>
      </tr>
      <tr>
        <td>
          <input type="submit" value="确定" />
        </td>
        <td>
          <input type="button" value="取消" />
        </td>
      </tr>
    </table>
  </form>
  </body>
</html>
```

解释：在上例中，单击【确定】按钮后，地址栏会由"demo.htm"变为"htmlpage.htm"，即显示新的网页。上述代码只用于显示登录页面和设置提交页面，具体的身份验证部分，也就是 pageload( )函数的实现，将在后面的章节中介绍。

8) 超链接标签<a>

超链接是一个网站的灵魂，Web 上的网页是互相链接的，单击设置了超链接的文本或图形就可以链接到其他页面。建立超链接的标签为<a></a>。

设置超链接的方法：

<a href="地址" target="窗口名称" title="指向连接显示的文字">超链接名称</a>

说明：

(1) href：定义了链接所指向的目标地址，可以是网址，也可以是相应路径下的 html 文件名。

(2) target：该属性用于指定打开链接的目标窗口，其默认方式是原窗口。对于框架窗体，可以将其属性值设为相应子界面的名字。目标窗口的属性值见表 3-5。

表 3-5　建立目标窗口的属性

属性值	描述
_parent	在上一级窗口中打开，一般使用分桢的框架页会经常使用
_blank	在新窗口打开
_self	在原窗口中打开，这项一般不用设置
_top	在浏览器的整个窗口中打开，忽略任何框架

(3) title：该属性用于指定指向链接时所显示的标题文字。

【例 3-7】在网站所在目录下建立一个 html 文件 "list.htm"，该文件用于显示规章制度的标题，单击相应的标题后，在新窗口中打开相应的文件。第一个规章制度内容对应文件 "page1.htm"，第二个规章制度内容对应文件 "page2.htm"，依次类推。

```
<html>
<head>
</head>
<body>
 <a href="Page1.htm" target="main">图书馆简介<br /></a>
 <a href="Page2.htm" target="main">图书馆借阅规则<br /></a>
 <a href="Page3.htm" target="main">读者文明守则<br /></a>
 <a href="Page4.htm" target="main">书刊遗失、损坏处理的规定<br /></a>
</body>
</html>
```

解释：以第一个超级链接为例，当用户单击【图书馆简介】时，希望在右方的框架中显示具体的内容。于是设置新文件 page1.htm，将相应的文章内容放入该文件的<body></body>之中，然后设置目标文件为 page1.htm 即可。

3.3.2　框架页面

当要在浏览器窗口中同时显示多个网页时，需要定义一个专门的框架页面。框架页面中包含多个 frame，每个 frame 里显示一个网页，各个 frame 中的网页相互独立。

标签<frameset></frameset>决定如何划分 frame。<frameset>有 cols 属性和 rows 属性。使用 cols 属性，表示按列分布 frame；使用 rows 属性，表示按行分布 frame。

例如：

<frameset cols="100,*">

解释：将浏览器窗口划分为上下两部分，上面一行的高度为 100，下面一行高度为窗口高度减去 100。

<frameset rows="25%,75%">

解释：将浏览器窗口划分为上下两部分，上面一行的高度为整个窗口高度的 25%，下面一行高度为窗口高度的 75%。

　　<frameset>用于决定整个网页的布局，每个框架部分显示的具体网页则由<frame>标签设定。<frame>里有 src 属性，该属性的值就是要显示网页的文件名；另外还有 name 属性，该属性表示为显示的网页起一个名字。在具有超链接的网页中，可以将超链接的 target 属性设置为 name 属性的值，表示在对应的框架网页位置打开超链接。

　　注意：多个 frameset 之间可以相互嵌套，从而将浏览器划分成任意的布局。

　　【例 3-8】按照如图 3.1 所示，将浏览器分成四部分，分别显示项目要求中的内容。

　　题目分析：在网站目录下新建 information.htm 文件作为框架页面，编辑该页的内容如下：

```
<frameset rows="100,*" >
 <frame src="title.htm">
 <frameset cols="300,*">
   <frameset rows="230,*">
     <frame src="demo.htm" >
     <frame src="blank.htm">
   </frameset>
   <frame src="newhtml.htm" name="main">
 </frameset>
</frameset>
```

　　解释：title.htm、demo.htm、blank.htm、newhtml.htm 均为前面例题中制作的 html 文件。这样便将网页划分成了 4 个部分。

　　同理，当用户登录后，应相应地修改不同部分的显示网页，试练习写出用户登录成功后新的框架页面。

　　值得注意的是，用户登录成功后，若要实现单击 list.htm 中的章节标题在右方的 newhtml.htm 中显示相应的文件内容，还需要修改 list.htm 中每个超级链接标签的 target 属性，将其改为"main"：

```
<a href="Page1.htm" target="main">图书馆简介<br /></a>
```

　　"main" 是 newhtml.htm 文件的名字，也就意味着当单击超链接时，将在 newhtml.htm 网页所在的位置打开链接的网页。

3.3.3　JavaScript 脚本

　　JavaScript 是嵌入 HTML 文件之中的脚本描述语言。与 Java 不同，JavaScript 不那么注重程序技巧，它语法简单，是一种很容易掌握的语言。利用 JavaScript 可以回应用户事件，如按钮的单击等。当用户单击按钮时，直接可以被客户端的应用程序所处理，不用经过传给服务器处理再传回来的过程，就如同一个可执行程序在客户端上执行一样。

　　上节中的 asp.net 学习网站已经安排好网页布局，但此时网站还没有具体的功能。例如，单击网页上的任何一个按钮网页都没有响应。要添加按钮的响应，就需要在 HTML 文件中嵌入<script>标签。

　　HTML 的<script>标签用于把 JavaScript 嵌入到 HTML 页面当中。

　　1. 嵌入 JavaScript 的方式

　　在 HTML 中加入 JavaScript 有 3 种方式：在文件头中加入，在文件体中加入，以及声明为外部文件。

1) 在文件头中加入<script>

```
<head>
  <script language="javaScript" type="text/javaScirpt">
    Function demo()
    {
        alert("hello world!");
    }
  </script>
</head>
<body>
  <script>
      Demo();
  </script>
</body>
```

说明：

(1) 具体的函数写在<script></script>之间。

<script>的 type 属性值为"text/javascript"，其中 text 表示<script></script>之间的是文本类型，javaScript 是为了告诉浏览器里面的文本属于 javaScript 脚本。

script 的另一属性 language 说明了脚本使用的语言。对于 JavaScript 来说，该项属性值即为"JavaScript"。

(2) 使用 alert 以对话框的形式显示输出。

(3) 在文件头中声明的函数 demo，需要在文档体中去调用。函数被调用时才能执行相应的功能。调用的方法与一般函数调用一样：

函数名(参数列表)；

但调用函数的语句也要放在<script></script>标签之中。

2) 在文件体中嵌入

上述方法将函数的声明写在文件头中，函数的调用写在文件体里，也可以将声明与调用一同放在文件体中。

```
<body>
  <script language="javaScript" type="text/javaScirpt">
    alert("hello world!");
  </script>
</body>
```

3) 声明为外部文件

将 JavaScript 加载到外部文件中，别的页面也可以使用此函数。加载步骤如下。

(1) 在【解决方案资源管理器】中选中文件夹 library，右击在弹出的快捷键菜单中选择【添加新项】命令，弹出【添加新项】对话框。选择 JScript 文件，采用默认名称 "JScript.js" 即可。将刚才的函数定义写入到文件中。

```
function demo()
{
  alert ("Hello World!");
}
```

(2) 当网页去调用外部文件时，首先要在网页的文件头中添加引用：

```
<script src="JScript.js" type="text/javaScript"/></script>
```

其中 JScript.js 为写有函数的外部文件的文件名。

(3) 添加引用后，在网页的文件体中直接调用即可。调用语句要写在<script></script>中。

```
<script >
    demo();
</script>
```

2. JavaScript 的基本语法

1) 数据类型

JavaScript 中数据类型为弱类型，所有变量均用 var 定义，变量的最终类型只有当给变量赋值时才能确定。例如：

var index=0；定义数值类型

var key="abcd"；定义文本类型

var isnumber=false；定义布尔类型

2) 类型转换函数

JavaScript 中提供 3 种类型转换有关的函数：

parseInt( )：转换为整型

parseFloat( )：转换为浮点型

isNaN( )：判断一个值是否可以正常转换为一个数据。

解释：NaN 为一个缩写，意思是 not a number。

举例：var index=0；定义数值类型

var key="abcd";定义文本类型

alert(isNaN(index));   //显示 false，因为是一个数值。

alert(isNaN(key)); //显示 true，因为不是一个数值。

3) 流程控制语句

JavaScript 的流程控制语句(如 if，switch，for 等)语法与 c++相同，在此不再赘述。

4) 数组

声明方法：var myarray=new array( );

注意：声明时没有指定数组的长度。长度的赋值通过给最后一个数组元素赋值来实现。

比如：

myarray[0]=1；表示数组长度为 1。

myarray[100]=100; 表示数组长度为 101。

数组的访问也是通过循环实现的，例如：

```
var myarray=new array();
myarray[100]=100;
var index;
for(index=0;index<myarray.length;index++)
{
    myarray[index]=index;
}
```

3. JavaScript 的输入与输出

prompt 显示一个输入对话框让用户输入，用法如下：

Var input=Prompt(“请输入一个整数”,0)

其中，第一个参数表示显示在对话框中的信息,第二个参数用于设置对话框的默认输入值,此处设为 0。返回值为用户在对话框中输入的具体内容。

通过对话框输出信息使用的是 alert( ),它是输出对话框,可以将括号中的内容输出,其参数可以为常量、变量或表达式。当输入的信息为字符串常量时要使用“ ”将其括起来。

例如，下面代码的作用是用户输入一个数，并将该数在输出对话框中输出。

```
<script type="text/javascript">
    var input=prompt ("请输入一个数","0");//当用户输入数字 7 时，返回值 input 为 7
    alert(input);
</script>
```

4. JavaScript 中的函数参数与返回值

由于 JavaScript 中没有数据类型，所以定义函数时，直接写上参数名即可。例：

```
function demo(key)
{
alert ("Hello World!"+key);
}
```

函数的返回值也不需要定义，使用 return 直接在函数中返回。

5. 内部对象

JavaScript 是面向对象的程序设计语言，它内建了很多对象，这些对象有自己的属性和方法，每个对象都集成了不同的功能。以下列出了一些常用的内部对象。

(1) string：字符串函数集合，用于处理已有的字符串。例如：

```
<script>
   var s="hello,javaScript";
   alert (s.length ); //输出 s 的长度：16
   alert (s.toUpperCase());//将 s 转化为大写输出：HELLO,JAVASCRIPT
 </script>
```

(2) math：数学函数集合，执行常见的算术任务。

例：math.round(4.7);//对 4.7 进行四舍五入，返回 5

math.random( );//返回一个 0 到 1 之间的随机数

math.floor(10.7);//对 10.7 进行下舍入，返回 10

math.floor(math.random( )*10);//返回一个 0 到 10 之间的随机数

(3) array：数组集合，处理与数组有关的任务。

例：var myarray=new Array( );//声明一个数组

myarray [5]=10; //为数组元素赋值

myarray[10]=100; //可以任意的增加数组元素

var i=myarray.length; //返回数组的长度

(4) date：日期对象用于处理日期和时间。

例：var mydate=new date( );//date 对象自动使用当前的系统日期和时间作为初始值

var year=mydate.getFullYear( );//获取当前的年份

关于内部对象的使用还有很多，我们可以在编程中慢慢体会。

6. 文档对象

文档对象是指在网页文档里划分出来的对象。在 JavaScript 能够涉及的范围内有如下几个"大"对象：window, document, location, navigator, history, screen 等。

(1) window ：描述的是一个浏览器窗口，它是最大的对象。一般要引用它的属性和方法时，不需要用"window.xxx"这种形式，而直接使用"xxx"。如前面学习的 alert( )和 prompt( )就都是 window 的方法。

注意：一个框架页面也是一个窗口。

window 的常用属性如下。

① name 属性：窗口的名称。如框架页面中，要将网页打开在指定 frame 中，用的就是这个属性。

② status 属性：指窗口下方的"状态栏"所显示的内容。通过对 status 赋值，可以改变状态栏的显示。

③ self 属性：指窗口本身，它返回的对象跟 window 对象是一模一样的。

④ parent 属性：返回窗口所属的框架页对象。

每个 window 对象有一个 frames 数组。对于普通的 Web 页面，这个数组是空的。而对于带有 frameset 的页面，按照其<frame>标记的前后顺序，生成一个 frames 数组。frameset 所在页面就是每个 frame 的 parent 窗口。

可以使用 frames 数组来访问任何一个 frame。由于数组索引从 0 开始，在 frameset 中引用第 3 个 frame 时使用 self.frames[2]，从其他 frame 文档中引用第 3 个 frame 时使用 parent.frames[2]。

⑤ top 属性：返回占据整个浏览器窗口的最顶端的框架页对象。

window 的常用方法如下。

① window.open( )：打开一个新的窗口，如 window.open("htmlpage.htm")。

② window.close( )：关闭一个打开的窗口。

(2) document：描述当前窗口或指定窗口对象的文档。它包含了文档从<head>到</body>的内容。

用法：document (当前窗口)

或<窗口对象>.document (指定窗口)

document 最常用的方法是 getElementById 和 getElementByName，二者作用都是获得相应的控件，但前者使用 id 获得，后者使用 name 获得。如：

var list=document.getelementbytagname("input")可以得到所有用 input 标记的控件，即一个控件数组。

(3) location：描述的是窗口对象所打开的地址。要表示当前窗口的地址，只使用"location"就可以了；若要表示某一个窗口的地址，需使用"<窗口对象>.location"。

location 的常用属性如下。

① protocol：返回地址的协议，取值为 'http:','https:','file:' 等。

② hostname：返回地址的主机名。

③ port：返回地址的端口号。

④ host：返回主机名和端口号。

⑤ href：返回当前窗口中页面的完整地址。

⑥ search：取出页面地址中"?"后面的查询字符串。

location 的常用方法如下。

① reload( )：刷新当前页面

② replace( )：打开一个 url，并取代历史对象中当前位置的地址。

注意：用 replace( )方法打开一个 url 后，单击浏览器的【后退】按钮将不能返回到刚才的页面。

(4) navigator:当前使用的浏览器的资料，举例如下。

　　appVerion：浏览器当前的系统文件，也就是系统运行的环境参数。

　　appName：当前使用的浏览器名。

(5) history：表示浏览器操作的历史信息，如前进，后退等都可以通过 history 实现。举例如下。

　　back( )：后退。

　　forward( )：前进。

go( )：在历史的范围内去到指定的一个地址，用法为 history.go(x)。如果 x < 0，则后退 x 个地址，如 go(-1)等同于 back( )；如果 x > 0，则前进 x 个地址；如果 x =0，则刷新现在打开的网页，即 history.go(0)跟 location.reload( )是等效的。

(6) screen：与屏幕有关的属性全部在这个对象中，如屏幕的宽、高、分辨率等。

　　Width：返回屏幕的宽度(像素数)。

　　Height：返回屏幕的高度。

　　availWidth：返回屏幕的可用宽度。

　　availHeight：返回屏幕的可用高度。

　　colorDepth：返回当前颜色设置所用的位数。其中-1 表示黑白；8 表示 256 色；16 表示增强色；24/32 表示真彩色。

7. 事件

JavaScript 的所有事件均以"on"开头，如单击事件为 onclick( )，加载事件为 onload( )。为控件添加事件时，应在控件的声明部分中声明对此事件的调用，然后将具体的函数以<script>标签嵌入到文件中。

以 demo.htm 文件为例来讲解事件的编写和使用。demo.htm 的功能为：每次刷新时随机生成附加码，用户输入相应的用户名、密码和附加码后单击【确定】按钮，如验证成功，则浏览器左下方的 frame 中显示 list.htm 网页。

首先修改 demo.htm 窗体的布局。由于在用户名和密码后新增了附加码，所有修改 html 文件的<body></body>部分如下：

```
<body>
  <form id="form1" action="htmlpage.htm" onload ="pageload();">
  <font color="red" size="6" face="新宋体">请您登录<br/></font>
  <hr />
  <!--设置表格以便进行窗体的布局-->
```

```
<table>
  <tr><td><font  face="新宋体">用户名: </font></td>
    <td><input type="text" id="txtuser" value="" /><br/></td>
  </tr>
  <tr><td><font  face="新宋体">密码: </font></td>
    <td><input type="password" id="txtpassword" value="" /><br/></td>
  </tr>
  <!--增加验证码行-->
  <tr><td><font face="新宋体">附加码: </font></td>
  <td><input type=text name=codeTxt size=4
    <script type="text/javascript">  //在文件体中声明和定义 script
        num=Math.floor(Math.random()*8999)+1000;//利用前面介绍的取随机数方法取 4
                                    位随机数
        document.write(num);//使用 document 的 write 方法输出显示随机验证码
    </script>
  </td></tr>
  <tr><td> <input type="submit" value="确定" onclick="loginclick();"/></td>
    <td><input type="button" value="取消" /></td>
  </tr>
  </table>
  </form>
</body>
```

与上节编写的 demo.htm 文件相比,除了在 table 中增加了一行显示附加码以外,还有以下两个变动。

(1) 在文件体中声明和定义了随机生成 4 位随机数的方法,使得随机数紧跟在附加码填写文本框 codeTxt 的后面,方便用户的操作。

(2) 在提交按钮的定义中,增加了如下一项:

```
onclick="loginclick();"
```

这句话的作用是,当单击按钮时,相应的执行 loginclick( )函数。这个函数需要使用<script>嵌入到 html 程序中。

【例 3-9】在 demo.htm 的文件头中插入函数 loginclick( ),完成用户名和密码的验证。

```
<head>
  <title></title>
  <script language="javaScript" type="text/javaScript">
  function loginclick()
  {
    var txtuser=document.getElementById("txtuser");            //返回用户名文本框
    if (txtuser.value=="")                        //当用户名文本框为空时,进行提示
    {
      txtuser.focus();
      alert("请输入用户名! ");
    }
    var txtpassword=document.getElementById("txtpassword"); //返回密码文本框
    if(txtpassword=="")                        //当密码文本框为空时,进行提示
    {
      txtpassword.focus();
      alert("请输入密码! ")
```

```
        }
        if (txtpassword.value=="123" && txtuser.value=="admin" && document.all.codeTxt.
value==num)                          //进行身份验证，并判断输入的附加码是否与生成的相符
            parent.frames[2].location.href="list.htm";          //若验证成功，则修改左下方的
                                                                //网页为 list.htm
    }
    </script>
</head>
```

解释：

（1）document.all 可以访问文档的所有元素，这些元素按照在 HTML 中出现的次序放在了 all 数组中，可以以数组形式来访问，也可以通过控件名称来访问。这里使用后者访问 codeTxt 控件，document.all.codeTxt.value 表示文档中 codeTxt 文本框的值。

（2）前面介绍了 windows.parent 在框架窗体中的使用以及利用 frames 数组访问框架中的任意一个 frame 的方法。由于本段代码放在 demo.htm 中，demo.htm 位于左上方的 frame 里，与左下方的 frame 同属一级 framset，所以 parent.frames[2]表示的是左下方的 frame。

location.href 指窗口的完整地址，所以 parent.frames[2].location.href="list.htm"的作用是将左下方 frame 中的网址设置为 list.htm。

用户登录成功后，左上方的 frame 中网页改为了 htmlpage.htm。该网页中有一系列的下拉列表框，用户可以使用下拉列表设置右方 frame 中的字体。

【例 3-10】为 htmlpage.htm 文件增加代码，实现字体设置。

题目分析：用户单击【确定】按钮后，根据各个下拉列表框的选择值设置字体，所以应为按钮增加 onclick 事件。

设置 htmlpage.htm 的按钮事件：

```
<input type="button" value="确认" onclick="clickok();" />
```

编写 clickok( )函数：

```
<script language="javaScript" type="text/javaScript">
    function clickok()
    {
        var getfont=document.getElementById("selectfont").value ;          //获得字体
        var getfontsize=document.getElementById("selectfontsize").value ;//获得字号
        var getcolor=document.getElementById("selectcolor").value ;          //获得颜色
        parent.parent.frames[3].document.body.style.color=getcolor;
//右方窗体与当前窗体的父框架位于同一层,所以使用 parent.parent.frames[3]来访问,并设置 body 的字体
        parent.parent.frames[3].document.body.style.fontSize=getfontsize;
        parent.parent.frames[3].document.body.style.fontFamily=getfont;
    }
    </script>
</script>
```

【例 3-11】实现自动滚屏效果。

题目分析：自动滚屏的前提是文章内容无法在现有的网页范围内全部显示出来，为此，设置一个专门的自动滚屏测试页面"test.htm"，在该文件的<body></body>之间放入大量的文本内容。滚屏操作需设置计时器来实现。

```
<head>
    <title>无标题页</title>
  <script language="JavaScript">
  var currentpos=0,timer;
  function initialize()
  {
    timer=setInterval("scrollPage()",1);        //使用定时器不断执行滚动操作。
                                                  setInterval用于设置定时间隔，表示
                                                  每隔1ms 就触发一次 scrollPage()事件

  }
  function stopScroll()
  {
    clearInterval(timer);                        //停止计时器

  }
  function scrollPage()
  {
    currentpos++;                                //全局变量，当前位置加1。
    window.scroll(0,currentpos);  //滚屏操作，窗体的(0,currentpos)点滚到窗体左上角

  }
  </script>
</head>
<body>
  待显示的文本内容……//窗体中显示的具体内容，要想预览滚屏效果，此内容必须超过一页
  <script>
  document.body.ondblclick=initialize;         //双击时触发双击事件 ondblclick,执行
                                                //initialize
  document.body.onmousedown=stopScroll;        //单击鼠标时触发事件 onmousedown, 执
                                                //行 stopScroll

  </script>
</body>
```

至此，"规章制度"模块要求的功能已经全部实现。运行 information.htm 网页，观察运行效果。

3.4　知　识　扩　展

JavaScript 可以轻松实现许多网页程序，在网站建设中应用十分广泛。熟练掌握 JavaScript 的使用，必须多参考多练习，在练习的过程中熟悉 JavaScript 各个对象的使用，体会编程技巧。本节将给出一系列网页上实用的小程序，希望对大家的学习有所帮助。

3.4.1　页面效果

(1) 页面自动最大化：页面加载时自动填充整个浏览器窗口，以最大化显示。

代码如下：

```
<html>
  <head>
  <title>无标题页</title>
  <script language="JavaScript" type="text/JavaScript">
```

```
    self.moveTo(0,0);   //定位左上角
    self.resizeTo(screen.availWidth,screen.availHeight);   //调整屏幕
    </script>
  </head>
  <body>
    页面自动最大化……
  </body>
</html>
```

(2) 倒计时载入页面：输入网址后，显示倒计时页面，倒计时完毕才载入页面。

代码如下：

```
<html>
<head>
    <title>标题页</title>
    <META HTTP-EQUIV="REFRESH" CONTENT="11; URL=http:  //www.google.com">
    <script language="JavaScript">
startday = new Date();                                  //获取当前时间
clockStart = startday.getTime();                        //获得当前系统的时间部分
function initStopwatch()
{
      var myTime = new Date();
      var timeNow = myTime.getTime();
      var timeDiff = timeNow - clockStart;              //获取间隔时间
      this.diffSecs = timeDiff/1000;                    //因为时间以毫秒为单位
      return(this.diffSecs);                            //返回间隔秒数
}
function getSecs()
{
      var mySecs = initStopwatch();                     //获取当前系统时间
      var mySecs1 = ""+mySecs;                          //小技巧：将当前时间转换为字符串类型
      mySecs1= 10 - eval(mySecs1.substring(0,mySecs1.indexOf("."))) + "秒";
      //以倒计时方式显示时间。mySecs1.substring(0,mySecs1.indexOf("."))表示在mySecs1
      //中取出秒数
      document.form1.timespent.value = mySecs1;         //显示时间值
      window.setTimeout('getSecs()',1000);              //没隔1秒触发一次getSecs()事件
}
</script>
</head>
<body bgcolor="#ffffff" onLoad="window.setTimeout('getSecs()',1)">
  <center>
10 秒后将加载页面:
<form name=form1><input size=9 name=timespent></form>
  </center>
</body>
</html>
```

(3) 离开页面时弹出对话框。

加载页面触发 onload 事件，关闭对话框触发 onunload 事件。只要在该事件使用 alert( )显示相关内容即可。

代码如下：

```html
<html >
<head>
<title>标题页</title>
</head>
<body bgcolor="#fef4d9" onUnload="window.alert('谢谢你的光临!欢迎下次再来!')">
</body></html>
```

(4) 设置指定网页为主页。

题目分析：使用 setHomePage( )来设置首页的内容，behavior 设置的是网页样式。

代码如下：

```html
<html >
  <head>
    <title>标题页</title>
  </head>
  <body>
    <a href="#" onClick="this.style.behavior='url(#default#homepage)';this.SetHomePage
('http://www.google.com');">设为主页</a>
  </body>
</html>
```

(5) 判断页面是否加载完毕。

题目分析：借助于<iframe>标签来实现。<iframe>创建了包含另外一个文档的内联框架，也就是文档中的文档。当文档加载完毕后，触发 onload 事件。

代码如下：

```html
<html xmlns="http://www.w3.org/1999/xhtml" >
<head>
<title>标题页</title>
</head>
<body>
<iframe onload=alert("加载完毕") src='http://www.sina.com.cn'></iframe></body>
</html>
```

3.4.2 按钮效果

1. 按 Enter 键调用登录按钮

题目分析：按下键盘触发 onkeydown 事件。

代码如下：

```html
<html>
<head>
  <title>Check Score</title>
<script language="JavaScript">
function keyLogin(){
  if (event.keyCode==13)                          //Enter 键的键值为 13
    document.getElementById("input1").click();    //调用登录按钮的登录事件
}
</script>
```

```
</head>
<body onkeydown="keyLogin();">
<input id="input1" value="登录" type="button" onclick="alert('调用成功! ')">
</body>
</html>
```

2. 动态创建按钮

题目分析：使用 doucument 的 creatElement 可以动态创建控件。

代码如下：

```
<html>
<head>
<title>动态创建按钮</title>
<script language="JavaScript">
var i=0 ;
function addInput()
{
var o = document.createElement("input");      //动态创建元素方法
o.type = "button" ;                            //设置元素的类型
o.value = "按钮" + i++ ;                        //设置元素的值
o.attachEvent("onclick",addInput);            //为控件添加事件
document.body.appendChild(o);                 //添加控件到窗体中
o = null;                                     //释放对象
}
</script>
</head>
<body onload="addInput();">
</body>
</html>
```

3. 动态改变状态栏

题目分析：为状态栏赋值的方法：self.status="要显示的信息"。

代码如下：

```
<html>
   <head>
      <title>标题页</title>
   </head>
   <body>
    <form><input type="button" value="修改状态栏" onClick="self.status='欢迎光临我
们的工作室!';" name="button"></form>
    </body>
</html>
```

4. 为按钮设置热键

题目分析：练习提交按钮 submit 的使用。提交按钮后，自动将表单提交到 action 属性指定的网址上，也就是单击提交按钮后，自动打开 action 指定的网页，效果就如同为按钮设置了超级链接一样。

代码如下：

```html
<html>
 <head>
  <title>使用热键</title>
 </head>
 <body>
  <form action="http://www.google.com" method="get" name="form1">
   <textarea rows=5 cols=50></textarea>
   <br><input type="submit" accessKey="S" value="提交(Alt+s)">
  </form>
 </body>
</html>
```

5. 按钮只能单击一次

题目分析：设置按钮的 disabled 属性。

代码如下：

```html
<html>
 <head>
  <title>标题页</title>
 </head>
 <body>
  <input type=button name=btn value=单击 onclick="this.disabled=true">
   单击上面的按钮测试是否只能单击一次
 </body>
</html>
```

3.4.3 其他操作

1. 设置状态栏的跑马灯效果

分析：状态栏的跑马灯效果指状态栏的文字不是一下子全部显示出来，而是第一次只显示一个字，每个时刻都比上一时刻多显示一个字，直至全部显示完毕为止。当全部显示完毕后，再从第一时刻开始，不断重复此过程。

代码如下：

```html
<html>
<head>
  <title>无标题页</title>
  <script language="JavaScript" type="text/JavaScript">
  var msg="欢迎光临德州职业技术学院，请您多提宝贵意见"
  var len=msg.length;                    //取出全部字符的长度
  var interval=200;                      //设置时间间隔值
  var seq=0;                             //保存当前显示的长度
  function changestatus()
  {
    var statustext=msg.substring(0,seq+1);  //在全部长度中取出 seq+1 长度的子字符串
    window.status=statustext;          //将子字符串显示到状态栏中
    seq++;                             //显示长度加
    if (seq>=len)                      //当显示长度大于全部长度时
```

```
    {
        seq=0;                              //显示长度重新归
    }
    window.setTimeout("changestatus();",interval);
//设置每隔interval的时间就触发一次事件，由于每次显示长度增，所以实现动态效果
    }
    </script>
</head>
<body onload="changestatus();">
</body>
</html>
```

2. 屏蔽 IE 自带的功能键

分析：以 F5 键为例，在 IE 浏览器中，当按 F5 键时，执行网页的刷新功能。要屏蔽这一功能，只需每次触发 onkendown 事件时，判断所按键是否为 F5 键，若是，则将其清零，不执行任何操作即可。

代码如下：

```
<html>
  <head>
    <title>Untitled</title>
    <script>
    document.onkeydown=noway;              //绑定窗体加载事件
    function  noway(){
      if(event.keyCode==116){              //通过键值判断是否是 F5
        event.keyCode=0;                    //将按键清零
        event.returnValue=false;            //不进行任何操作
      }
}
  </script>
  </head>
  <body>
      单击 F5 测试是否能刷新页面
  </body>
</html>
```

练　习

一、单选题

1. (　　)对象表示浏览器的窗口，可用于检索关于该窗口状态的信息。

    A. Document   B. Window   C. Frame   D. Navigator

2. HTML 的文件头标签为(　　)。

    A. <html>   B. <body>   C. <head>   D. <title>

3. (　　)属性用于设置字体的大小。

    A. font   B. size   C. face   D. color

4. 以下属于 JavaScript 数据类型的是(　　)。

    A. int　　　　　　　　B. void　　　　　　　　C. var　　　　　　　　D. string

5. 在 JavaScript 中声明数组的方法是(　　)。

    A. var myarray=new array( );　　　　　　　B. var myarray=new array[]

    C. myarray=new array( );　　　　　　　　　D. myarray=array( );

6. 用于设置表格背景颜色的属性的是(　　)。

    A. background　　　　　　　　　　　B. bgcolor

    C. BorderColor　　　　　　　　　　D. backgroundColor

7. 下面哪一项是换行符标签?(　　)

    A. <body>　　　　　B. <font>　　　　　C.
　　　　　D. <p>

8. 下列哪一项是在新窗口中打开网页文档?(　　)

    A. _self　　　　　　B. _blank　　　　　C. _top　　　　　D. _parent

9. 在 HTML 中,(　　)不是链接的目标属性。

    A. self　　　　　　B. new　　　　　C. blank　　　　　D. top

10. 为了标识一个 HTML 文件应该使用的 HTML 标记是(　　)。

    A. <p></ p>　　　　　　　　　　　B. <boby></ body>

    C. <html></ html>　　　　　　　　D. <table></ table>

11. 在客户端网页脚本语言中最为通用的是(　　)。

    A. JavaScript　　　　B. VB　　　　　C. Perl　　　　　D. ASP

12. 在网页中,必须使用( )标记来完成超级链接。

    A. <a>…</a>　　B. <p>…</p>　　C. <link>…</link>　　D. <li>…</li>

13. 有关网页中的图像的说法不正确的是(　　)。

    A. 图像可以作为超级链接的起始对象

    B. HTML 语言可以描述图像的位置、大小等属性

    C. HTML 语言可以直接描述图像上的像素

    D. 网页中的图像并不与网页保存在同一个文件中,每个图像单独保存

14. 下列 HTML 标记中,属于非成对标记的是(　　)。

    A. <font>　　　　　B. <hr>　　　　　C. <P>　　　　　D. <font>

15. 用 HTML 标记语言编写一个简单的网页,网页最基本的结构是(　　)。

    A. <html> <head>…</head> <frame>…</frame> </html>

    B. <html> <title>…</title> <body>…</body> </html>

    C. <html> <title>…</title> <frame>…</frame> </html>

    D. <html> <head>…</head> <body>…</body> </html>

16. 以下标记符中,用于设置页面标题的是(　　)。

    A. <title>　　　　　B. <caption>　　　　　C. <head>　　　　　D. <html>

17. 以下标记符中,没有对应的结束标记的是(　　)。

    A. <body>　　　　　B.
　　　　　C. <html>　　　　　D. <title>

18. 用于设置框架网页中每个具体网页的标签为(　　)。

    A. <frameset>　　　　B. <ul>　　　　　C. <a>　　　　　D. <frame>

二、填空题

1. HTML 网页文件的标记是_____，网页文件的主体标记是_____，标记页面标题的标记是_____。

2. 表格的标签是_____。

3. 表格的宽度可以用百分比和_____两种单位来设置。

4. 用来输入密码的表单域是_____。

5. 如果一个分为左右两个框架的框架组，要想使左侧的框架宽度不变，应该用_____单位来定制其宽度，而右侧框架则使用_____单位来定制。

6. 创建一个 HTML 文档的开始标记符是_____；结束标记符是_____。

7. 网页标题会显示在浏览器的标题栏中，则网页标题应写在开始标记符_____和结束标记符_____之间。

8. 要设置一条水平线，应使用的 HTML 语句是_____。

9. 表单对象的名称由_____属性设定；提交方法由_____属性指定。

10. <tr>....</tr>是用来定义_____；<td>...</td>是用来定义_____；<th>...</th>是用来定义_____。

11. 在网页中插入背景图案(文件的路径及名称为/img/bg.jpg)的语句是_____。

三、操作题

本章开发的网站只能在线阅读一本书的内容。修改此项目，将其制作成一个可以阅读多本 ASP.NET 教材的网站。为每本教材提供图片和概要说明，单击教材名称，可以显示该书的具体内容。要求在实现项目已有功能的基础上，尽量将第四节知识扩展中的各个应用加入到项目中来，进一步完善项目。

第**4**章　服务器控件

教学目标

(1) 会使用常用的服务器控件。
(2) 能够对控件编写事件处理程序。
(3) 会设置服务器控件的属性。
(4) 能够熟练使用各种服务器控件。

教学要求

知识要点	能力要求	关联知识
常用 Web 控件	(1) 掌握插入 Web 控件的两种方式 (2) 能够设置控件的属性 (3) 能够为控件编写相应代码	C#中的控件
显示类控件	(1) Label 控件使用方法 (2) 掌握 TextBox 控件的使用方法	HTML 的\<div\>元素
选择类控件	(1) 掌握 DropDownList 控件、ListBox 控件的使用方法 (2) 掌握 RadioButton 控件、CheckBox 控件的使用方法	HTML 中的对应控件
按钮控件	掌握 Button 控件的使用方法	C#中的按钮控件
图像控件	掌握 Image 控件的使用方法	HTML 中的相应控件
文件上传	(1) 掌握 FileUpload 控件上传文件 (2) 掌握文件上传时控制文件格式方法 (3) 掌握文件上传时控制文件大小的方法	HTML 中的文件上传
验证控件	(1) 能够使用 RequiredFieldValidator 控件对用户输入信息验证 (2) 能够使用 CompareValidator 控件进行数据类型验证和比较验证 (3) 能够使用 RangeValidator 控件进行范围验证 (4) 能够使用 RegularExpressionValidator 控件进行正则验证 (5) 能够使用 CustomValidator 控件进行自定义验证	Dreamweaver 中的验证
用户自定义控件	(1) 掌握创建用户控件的方法 (2) 掌握使用用户控件的方法	普通控件
日历控件	(1) 会使用 Calendar 控件创建个性化日历 (2) 能够编写相应的代码	万年历

重点难点

➢ 常用控件的属性设置。

➢ 为控件编写事件处理过程。

➢ 验证控件的实际应用。

4.1 任 务 描 述

本章主要介绍图书馆在线管理系统中"用户注册"模块的实现。

在图书馆管理系统的首页上，选择【聊天室】，可以进入图书馆聊天室页面。要在该页面中发布聊天内容，需要注册聊天室用户。单击【注册】按钮，可以打开注册页面。该页面主要完成用户基本信息的填写和注册，并对用户输入的信息进行相应的验证。页面设计如图 4.1 所示。

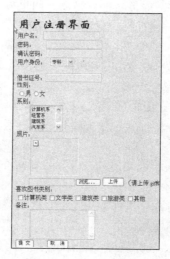

图 4.1 用户注册界面

具体要求如下。

用户注册页面主要是收集用户资料，各信息的收集所用的控件列表见表 4-1。

表 4-1 用户注册界面所需控件

信息内容	对应控件
用户名、密码、确认密码	文本框：Textbox
注册按钮	按钮：Button
用户身份	下拉列表框：DropDownList
系别	列表框：ListBox
性别	单选按钮：RadioButton
爱好	复选按钮：CheckBox
上传头像	文件上传控件：FileUpload
头像显示	图片框：Image
验证各个输入信息	验证控件

4.2　实　践　操　作

项目分析：根据任务描述，该部分由多个不同的服务器控件排列组成。具体实现步骤如下。

(1) 启动 Visual Studio 2008，进入前面建立的项目——图书馆管理系统。

(2) 在网站中添加新网页，将其命名为 regist.aspx，并打开。

(3) 将鼠标移动到左边的【工具箱】中，在页面中插入相应的控件，修改控件的相关属性。

(4) 对控件编写事件处理过程。

(5) 调试运行。浏览效果如图 4.1 所示。

4.3　问　题　探　究

ASP.NET 服务器控件是在空间 System.Web.UI.WebControls 中定义的，可以在工具箱的【标准】选项卡中找到对应的控件。服务器控件是动态网页技术的一大进步，它真正地实现了后台程序和前端网页的融合。服务器控件包含在 ASP.NET 页面中，当运行页面时，用户可与控件发生交互行为，当页面被用户提交时，控件可在服务器端引发事件，在服务器端，则会根据相关事件处理程序来进行事件处理。ASP.NET 服务器控件可分为以下类型。

(1) 标准控件：主要是指传统的 Web 控件，例如标签、文本框、按钮等。它们有一组标准化的属性、事件和方法，使开发工作变得简单易行，本章将介绍。

(2) 数据绑定控件：完成数据源连接、数据操作，以及数据显示、更新、删除等功能的控件。本章不涉及本部分内容。

(3) 验证控件：完成用户输入验证功能的控件。本章将介绍。

(4) 用户自定义控件。本章将介绍。

ASP.NET 服务器控件由【可视化组件】和【用户接口逻辑】两部分组成。其中，前者指包含 HTML 标记及服务器控件声明的部分；后者则指用于实现服务器和用户交互的事件处理过程。如果使用普通的文本编辑器进行设计，则上述两个部分在同一文件中；如果使用 Visual Studio.NET 进行设计，则可视化组件与用户接口逻辑将分处不同的文件中。本章讲解内容使用 Visual Studio2008 作为开发环境，由于篇幅原因，不可能对各种服务器控件的所有属性、事件和方法进行一一介绍，只能介绍开发 ASP.NET 网页时常用控件的基础知识。如果需要进一步了解其他信息，可查阅 Visual.NET 帮助文档或其他相关技术手册。

服务器控件可以直接加入到 ".aspx" 文件中。这些控件是使用标记<asp:servercontrol>声明的，所有的 ASP.NET 控件都必须以结束标记</asp:servercontrol>结束，每个控件的标记符都是带有前缀 "asp:" 的控件名称。

4.3.1　Label 控件

Label 控件，称为标签控件，其功能是在页面上显示静态文字，一般不用于触发事件，因此使用非常简单。它相当于 HTML 的<div>元素。有两种方式可以在页面上添加一个标签，列举如下。

(1) 在工具箱【标准】选项卡中通过鼠标拖放或双击操作，可以在网页中添加标签对象
A Label。

(2) 在页面 HTML 视图中，通过添加代码实现。例如，想要添加一个标签，并显示文字"用户注册"，可能通过添加下面的代码实现：

```
格式一(单标签)：<asp:Label ID="Label1" runat="server" Text="用户注册"/>
格式二(起止标签)：<asp:Label ID="Label1" runat="server" >用户注册</asp:Label>
```

其中 ID 属性，用于唯一标识该控件。Text 属性主要用于设置控件显示在页面上的文本内容。当需要在程序中改变标签中显示的文字时，只要改变 Label 的 Text 属性即可。

解释：ID 属性默认值为类名 Label 之后加上"1"、"2"等，可以在其属性窗口修改这个属性值，使其代表一定的含义。以后提到的控件，都有 ID 属性，其含义与 Label 控件相同，不再重复。

【例 4-1】在用户注册页面中，使用标签控件显示用户注册时的提示信息。

(1) 在窗体中添加 1 个 Label 控件，选中控件，在属性窗口中将 Text 属性设置为"用户注册页面"。在拆分视图下，可以看到，在源代码上添加了标签的定义，如图 4.2 所示。

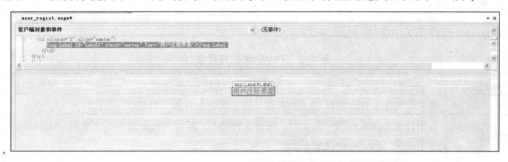

图 4.2　添加 Label 标签

(2) 打开属性窗口，修改字体为华文新魏，粗体等，如图 4.3 所示。

图 4.3　Label 标签属性窗口

注意：如果当前属性窗口没有显示，打开【视图】菜单，选择属性窗口，或者按 F4 键都可以打开属性窗口。

(3) 使用同样的方法，分别添加其他 Label 标签，Text 属性分别设置为密码、确认密码、用户身份、借书证号、性别、系别、照片、喜欢图书类型和备注。

(4) 最后在页面上添加 1 个 Label 标签，用来接收用户填写的注册信息，其中将其 Text 属性设置为空，ID 属性设置为 message。

4.3.2 TextBox 控件

TextBox 控件表示一个文本框，主要用来接受键盘输入的数据，也可以用于输出信息。

1. 创建文本框

同标签控件一样，有两种方式在页面上添加一个 TextBox 控件，如下。

(1) 在页面源视图中，通过添加代码实现。例如在项目中添加的 ID 为 txt_UserName 的文本框，可以通过添加下面的代码实现：

```
<asp:TextBox ID="txt_UserName" runat="server"></asp:TextBox>
```

(2) 在页面设计视图中，从工具箱【标准】选项卡中，通过鼠标拖放或双击操作 abl TextBox ，添加 TextBox 控件。

2. 常用属性

TextBox 控件的常用属性见表 4-2。

表 4-2 TextBox 的常用属性

属性	功能
Text	用于设置 TextBox 中所显示的内容，或是获取用户输入的信息
TextMode	用于设置 TextBox 控件的类型，共有 3 种类型，其中 Single 为单行文本框，Multiline 为多行文本框，Password 为密码框
MaxLength	用于设置文本框接收的最大字符数
ReadOnly	用于设置或获取文本是否只读。当该属性为 true 时，文本框只可显示信息，不允许在其内编辑修改信息
AutoPostBack	当按 Enter 或 Tab 键使控件失去焦点时，是否要自动触发 OnTextChanged 事件，并回传到服务器。当它为 false(默认)时，该控件上发生的任何客户事件都不会回传到服务器

注意：TextMode 属性的默认值为 Single。当设置为 Password 时，输入的字符以"*"代替，同时密码文本框的值在页面的回传间不会保存。换句话说，当你刷新页面时，网页被重新加载，在密码框中输入的字符将消失。

3. 常用事件

OnTextChanged 事件是 TextBox 控件的常用事件，当文本框内的文本改变时触发。

解释：OnTextChanged 事件是 TextBox 控件最重要的事件，与 C#不同，这个事件并不是在输入字符导致 TextBox 控件内容改变时发生，而是当焦点离开文本框后，TextBox 控件内的文字传到服务器端时，服务器端发现文字的内容和上次的值不同时发生。

【例 4-2】为窗体添加 4 个 TextBox 控件，将用户名和借书证号设置为单行文本框，密码设置为密码框，备注设置为多行文本框。

(1) 在用户名后面添加一个 TextBox 控件，修改其 ID 为 txt_name，TextMode 属性为 SingleLine，如图 4.4 所示。

图 4.4　TextBox 属性窗口

其他几个 TextBox 控件设置类似，见表 4-3。

表 4-3　TextBox 属性设置

控件	ID	TextMode	用途
TextBox1	txt_name	SingleLine	用户名
TextBox2	txt_password1	Password	用户密码
TextBox3	txt_password2	Password	确认密码
TextBox4	txt_num	SingleLine	借书证号
TextBox5	txt_beizhu	Multiline	备注

(2) 将备注所对应的文本框设置为自动换行，见表 4-4。

表 4-4　备注文本框属性设置

控件	ID	Wrap
TextBox5	txt_beizhu	True

注意：Wrap 属性用于设置是否自动换行，本属性在 TextMode 属性设为 MultiLine 才生效。

(3) 运行。浏览效果如图 4.5 所示。

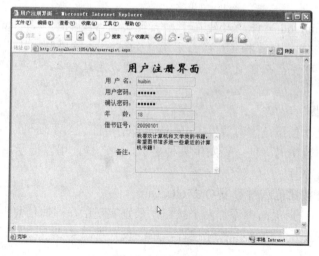

图 4.5　运行界面

4.3.3 Button 控件

Button 控件称为按钮，主要作用是接收用户的 Click 事件，并执行相对应的事件处理程序来实现相应的功能。

1. 创建按钮

有两种方式在页面上添加一个 Button 控件，列举如下。

(1) 在页面源视图中，通过添加代码实现。例如在项目中添加的 ID 为 btn_OK 的按钮，可以通过添加下面的代码实现：

```
<asp:Button ID="btn_OK" runat="server" onclick="btn_OK_Click" Text="提交" />
```

(2) 在页面设计视图中，从工具箱【标准】选项卡中，通过鼠标拖放或双击操作，添加按钮控件 [ab] Button 。

2. 常用属性

Text：设置按钮上显示的文字，用以提示用户该按钮的功能。

3. 常用事件

1) Click 事件

在单击 Button 控件时发生。在开发时，双击 Button 按钮，便可以自动产生其事件触发方法，然后直接在这个方法内编写所要执行的代码就可以了。

代码如下：

```
protected void Button1_Click(object sender, EventArgs e)
{
..............//在此处编写事件处理过程
}
```

2) Command 事件

相对于 Click 而言，Command 事件具有更为强大的功能。它通过关联按钮的 CommandName 属性，使按钮可以自动寻找并调用特定的方法，还可以通过 CommandArgument 属性向该方法传递参数。

解释：使用 Command 事件的好处在于，当页面上需要放置多个 Button 按钮，分别完成多个任务，而这些任务非常相似，容易用统一的方法来实现时，就不必为每一个 Button 按钮单独实现 Click 事件，而可通过一个公共的处理方法结合各个按钮的 Command 事件来完成。

3) MouseOver 事件

当用户的光标进入按钮范围时触发 OnMouseOver 事件。为了使页面生动，可以利用此事件，当光标移入按钮范围时，使按钮发生某种显示上的改变，用以提示用户可以进行选择了。

4) OnMouseOut 事件

当用户光标离开按钮范围时触发 OnMouseOut 事件。

【例 4-3】在用户注册页面中添加两个按钮，分别实现用户注册信息的提交和取消功能。

(1) 在界面中添加两个 Button 按钮控件，属性设置见表 4-5。

表 4-5　控件属性

控件	属性	取值
Button1	ID	btn_OK
	Text	提交
Button2	ID	btn_Cal
	Text	取消

(2) 双击【提交】按钮，编写代码：

```
protected void btn_OK_Click(object sender, EventArgs e)
{
    message.Text = "您的用户名是: " + txt_name.Text+"<br>";
    message.Text = message.Text + "您的密码是: " + txt_password1.Text+"<br>";
    message.Text = message.Text + "您的年龄是: " + txt_age.Text+ "<br>";
    message.Text = message.Text + "您的备注信息是: " + txt_beizhu.Text;
}
```

解释：此处使用 "<br>" 是为了实现换行。

(3) 运行。该网页的浏览效果如图 4.6 所示。

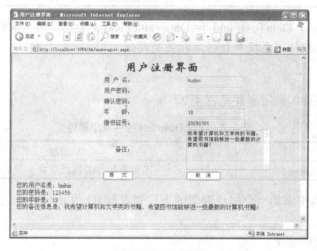

图 4.6　运行界面

4.3.4　DropDownList 控件

DropDownList 控件，称为下拉列表框。该控件主要实现用户从事先定义好的多个选项中只能选择一项，并且在选择前用户只能看到第一个选项，其余的选项将都"隐藏"起来。

1. 创建下拉列表框对象

有以下两种方式在页面上添加一个 DropDownList 对象。

(1) 在页面源视图中，通过添加代码实现。例如，想要添加一个 ID 为 "DropDownList1"，选项包含 "中职"、"高职" 和 "教师" 3 项的下拉列表框控件，可以通过添加下面的代码实现：

```
<asp:DropDownList id="DropDownList1" runat="server">
<asp:ListItem Value="0">中职</asp:ListItem>
<asp:ListItem Value="1">高职</asp:ListItem>
```

```
<asp:ListItem Value="2">教师</asp:ListItem>
</asp:DropDownList>
```

(2) 在页面设计视图中，从工具箱【标准】选项卡中通过鼠标拖放或双击操作，添加 📑 DropDownList 对象。初始添加的 DropDownList 不包含选项，可以通过编辑其 Items 属性来添加。

2. 常用属性

DropDownlist 控件的常用属性见表 4-6。

表 4-6　DropDownlist 控件常用属性

属性	功能
AutoPostBack	在操作时，DropDownList是否自动将信息回发到服务器
Items	获取列表控件项的集合
SelectedIndex	获取DropDownList控件中的选择项的索引值
SelectItem	获取列表控件中的选择项
SelectValue	获取列表控件中选择项的值
DataSource	设置数据绑定所要使用的数据源
DataTextField	设置数据绑定所要显示的字段
DataValueField	设置选项的关联数据要使用的字段

解释： DataSource、DataTextField 和 DataValueField 3 个属性是与数据库相关的属性，本章不介绍。本章其他控件不再提和数据库相关的属性。

3. 常用事件

DropDownlist 控件的常用事件见表 4-7。

表 4-7　DropDownlist 控件常用事件

事件	功能
SelectedIndexChanged	当列表控件的选择项发生变化时触发

【例 4-4】在窗体中添加一个用户类型的下拉列表框 ID 为 usertype，包含"中职"、"高职"和"教师"3 项。

方法一：通过代码实现：

```
<asp:DropDownList ID="usertype" runat="server" AutoPostBack="True"
        onselectedindexchanged="usertype_SelectedIndexChanged">
        <asp:ListItem>专科</asp:ListItem>
        <asp:ListItem>本科</asp:ListItem>
        <asp:ListItem>研究生</asp:ListItem>
        <asp:ListItem>教师</asp:ListItem>
</asp:DropDownList>
```

方法二：在页面设计视图中，从工具箱【标准】选项卡中通过鼠标拖放或双击操作，添加 📑 DropDownList 对象。

(1) 右击下拉列表框控件，弹出快捷菜单，选择【属性】命令，打开属性窗口。

(2) 单击属性窗口中的 Items 项后面的级联按钮，进入选项编辑对话框，如图 4.7 所示。

(3) 在属性编辑窗口中，单击【添加】按钮，添加一个选项，如图 4.8 所示。

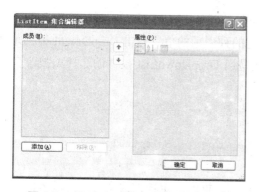

图 4.7　【ListItem 集合编辑器】对话框

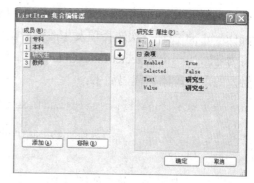

图 4.8　添加选项

在右侧窗口可输入该选项的值，各项的具体含义见表 4-8。

表 4-8　ListItem 属性

属性	含义
Selected	是否选中该选项
Text	该选项显示的文字
Value	与该选项关联的值

解释： 如果设置了 Text 值，而没有设置 Value 值，系统将会自动设置 Value 值与 Text 的值相同。特殊情况下，例如 Text 属性可能为较长的文字(如"德州市")，而 Value 则可设置为较短的编码(如"dz")，便于在程序中引用该项。Value 属性对用户来说是不可见的。

(4) 获取下拉列表框的值，当用户选择了相应的类型后，在 id 为"message"的 Label 中显示出来。代码如下：

```
message.Text = message.Text + "您的选择的用户类型是: " + usertype.SelectedItem.Text
+ "<br>";
//获取用户选择的项
```

解释：

① 使用 DropDownListID.SelectedItem 可访问下拉列表框的选定项。

② 使用 DropDownListID.SelectedItem.Text 可以获取选定项的 Text 属性。

③ 使用 DropDownListID.SelectedItem.Value 可以获取选定项的 value 属性。

(5) 运行。浏览效果如图 4.9 所示。

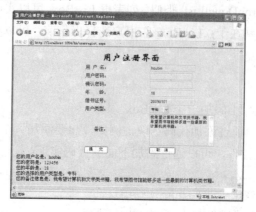

图 4.9　运行界面

以上通过单击按钮来获取 DropDownList 控件列表项的值，其实可以省略按钮，在 DropDownList 控件每次选择项发生改变时就回传它的列表项的值。双击 DropDownList 控件，这将为它添加一个 SelectedIndexChanged 事件，就是当 DropDownList 控件的选择项被改变时所触发的事件，添加代码如下：

```
protected void usertype_SelectedIndexChanged(object sender, EventArgs e)
    {
        lbl_usertype.Text ="您的选择的用户类型是:" + usertype.SelectedItem.Text + "<br>";
    }
```

在浏览器中运行，效果如图 4.10 所示，当下拉列表框的选定项被改变时，标签内的文本就会相应改变，不需要再单击按钮了。

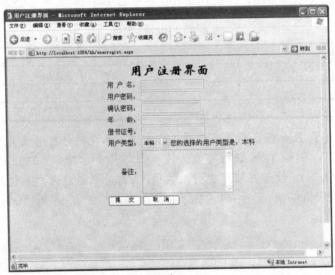

图 4.10　运行界面

注意：使用 SelectedIndexChanged 事件之前，需要将 DropDownList 控件的 AutoPostBack 属性设置为 True。

4.3.5　ListBox 列表框

同下拉列表框控件 DropDownList 类似，列表框 ListBox 可以实现从事先定义好的多个选项中进行选择的功能。区别在于：ListBox 在用户选择操作前，可以看到所有的选项，并能够实现多项选择。

1. 创建列表框对象

有以下两种方式在页面上添加一个 ListBox 对象。

(1) 在页面源视图中，通过添加代码实现，例如，想要添加一个 ID 为"ListBox1"，选项包括 6 项爱好的列表框控件，可以通过添加下面的代码实现：

```
<asp:ListBox id="ListBox1" runat="server" Width="88px" Height="88px">
<asp:ListItem Value="篮球">篮球</asp:ListItem>
<asp:ListItem Value="足球">足球</asp:ListItem>
```

```
<asp:ListItem Value="游泳">游泳</asp:ListItem>
<asp:ListItem Value="旅游">旅游</asp:ListItem>
<asp:ListItem Value="阅读">阅读</asp:ListItem>
<asp:ListItem Value="电影">电影</asp:ListItem>
</asp:ListBox>
```

(2) 在页面设计视图中，从工具箱【标准】选项卡中通过鼠标拖放或双击操作，添加对象。同 DropDownList 相似，初始添加的 ListBox 不包含选项，可以通过编辑其 Items 属性来添加，具体步骤同 DropDownList 相同。

2. 属性和事件

ListBox 控件的常用属性和事件与 DropDownList 基本类似，不再给出。需要特殊说明的是其 Rows 属性，它获取或设置 ListBox 控件中所显示的行数。另外，ListBox 还有一个属性：SelectMode，用来控制是否支持多行选择，其取值为 ListSelectionMode 枚举值，包括以下两项。

(1) Multiple：多项选择模式，默认选项。

(2) Single：单项选择模式。

【例 4-5】在用户注册界面上，添加 ListBox 控件，用于实现用户选择所在系部的功能。

(1) 在页面设计视图中，从工具箱【标准】选项卡中通过鼠标拖放或双击操作，添加 ListBox 控件。

(2) 右击下拉框控件，弹出快捷菜单，选择【属性】命令，打开属性窗口。

(3) 单击属性窗口中的 Items 项后面的级联按钮，进入选项编辑对话框，如图 4.11 所示。

(4) 在属性编辑窗口中，单击【添加】按钮，可以添加一个选项。分别添加各系部，最后单击【确定】按钮，如图 4.12 所示。

图 4.11　ListItem 集合编辑器

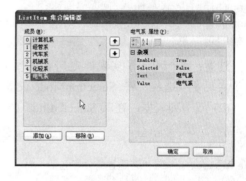

图 4.12　添加选项

(5) 获取列表框的值，用户选择了相应的系别后，在 ID 为 message 的 Label 控件中显示出来。

```
message.Text=Xb.SelectedItem.Text;
//获取用户选择的项
```

(6) 运行。浏览效果如图 4.13 所示。

ListBox 控件可以实现多选功能，下面举例说明其使用方法。

【例 4-6】用户通过列表框选择爱好信息，根据用户的不同选择，页面作出不同的响应，本例题实现的功能如图 4.14 所示。

图 4.13　运行界面　　　　　　　　　　图 4.14　运行界面

(1) 新建 ASP.NET 网站 Example_ListBox，在页面上添加 1 个"爱好"列表框对象，其 HTML 代码如下：

```
<asp:ListBox id="ListBox1" runat="server" >
<asp:ListItem Value="篮球">篮球</asp:ListItem>
<asp:ListItem Value="足球">足球</asp:ListItem>
<asp:ListItem Value="游泳">游泳</asp:ListItem>
<asp:ListItem Value="旅游">旅游</asp:ListItem>
<asp:ListItem Value="阅读">阅读</asp:ListItem>
<asp:ListItem Value="电影">电影</asp:ListItem>
</asp:ListBox>
```

注意： 本例中为了实现选定列表框时就能获取它的值，AutoPostBack 属性设置为 True；为了实现多项选择，将 SelectionMode 设置为 Multiple。

(2) 双击列表框，在其 SelectedIndexChanged 事件的触发方法中添加如下代码：

```
private void ListBox1_SelectedIndexChanged(object sender, System.EventArgs e)
{
Response.Write("您选择的爱好包括：");
//利用 for 循环，检查是否选择了某项
for(int i=0;i<ListBox1.Items.Count;i++)
{
if(ListBox1.Items[i].Selected) //如果选择了该项
Response.Write(ListBox1.Items[i].Text+" ");
}
}
```

代码使用 for 循环检查是否选择了某项，这需要使用其 Item 属性，其中的每一个选项都是一个 ListItem 对象，它的 Selected 值(true 或 false)表明该选项是否选中。

(3) 运行。在选择多项时，需要按住 Ctrl 键，然后单击左键进行选择。浏览效果如图 4.14 所示。

4.3.6　RadioButton 单选按钮

RadioButton 用于在 Web 页中创建单选按钮。在同一组单选按钮中，只能选择其中一个，被选中的 Checked 属性为真。要将多个单选按钮构成一组，必须将它们的 GruopName 属性设置为相同。

1. 创建单选框对象

有以下两种方式在页面上添加一个 RadioButton 对象。

(1) 在页面源视图中，通过添加代码实现，例如，想要添加一个 ID 为"RadioButton1"的单选框服务器控件，可以通过添加下面的代码实现：

```
<asp:RadioButton ID="RadioButton1" runat="server" />
```

(2) 在页面设计视图中，从工具箱【标准】选项卡中通过鼠标拖放或双击操作，添加 ⊙ RadioButton 对象。

2. 常用属性和事件

RadioButton 的常用属性和事件见表 4-9。

表 4-9　RadioButton 常用属性和事件

属性	功能
AutoPostBack	在单击时CheckBox 状态是否自动回发到服务器
Checked	是否已选中RadioButton控件，选中为true，未选中为false
Text	该控件方框边的说明性文字
TextAlign	说明性文字Text放在方框的右边还是左边，默认值为Right
GroupName	相关联的RadioButton控件的组名
CheckedChanged事件	当Checked属性值更改时触发

解释：

(1) Checked 这个属性有两种用法，一种用法为获取这个属性值，判断用户是否选中了该控件。例如：if(RadioButton.Checked)…

(2) 另外一种用法为设置这个属性值，使控件被选中或取消选中。

例如：

RadioButton.Checked=true;　　//控件被选中

RadioButton1.Checked=false;　　//控件未被选中

解释： GroupName 属性，相当于多个单选按钮组成一个组。当多个单选按钮中只能选取一个时，应当设置相同的 GroupName，如果某个单选按钮的 Checked 属性被设置为 true，则组中所有其他单选按钮自动变为 false。

【例 4-7】在用户注册界面上，添加用于用户选择自己的性别的单选按钮，只能在两者之中选择其一，每次选择后，页面上都将在 message 标签上显示用户的性别信息，如图 4.15 所示。

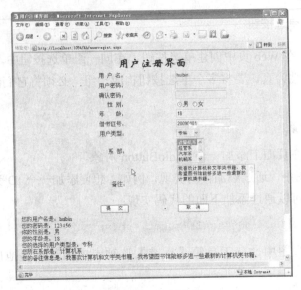

图 4.15　性别选择

(1) 在页面上添加 2 个 RadioButton 对象，其 HTML 代码如下所示：

```
<asp:RadioButton ID="RadioButtonMale" runat="server" GroupName="Sex" Text="男" />
<asp:RadioButton ID="RadioButtonFeMale" runat="server" GroupName="Sex" Text="女" />
```

(2) 双击【提交】按钮，在其 Click 事件方法中添加显示信息的代码：

```
if (RadioButtonMale.Checked == true)          //判断该按钮是否被选中
        message.Text=message.Text +"你的性别是：男"+ "<br>";
 else if(RadioButtonFeMale.Checked == true)
        message.Text = message.Text + "你的性别是：女" + "<br>";
```

(3) 运行。浏览效果如图 4.15 所示。

4.3.7　CheckBox 复选框

CheckBox 控件用于在 ASP.NET 中添加一个复选框，允许用户选择 true 状态或 false 状态，体现用户在页面上是否选中了某个选项。

1. 创建复选框对象

有以下两种方式在页面上添加一个 CheckBox 对象。

(1) 在页面源视图中，通过添加代码实现，例如，想要添加一个 ID 为"CheckBox1"的 CheckBox 服务器控件对象，可以通过添加下面的代码实现：

```
<asp:CheckBox ID="CheckBox1" runat="server" />
```

(2) 在页面设计视图中，从工具箱【标准】选项卡中通过鼠标拖放或双击操作，添加 CheckBox 对象。

2. 常用属性和事件

CheckBox 控件的常用属性和事件跟 RadioButton 基本类似，不再赘述。区别是 CheckBox 控件没有 GroupName 属性。

【例 4-8】在用户注册界面上添加用于用户选择喜欢的图书的 CheckBox 控件。

(1) 从工具箱中拖放 5 个 CheckBox 控件到设计器中。

(2) 将这 5 个 CheckBox 控件的 Text 属性分别设置成"计算机类"、"文学类"、"建筑类"、"旅游类"、"其他",如图 4.16 所示。。

喜欢图书类别:
☐ 计算机类 ☐ 文学类 ☐ 建筑类 ☐ 旅游类 ☐ 其他

图 4.16　图书类别

(3) 为提交按钮的 Click 事件添加一个事件处理程序,在其中添加代码,列出用户选中了哪些复选框。

```
protected void Button1_Click(object sender, EventArgs e)
    {
        if (CheckBox1.Checked)
        { message.Text="您喜欢计算机类的书籍; ";}
         if (CheckBox2.Checked)
        { message.Text+="您喜欢文学类的书籍; ";}
         if (CheckBox3.Checked)
        { message.Text+="您喜欢建筑类书籍; ";}
         if (CheckBox4.Checked)
         { message.Text += "您喜欢旅游类的书籍! "; }
         if (CheckBox5.Checked)
         { message.Text += "您喜欢其他类的书籍! "; }
    }
```

(4) 运行效果如图 4.17 所示。

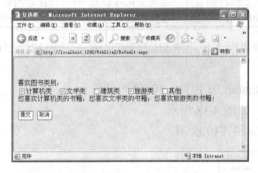

图 4.17　运行界面

4.3.8　RadioButtonList 单选按钮组

RadioButtonList 称为单选按钮组,使用户在一组选项中进行单项选择。

1. 创建单选框列表

有以下两种方式在页面上添加 RadioButtonList 控件。

(1) 在页面源视图中,通过添加代码实现,例如在项目中,想要添加一个 ID 为 "sex" 的 RadioButtonList 控件对象,并且包含两个选项,可以通过添加下面的代码实现:

```
<asp:RadioButtonList ID="sex" runat="server" RepeatDirection="Horizontal"
            Width="227px">
            <asp:ListItem>男</asp:ListItem>
```

```
            <asp:ListItem>女</asp:ListItem>
</asp:RadioButtonList>
```

(2) 在页面设计视图中，从工具箱【标准】选项卡中，通过鼠标拖放或双击操作，添加对象。初始 RadioButtonList 不包含选项，可以通过编辑其 Items 属性来添加。

2. 属性

RadioButtonList 的属性见表 4-10。

表 4-10　RadioButtonList 的属性

属性	功能
Items	获取列表控件项的集合
SelectedIndex	获取或设置选择项的索引号，从0开始计数
SelectedItem	获取列表控件中的选择项
SelectedValue	获取列表控件中选择项的值
RepeatColumns	控件项目布局的列数
RepeatDirection	指示控件是垂直(Vertical)显示还是水平(Horizontal)显示
TextAlign	设置RadioButtonList控件中各项目所显示的文字是在按钮左侧或右侧，默认为Right

3. 常用事件

RadioButtonList 的常用事件见表 4-11。

表 4-11　RadioButtonList 的常用事件

事件	功能
SelectedIndexChanged	当列表控件的选择项发生变化时触发事件。当控件的选择项发生改变后立即要实现的功能代码写在这个事件的处理程序中，记得一并修改其AutoPostBack属性为true

【例 4-9】在用户注册界面上使用 RadioButtonList 控件添加性别选项，实现与例 4-7 相同的功能。

(1) 添加 1 个 RadioButtonList 控件，ID 属性设置为 sex。

(2) 单击 Items 属性，如图 4.18 所示。

(3) 添加 2 个选项，如图 4.19 所示。

图 4.18　RadioButtonList 属性

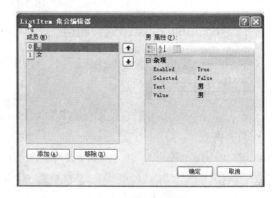

图 4.19　添加性别选项

(4) 获取所选项的值，可以通过以下代码实现：

```
message.Text = "性别: " +sex.SelectedItem.Text;
```

(5) 运行。浏览效果如图 4.15 所示。

4.3.9　复选列表框 CheckBoxList

CheckBoxList 控件称为复选列表框，该控件成组使用，用户可以在网页的一组复选列表框上选择多项或一项。另外，还可以把数据库中的数据直接绑定到 CheckBoxList 控件上。

1. 创建复选框列表对象

有以下两种方式在页面上添加一个 CheckBoxList 对象。

(1) 在页面源视图中，通过添加代码实现，例如，在项目中创建的 sport 复选列表框，代码如下：

```
<asp:CheckBoxList ID="sport" runat="server" RepeatDirection="Horizontal"
                  Width="249px">
                  <asp:ListItem>跑步</asp:ListItem>
                  <asp:ListItem>游泳</asp:ListItem>
                  <asp:ListItem>球类</asp:ListItem>
                  <asp:ListItem>其他</asp:ListItem>
</asp:CheckBoxList>
```

(2) 在页面设计视图中，从工具箱【标准】选项卡中通过鼠标拖放或双击操作，添加对象。初始 CheckBoxList 不包含选项，可以通过编辑其 Items 属性来添加。

2. 常用属性和事件

CheckBoxList 控件的常用属性和事件见表 4-12。

表 4-12　CheckBoxList 控件的常用属性和事件

属性	功能
AutoPostBack	指示在操作时，DropDownList是否自动将信息回发到服务器
Items	获取列表控件项的集合
SelectedIndex	获取或设置控件中的选择项的索引
SelectedItem	获取列表控件中的选择项
SelectedValue	获取列表控件中选择项的值
RepeatColumns	获取或设置要在CheckBoxList控件中显示的列数
RepeatDirection	指示控件是垂直(Vertical)显示还是水平(Horizontal)显示
SelectedIndexChanged	当列表控件的选择项发生变化时触发。当控件的勾选状态发生改变后立即要实现的功能，可将处理代码写在这个事件中，记得一并修改其AutoPostBack属性来True

【例 4-10】在用户注册界面上添加 CheckBoxList 控件，用于用户选择喜欢的图书类型，实现与例 4-8 相同的功能。

(1) 添加一个 CheckBoxList 控件，ID 属性设置为 BookType，RepeatColumns 属性为 Horizontal，如图 4.20 所示。

(2) 单击 Items 选项，添加以下内容，如图 4.21 所示。

图 4.20 CheckBoxList 属性

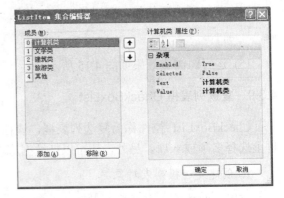
图 4.21 添加书籍选项

(3) 单击【确定】按钮后，效果如图 4.16 所示。

(4) 获取用户选择的书籍，可以通过以下代码实现：

```
n=0;
    string answer = "您喜欢的书籍有：";
  for (int i = 0; i <book.Items.Count; i++)
  {
      if (book.Items[i].Selected)
      {
          answer+= book.Items[i].Text + "、";
          n++;
      }
  }
answer=answer .Substring (0,answer3 .Length -1); //去掉字符串 answer 最后的一个"、"
    if(n==0)
        answer ="您什么书都不喜欢，应该多读书！";
  message .Text =answer ;
```

(5) 运行。浏览效果，如图 4.22 所示。

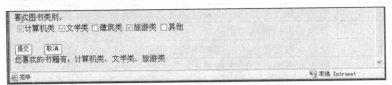

图 4.22 运行界面

4.3.10 Image 控件

1. 创建 Image 对象

有以下两种方式在页面上添加一个 Image 对象。

(1) 在页面的 HTML 视图中，通过添加代码实现。例如，想要添加一个 ID 为 "Image1" 的控件，可以通过添加下面的代码实现：

```
<asp:Image ID="Image1" runat="server" ImageUrl=" fileURL "/>
```

(2) 在页面设计视图中，从工具箱【标准】选项卡中通过鼠标拖放或双击操作，添加 🖼 Image 控件。

2. 常用属性和事件

Image 控件的常用属性和事件见表 4-13。

表 4-13　Image 控件的常用属性和事件

成员	功能
ImageUrl	图片的路径和文件名，可以是绝对路径或相对路径
ToolTip	当鼠标光标停留在控件上时显示的提示信息
AlternateText	当图片无法显示时替代显示的文本

4.3.11　文件上传控件 FileUpload

1. 创建 FileUpload 对象

有以下两种方式在页面上添加一个 FileUpload 对象。

(1) 在页面的 HTML 视图中，通过添加代码实现。例如，想要添加一个 ID 为“FileUpload1”的控件，可以通过添加下面的代码实现：

```
<asp:FileUpload ID="FileUpload1" runat="server" />
```

(2) 在页面设计视图中，从工具箱【标准】选项卡中通过鼠标拖放或双击操作，添加 FileUpload 控件。

2. 常用属性和事件

FileUpload 控件的常用属性和事件见表 4-14。

表 4-14　FileUpload 控件的常用属性和事件

成员	功能
FileUploadID.PostedFile.FileName	可以获得通过FileUpload控件选择的文件的完整的文件名
FileUploadID.PostedFile.ContentLength	可以获得通过FileUpload控件选择的文件的文件大小
FileUploadID.PostedFile.SaveAs(URL)	通过这个方法，将选择的文件上传到服务器相关的URL中

【例 4-11】在用户注册界面中用户可以上传照片，只允许上传扩展名是“.gif”，“.jpg”，“.jpeg”的图片格式的文件，同时文件不能过大，应小于 100KB，同时将上传的图片显示在图像控件中，具体实现如下。

(1) 从工具箱中拖放一个 Image 控件和 FileUpload 控件到设计器中，其中 FileUpload 的 ID 为“upload”。

(2) 添加一个 Button 控件，Text 属性设置为“上传”。

(3) 添加一个 Label 控件，ID 属性设置为“loadmessage”，Text 属性设置为空。

(4) 双击 Button 按钮，添加事件处理程序。如下所示：

```
boolen fileOk = false;           //定义一个布尔型变量用来判断文件格式和大小是否符合要求
string file_name=upload.PostedFile.FileName;
int i=file_name.LastIndexOf(".");
string file_extname= file_name.Substring(i);            //取得文件扩展名
DateTime now=DateTime.Now;
String
newname=now.DayOfYear.Tostring()+upload.PostedFile.ContentLength.Tostring();
```

```
    if (upload.HasFile)
    {
        string[] allowedextension = { ".gif", ".jpg", ".jpeg" };
        //定义一个扩展名的数组
        for (int i = 0; i < allowedextension.Length; i++)
        {
if (file_extname == allowedextension[i] && (upload.PostedFile.ContentLength < 100000))
        { fileOk = true; }  //只有当文件格式正确和文件小于 100KB 的时候,fileOk 为真
        }
    }
    if (fileOk)
    {
        try
        {
upload.PostedFile.SaveAs(Server.MapPath("~\\upload\\" + newname + file_extname));
        //保存文件到所要的目录,这里保存到 upload 文件下
        loadmessage.Text = -上传成功";
Image1 .ImageUrl ="~\\upload\\" + newname + file_extname;
        }
        catch
        { loadmessage.Text = "上传失败"; }
    }
    else
    { loadmessage.Text = "文件格式不对或者文件太大"; }
}
```

在浏览器中运行,由于现在只能上传扩展名是".gif"," .jpg"," .jpeg"的图片格式的文件,因此如果上传的文件不符合这几种格式或者文件太大,则会显示"文件格式不对或者文件太大"。

(5) 运行程序,如图 4.23 所示。

单击【浏览】按钮,如图 4.24 所示。

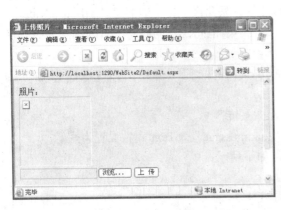

图 4.23　运行界面

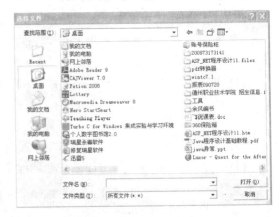

图 4.24　浏览界面

选中要上传的照片,单击【上传】按钮,运行结果如图 4.25 所示。

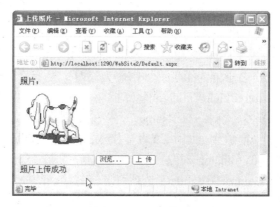

图 4.25　上传界面

4.3.12　必填验证控件 RequiredFieldValidator

同标准服务器控件相同，验证控件也位于 System.System.Web.UI.WebControls 命名空间中，验证控件包括必填验证控件、比较验证控件、范围验证控件、正则验证控件和用户自定义验证。

必填验证控件 RequiredFieldValidator 控件要求用户必须填写页面上某个输入控件，否则将显示错误信息。

1. 创建 RequiredFieldValidator 对象

有以下两种方式在页面上添加一个 RequiredFieldValidator 对象。

(1) 在页面的源视图中，通过添加代码实现。例如要添加 ID 为"RequiredFieldValidator1"的 RequiredFieldValidator 对象，并指定其验证的输入控件为 txt_UserName，可以通过添加下面的代码实现：

```
<asp:RequiredFieldValidator ID="RequiredFieldValidator1" runat="server"
        ControlToValidate="txt_UserName">用户名不能为空。
</asp:RequiredFieldValidator>
```

(2) 利用工具箱添加控件。

2. 常用属性

验证控件一般不使用其事件和方法，常使用的是其属性。RequiredFieldValidator 常用的属性见表 4-15。

表 4-15　RequiredFieldValidator 常用属性

属性	功能
ControlToValidate	获取或设置所需要验证的必填输入控件
Display	获取或设置验证控件中错误信息的显示行为
ErrorMessage	必须结合ValidationSummary 控件使用，验证失败时在后者中显示的错误信息的文本
Text	获取或设置验证失败时验证控件中显示的文本

解释：Display 属性值主要包括 Dynamic、None 和 Static。具体用法如下。Dynamic：验证失败时动态添加错误信息，页面上没有为验证内容分配的空间；None：验证失败时错误信息不显示在验证控件中，而是在一个固定的网页位置上总结所有的错误信息，Static：默认值，

在页面上为错误信息分配固定的空间来显示错误信息。此时，同一输入控件的多个验证程序必须在页面上占据不同的位置。

【例 4-12】为注册界面中的用户名和密码文本框添加 RequiredFieldValidator 验证控件。当用户名为空时，提示"用户名不能为空"；当密码为空时，提示"密码不能为空"。

(1) 在用户名添加 RequiredFieldValidator 验证控件时，其 Text 设置为"用户名不能为空"，ControlValidate 属性设置为"txt_UserName"，在工具箱的【验证】选项卡中，将 RequiredFieldValidator 拖放到页面中(或者直接双击)txt_UserName 文本框后面，便可在页面上添加一个 RequiredFieldValidator 对象。

(2) 在属性面板中的 ControlToValidate 选项可选择其验证的控件 txt_UserName 文本框，同时修改其 Text 属性为"用户名不能为空！"，如图 4.26 所示。

图 4.26　通过属性面板设置所监督的输入控件

(3) 同样为密码框添加必填验证。

(4) 运行。浏览效果如图 4.27 所示。

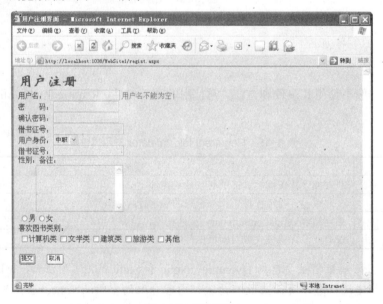

图 4.27　运行界面

4.3.13　比较验证控件 CompareValidator

比较验证控件 CompareValidator 将用户的输入与特定的目标进行比较，具体而言，比较目标包括：其他控件中的值、常数值和特定的数据类型。

下面将介绍如何创建一个 CompareValidator 对象。

1. 创建 CompareValidator 对象

有以下两种方式在页面上添加一个 CompareValidator 对象。

(1) 在页面的源视图中，通过添加代码实现。例如要添加 ID 为"CompareValidator1"的 CompareValidator 对象，并指定与其结合使用的输入控件为 TextBox1，可以通过添加下面的代码实现：

```
<asp:CompareValidator ID="CompareValidator1" runat="server" ControlToCompare=
"txt_Psw" ControlToValidate="txt_QrPsw" ErrorMessage="CompareValidator">两个密码不一致！
</asp:CompareValidator>
```

(2) 利用图形化操作。在工具箱的【验证】选项卡中，将 CompareValidator 拖放到页面中(或者直接双击)在页面上添加一个 CompareValidator 对象。

2. 常用属性

CompareValidator 的 ErrorMessage、Text，及 Display 属性与 RequiredFieldValidator 相同。其他常用属性见表 4-16。

表 4-16　CompareValidator 常用属性

属性	功能
ControlToValidate	获取或设置要与所验证的输入控件进行比较的输入控件
ControlToValidate	获取或设置要验证的输入控件，如果为空，则不调用任何验证函数，并且验证将成功
Operator	获取或设置要执行的比较操作，取值为 ValidationCompareOperator 枚举值
ValueToCompare	获取或设置一个常数值，该值与由用户输入的值进行比较
Type	获取或设置在比较之前将所比较的值转换到的数据类型

解释：Type 具体包括如下。

String: 字符串数据类型(默认)。

Integer32: 位有符号整数数据类型。

Double: 双精度浮点数数据类型。

Date: 日期数据类型。

Currency: 一种可以包含货币符号的十进制数据类型。

解释: Operator 主要包括如下，

DataTypeCheck: 只对数据类型进行的比较。

Equal: 相等比较(默认)。

GreaterThan: 大于比较。

GreaterThanEqual: 大于或等于比较。

LessThan: 小于比较。

LessThanEqual: 小于或等于比较。

NotEqual: 不等于比较。

【例 4-13】为用户注册界面的密码文本框和确认密码文本框添加比较验证，两次密码不一致时，显示"两次输入的密码不一致！"

(1) 在确认密码文本框后面，拖出比较验证控件。

(2) 设置 ControlToCompare 属性为 txt_QRpsw，ControlToCompare 属性值为 txt_psw。如图 4.28 所示。

图 4.28　通过属性面板设置所监督的输入控件

(3) 运行。浏览效果如图 4.29 所示。

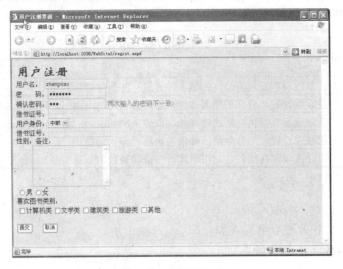

图 4.29　运行界面

4.3.14　范围验证控件 RangeValidator

范围验证控件 RangeValidator 控件验证用户的输入是否在指定范围内，例如保证"年龄"输入框中的值在一个合理的整数范围之内等。

1. 创建 RangeValidator 对象

有以下两种方式在页面上添加一个 RangeValidator 对象。

(1) 在页面的源视图中，通过添加代码实现。例如添加 ID 为"RangeValidator1"的 RangeValidator 对象，并指定与其结合使用的输入控件为 txt_age，可以通过添加下面的代码实现：

```
<asp:RangeValidator ID="RangeValidator1" runat="server"
        ControlToValidate="txt_age" ErrorMessage="RangeValidator" MaximumValue="150"
        MinimumValue="18" Type="Integer">年龄必须在 18~150 岁之间
</asp:RangeValidator>
```

(2) 利用图形化操作。在工具箱的【验证】选项卡中，将 RangeValidator 拖放到页面中(或者直接双击)可在页面上添加一个 RangeValidator 对象。

2. 常用属性

RangeValidator 控件的常用属性见表 4-17。

表 4-17　RangeValidator 常用属性

属性	功能
MinimumVlaue	验证范围的最小值
MaximumValue	验证范围的最大值

其余属性均与 CompareValidate 控件相同。

注意：在将用户的输入与 MaximumValue 或 MinimumValue 比较前，RangeValidator 首先将用户输入转化为其 Type 属性指定的数据类型。如果转化失败，则 RangeValidator 控件将引发异常。另外，使用 RangeValidator 时，如果与其结合使用的输入控件为空，则验证将成功。

【例 4-14】在用户注册界面上，为年龄文本框添加 RangeValidator 验证。

(1) 在年龄文本框后面添加 RangeValidator 控件，属性设置见表 4-18。

表 4-18　RangeValidator 控件属性

属性	取值
Text	年龄必须在16-60之间
ControlToValidate	Txt_Age
MaximumValue	60
MinimumValue	16
Type	Integer

(2) 运行。浏览效果如图 4.30 所示。

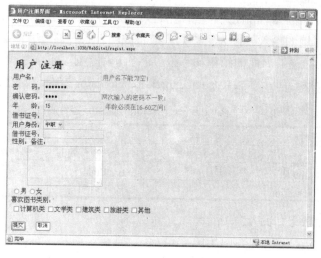

图 4.30　运行界面

4.3.15 正则表达式验证控件 RegularExpressionValidator

正则表达式验证控件 RegularExpressionValidator 用于验证用户的输入是否满足某个"规则"，这个规则使用正则表达式来定义。例如，定义电子邮件(如：zhangsan@mailserver.com)的构成规则具体如下。

(1) 第 1 部分是包含字母、数字的任意字符串。

(2) 第 2 部分紧跟"@"。

(3) 第 3 部分又是包含字母、数字的任意字符串。

(4) 第 4 部分是符号"."。

(5) 最后是几个特定的字符串，如"com"、"net"以及"com.cn"等。

如果满足这个规则，利用 RangeValidator 就可以验证用户的输入是否合法。

1. 创建 RegularExpressionValidator 对象

有以下两种方式在页面上添加一个 RegularExpressionValidator 对象。

(1) 在页面的源视图中，通过添加代码实现。如添加 ID 为"RegularExpressionValidator1"的 RegularExpressionValidator 对象，并指定与其结合使用的输入控件为 txt_email，可以通过添加下面的代码实现：

```
<asp:RegularExpressionValidator ID="RegularExpressionValidator1" runat="server"
        ControlToValidate="txt_email" ErrorMessage="RegularExpressionValidator"
        ValidationExpression="\w+([-+.']\w+)*@\w+([-.]\w+)*\.\w+([-.]\w+)*">
请输入有效的电子邮件地址！
</asp:RegularExpressionValidator>
```

(2) 利用图形化操作。在工具箱的【验证】选项卡中，拖放或者直接双击 ✎ RegularExpressionValid... 到页面中，便可在页面上添加一个 RegularExpressionValidator 对象。

2. 常用属性

ValidationExpression：用于验证的正则表达式。

其余属性均与 CompareValidate 相同，不再赘述。另外，使用 RegularExpressionValidator 时，如果与其结合使用的输入控件为空，则验证将成功。

【例 4-15】为用户注册界面的邮箱文本框，添加正则验证。

(1) 在邮箱文本框后面，添加 RegularExpressionValidator 控件。属性设置见表 4-19。

表 4-19　RegularExpressionValidator 控件属性

属性	取值
Text	请输入有效的电子邮件地址！
ControlToValidate	txt_Email
ValidationExpression	\w+([-+.']\w+*@\w+([-.])

(2) 运行。浏览效果如图 4.31 所示。

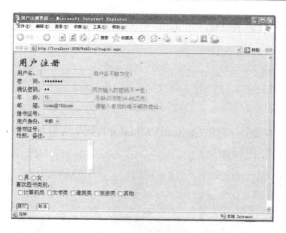

图 4.31 运行界面

4.3.16 自定义验证控件 CustomValidator

1. 创建 CustomValidator 对象

有以下两种方式在页面上添加一个 CustomValidator 对象。

(1) 在页面的源视图中，通过添加代码实现。例如要添加 ID 为 "CustomValidator1" 的 CustomValidator 对象，并指定与其结合使用的输入控件为 TextBox1，可以通过添加下面的代码实现：

```
<asp:CustomValidator id=" CustomValidator 1" runat="server" Text="警告：输入发生错误！" ControlToValidate="TextBox1" >
</asp:CustomValidator >
```

(2) 在工具箱的【验证】选项卡中，鼠标拖放或者直接双击 ⅆ CustomValidator 到页面中，便可在页面上添加一个 CustomValidator 对象。

2. 常用属性和事件

各个属性均同前面几个验证控件功能相同。

ServerValidate 事件：当用户向服务器提交信息时，就会触发这个事件，以实现特定的验证方法。它具有 2 个参数 source 和 args，其中 args 为 ControlToValidate 属性所指定的待验证控件。

注意：使用 CustomValidator 时，如果与其结合使用的输入控件为空，则验证将成功。

【例 4-16】验证文本框内容长度。本例题实现的效果如图 4.32 所示，当用户在文本框中输入的数据长度不是 18 位时，页面会出现错误提示信息。

图 4.32 用自定义验证控件验证文本框内容长度

(1) 新建 ASP.NET 网站，在 Default.aspx 页面上添加 1 个文本框以及 1 个自定义验证控件，HTML 代码如下：

```
<asp:CustomValidator id="CustomValidator1" runat="server"  Text="警告：证件号码长
度错误！"  ControlToValidate="TextBox1">
</asp:CustomValidator>
```

(2) 在设计视图中双击验证控件 CustomValidator1，为其自动生成验证事件方法，然后在方法体中添加自定义的验证代码如下：

```
// CustomValidator1 的验证事件：验证文本框 TextBox1 内的输入长度
private void CustomValidator1_ServerValidate
 (object source, System.Web.UI.WebControls.ServerValidateEventArgs args)
{
try
{
if(args.Value.Length==18)          //判断用户的输入是否为 18 位
args.IsValid=true;                 //如果为 18 位，则自定义验证控件验证成功
else //否则
args.IsValid=false;                //验证失败
}
catch
{
args.IsValid=false;                //发生异常时，验证失败
}
}
```

CustomValidator1 的 ControlToValidate 属性指定为 TextBox1，因此验证事件中参数 args 中的值即为 TextBox1 中的内容。代码在第 7 行判断其中的值是否为 18 位，如果是，则利用 arg.IsValid 指示验证成功。

(3) 运行。浏览效果如图 4.32 所示。

4.3.17 验证摘要控件 ValidationSummary

在前面知识中，每一个验证控件所给出的错误信息都出现在验证控件的位置。除此之外，还有另外一种方式显示这些信息，即错误信息出现在页面的另一个位置，或者出现在一个弹出的对话框中。这可以通过验证摘要控件 ValidationSummary，结合前面介绍的验证控件的 ErrorMessage 属性来实现。

1. 创建 ValidationSummary 对象

有以下两种方式在页面上添加一个 RegularExpressionValidator 对象。

(1) 在页面的源视图中，通过添加代码实现。如添加 ID 为"ValidationSummary1"的 ValidationSummary 对象，可以通过添加下面的代码实现：

```
<asp:ValidationSummary ID="ValidationSummary1" runat="server" />
```

(2) 在工具箱的【验证】选项卡中，拖放或者直接双击 ![图标] ValidationSummary 到页面中，便可在页面上添加一个 ValidationSummary 对象。

2. 常用属性

ValidationSummary 控件的常用属性见表 4-20。

表 4-20　ValidationSummary 控件属性

属性	取值
DisplayMode	设置错误信息的格式
ShowMessageBox	获取或设置一个值，该值指示是否在消息框中显示验证摘要。如果在消息框中显示验证摘要，则为true，否则为false，默认为false。另外，如果EnableClientScript 设置为false，则该属性无效
ShowSummary	获取或设置一个值，该值指示是否内联显示验证摘要，即在验证控件所在的位置显示。如果内联显示验证摘要，则为true，否则为false，默认为true

解释： DisplayMode 取值为 ValidationSummaryDisplayMode 枚举值，包括如下几项。

BulletList: 显示在项目符号列表中的验证摘要。

List: 显示在列表中的验证摘要。

SingleParagraph: 显示在单个段落内的验证摘要。

【例 4-17】在上面所做的 4 种基本验证的基础上添加一个 ValidationSummary 控件。

(1) 为每个验证控件的 ErrorMessage 属性添加内容。

(2) 添加一个 ValidationSummary 控件，将尚未通过项目提示信息集中显示，它是在单击【注册】按钮后完成的。

(3) 运行结果如图 4.33 所示。

图 4.33　运行界面

4.4　知　识　扩　展

4.4.1　用户控件

除了以上介绍的控件之外，还可以创建自定义的能够在 Web 应用程序中使用的控件。这些控件被称为用户控件，用户控件可以作为服务器控件被 ASP.NET Web 窗体导入，这也就提供了一种在应用程序中使用用户界面组件和代码的简易方法。

用户控件是以.ascx 为文件扩展名的 ASP.NET 页，但并不是独立的 ASP.NET 页，它必须在其他 Web 页中才能运行。

1. 创建用户控件

创建控件的方法非常简单，只需选择相应的命令即可，具体操作步骤如下。

(1) 在 VS.NET 解决方案资源管理器中，在某 Web 应用程序项目上右击，在弹出的快捷菜单中选择【添加新项】|【Web 用户控件】命令。

(2) 为控件命名，然后单击【添加】按钮，即可创建新的控件。

这样就创建了扩展名是.ascx 的页，接下来就像创建 ASP.NET Web 窗体一样，从工具箱中或写 HTML 标记添加 UI 元素，并为 UI 元素和页面事件添加处理过程。

2. 使用用户控件

在 Web 页中使用@Register 指令，可以将用户控件包含在 ASP.NET Web 窗体中，代码如下：

```
<%@ Register TagPrefix="demo" TagName="validName" Src="numberbox.scx">
```

TagPrefix 属性是用户控件确定唯一的命名控件，TagName 属性是用户控件的唯一名称，Src 属性是用户控件文件的虚拟路径。用@Register 指令注册用户控件后，可以像放置普通 Web 服务器控件那样，在 Web 窗体中放置用户控件标记，并可以使用 runat="erver"属性，如下面的语句所示：

```
<demo:validNum id="num1" ruant="server">
```

3. Web 窗体页面转换为用户控件

步骤如下。

(1) 创建一个 Web 窗体页面。

(2) 将 Web 窗体所使用的 ASP.NET 程序代码基类从 Page 更改为 UserControl。

(3) 将.aspx 文件中的<HTML>、<HEAD>、<BODY>和<FORM>标记删除。

(4) 将 ASP.NET 指令类型从@Page 更改为@Control。

(5) 更改 Codebehind 属性来引用控件的 ASP.NET 代码文件 ascx.cs。

(6) 将.aspx 文件扩展名改为.ascx。

【例 4-18】创建一个新的用户控件。

(1) 在 VS.NET 解决方案资源管理器中，在某 Web 应用程序项目上右击，在弹出的快捷菜单中选择【添加新项】|【Web 用户控件】命令。

(2) 创建如图 4.34 所示界面。

(3) 为控件命名。单击【添加】按钮，即可创建新的控件。

(4) 添加控件，如图 4.35 所示。

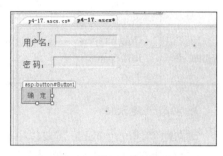

图 4.34　添加 Web 用户控件　　　　　　　图 4.35　设计界面

4.4.2　表格控件 Table

同 HTML 元素中的 Table 类似，Table Web 服务器控件的主要功能是控制页面上元素的布局。作为 Web 服务器控件，Table 可以根据不同的用户响应，动态生成表格的结构。

1. 创建表格对象

有以下两种方式在页面上添加一个 Table 对象。

(1) 在页面源视图中，通过添加代码实现，例如，想要添加一个 ID 为"Table1"的 Table 服务器控件对象，其结构为 2×2，可以通过下面的代码实现：

```
<asp:Table ID="Table1" runat="server">
        <asp:TableRow runat="server">
            <asp:TableCell runat="server"></asp:TableCell>
            <asp:TableCell runat="server"></asp:TableCell>
        </asp:TableRow>
        <asp:TableRow runat="server">
            <asp:TableCell runat="server"></asp:TableCell>
            <asp:TableCell runat="server"></asp:TableCell>
        </asp:TableRow>
</asp:Table>
```

(2) 在页面设计视图中，从工具箱【标准】选项卡中通过鼠标拖放或双击操作添加  对象。一个 Table 对象包含多个行(TableRow)，而每一行又包含多个单元格(TableCell)。

2. 属性和事件

Table 对象、TableRow 对象和 TableCell 对象三者的部分属性见表 4-21。

表 4-21　Table 及内部对象部分属性描述

对象	成员	功能
Table	CellPadding	Table中单元格内容和单元格边框之间的间隔(单位：像素)
	CellSpacing	Table控件中相邻单元格之间的间隔(以像素为单位)
	Rows	Table控件中行的集合

续表

对象	成员	功能
TableRow	HorizontalAligh	获取或设置行内容的水平对齐方式
	VerticalAligh	获取或设置行内容的垂直对齐方式
	Cells	获取TableCell对象的集合,这些对象表示Table控件中的行的单元格
TableCell	ColumnSpan	获取或设置该单元格在Table跨越的列数
	RowSpan	获取或设置Table控件中单元格跨越的行数
	Text	获取或设置单元格的文本内容

3. 动态创建表格

动态地创建一个 Table 需要以下 3 个步骤。

(1) 创建 TableRow 对象以表示表中的行。

```
TableRow r = new TableRow();
```

(2) 然后,创建 TableCell 对象,表示行中的单元格,并将单元格添加到行中。

```
TableCell c = new TableCell();
r.Cells.Add(c);
```

(3) 最后,将 TableRow 添加到 Table 控件的 Rows 集合中。

```
Table1.Rows.Add(r);
```

4.4.3 面板 Panel

Panel 控件是其他控件的容器。作为容器,它可以统一控制其内部的一组控件,比如隐藏/显示等。另外,在使用代码自动生成控件时,也常常在 Panel 中实现。

1. 创建面板对象

有以下两种方式在页面上添加一个 Panel 对象。

(1) 在页面设计视图中,从工具箱【标准】选项卡中通过鼠标拖放或双击操作,添加
Panel 对象。

(2) 在页面源视图中,通过添加代码实现,例如,在项目中想要添加一个 ID 为 "Panel1" 的 Panel 服务器控件对象,并且其内部包含一个 Table 对象,可以通过下面的代码实现:

```
<asp:Panel ID="Panel1" runat="server" Height="137px">
        <asp:Table ID="Table1" runat="server" BorderStyle="Solid">
        </asp:Table>
</asp:Panel>
```

2. 属性和事件

Panel 的属性和事件见表 4-22。

表 4-22　Panel 的属性和事件

成员	功能
DefaultButton	获取或设置Panel控件中包含的默认按钮的标识符
Direction	获取或设置在Panel控件中显示包含文本的控件的方向

续表

成员	功能
ScrollBars	获取或设置Panel控件中滚动条的可见性和位置
HorizontalAlign	获取或设置面板中的控件的水平对齐方式
Visible	获取或设置一个值，该值指示面板，及其内部的所有控件是否呈现在页面上

【例 4-19】利用编程方式动态构造表格，生成九九乘法表，并具有显示和隐藏功能。

分析：可以使用 Panel 控件和 Tabel 控件实现。

操作步骤如下。

(1) 启动 VS.NET，新建一个 ASP.NET Web 应用程序。

(2) 在窗体中添加标题为"九九乘法表"。

(3) 在窗体中添加一个按钮，Text 属性为"显示九九乘法表"。

(4) 添加一个 Panel 控件。

(5) 在 Panel 控件中添加一个 Table 控件。

在编程环境中编写动态生成 Table 的方法：

```
private void CreatTable()
    {
        Table1.BorderWidth = 1;
        Table1.BorderColor = System.Drawing.Color.Black;

        //循环 Table1 生成 9 行
        for (int i = 1; i <= 9; i++)
        {
            TableRow r = new TableRow();           //得到一个 TableRow 对象 r
            //循环生成 r 中的 i 个单元格
            for (int j = 1; j <= i; j++)
            {
                TableCell c = new TableCell();      //得到一个 TableCell 对象 c
                c.Text = j + "*" + i + "=" + i * j;
                r.Cells.Add(c);                     //将 c 添加到行 r 中
            }
            Table1.Rows.Add(r);                     //将行 r 添加到 Table1 中
        }
    }
```

(6) 双击按钮控件，进行编程环境，编写以下代码：

```
protected void Button1_Click(object sender, EventArgs e)
    {
        if (Button1.Text == "隐藏九九乘法表")
        {
            Panel1.Visible = false;                 ////隐藏 Panel 控件
            Button1.Text = "显示九九乘法表";
        }
        else
        {
            Panel1.Visible = true;                  ///显示 Panel 控件
            Button1.Text = "隐藏九九乘法表";
            CreatTable();                           //调用 CreateTable()方法
        }
    }
```

(7) 按 Ctrl＋F5 组合键。运行结果如图 4.36 所示。

单击【显示九九乘法表】按钮后，运行结果如图 4.37 所示。

单击【隐藏九九乘法表】按钮后，运行结果如图 4.36 所示。

图 4.36　运行界面一

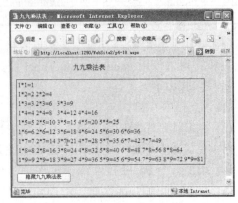

图 4.37　运行界面二

4.4.4　日历控件 Calendar

在实际的网页使用中，时常会需要网页有日历功能，让用户可以很直观地查看当前日期以及日历选择日期。在 ASP.NET 可以通过 Calendar 控件很方便地在网页中建立日历。用户可使用该日历查看和选择日期。具体地，可以选择某月、某周，或者某日，并可以对用户的选择作出响应，以完成例如事件提醒、日程安排等功能。

1. 创建 Calendar 对象

有以下两种方式在页面上添加一个 Calendar 对象。

(1) 在页面的 HTML 视图中，通过添加代码实现。例如，想要添加一个 ID 为"Calendar1"的控件，可以通过添加下面的代码实现：

```
<asp:Calendar id="Calendar1" runat="server"></asp:Calendar>
```

(2) 在页面设计视图中，从工具箱【标准】选项卡中通过鼠标拖放或双击操作添加 Calendar 控件。Calendar 控件具有完整的显示以及完善的功能，其样式如图 4.38 所示。

图 4.38　日历样式

2. 属性和事件

Calendar 对象的常用属性和事件见表 4-23。

表 4-23　Calendar 对象的常用属性和事件

成员	功能
DayHeaderStyle	显示一周中某天的的样式
DayNameFormat	一周中各天的名称格式
DayStyle	显示的月份中日期的样式属性
FirstDayOfWeek	要在Calendar控件的第一天列中显示的一周中的某天
NextMonthText	为下一月导航链接显示的文本
NextPrevFormat	Calendar控件的标题部分中，下个月和上个月导航链接的格式
NextPrevStyle	下个月和上个月导航链接的样式属性
PrevMonthText	前一月导航链接显示的文本
SelectedDate	选定的日期
SelectedDates	System.DateTime对象的集合，这些对象表示Calendar控件上的选定日期
SelectionMode	日期选择模式，指定用户可以选择单日、一周还是整月
SelectMonthText	为选择器列中月份选择元素显示的文本
SelectWeekText	为选择器列中周选择元素显示的文本
ShowDayHeader	指示是否显示一周中各天的标头
ShowNextPrevMonth	指示Calendar控件是否在标题部分显示下个月和上个月导航链接
TodaysDate	今天的日期的值
SelectionChanged	当用户通过单击日期选择器控件选择一天、一周或整月时发生
VisibleMonthChanged	当用户单击标题、标头的下个月或上个月导航控件时发生

3. 修改 Calendar 控件的样式

在 ASP.NET 中，和大多数控件一样，Calendar 控件的外观样式也是可以被定制的。

在【设计】视图中选中 Calendar1，在 Calendar1 的属性窗口中找到【样式】部分，展开【样式】部分。在该部分中所列举的属性都是和 Calendar 控件的外观样式有关的，可以通过设置这部分属性来定制 Caldendar 控件的样式，如图 4.39 所示。

除了通过设置 Calendar 控件的外观样式有关的属性来定制样式外，ASP.NET 提供了一种更简便的方法来定制控件的外观——自动套用格式。

在【设计】视图中，单击 Calendar1 右上方的小方块，会弹出如图所示的【Calendar 任务】智能标签。在该智能标签中有一个【自动套用格式】命令，可以通过该链接套用格式，如图 4.40 所示。

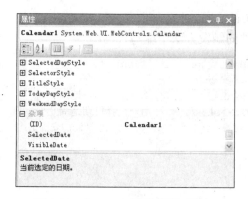

图 4.39　Calendar 控件属性对话框

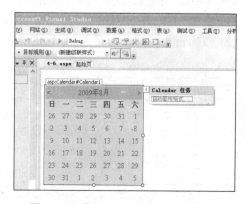

图 4.40　【Calendar 任务】智能标签

选择【自动套用格式】命令，弹出【自动套用格式】对话框，在对话框的左边列表框列出系统提供的几种格式类型，在右边列表框可以对选择的格式进行预览，如图 4.41 所示。

图 4.41 【自动套用格式】对话框

在本例中，选择的格式是【彩色型 1】，右边显示出相应的样式。

如果想要移除已经设置好的格式，可通过单击【自动套用格式】对话框左边列表框中的【移除格式设置】选项，移除已经设置好的格式。

选择好格式后，单击【确定】按钮，将选择好的格式应用到 Calendar 控件上。

在浏览器中查看该网页，如图 4.42 所示，日历的格式已经成为刚才设置的【彩色型 1】，与默认样式相比，样式变得漂亮了。

图 4.42 简明型格式运行界面

【例 4-20】实现具有事件提示作用的日历。

(1) 新建 ASP.NET 网站，在页面上添加 1 个 Calendar 对象。

(2) 双击日历控件，在其 SelectionChanged 事件的触发方法中编写代码：

```csharp
protected void Calendar1_SelectionChanged(object sender, EventArgs e)
    {
        System.DateTime today = Calendar1.SelectedDate; //用户选择的日期
        System.DayOfWeek weekday = today.DayOfWeek;    ' //用户选择日期是周几
Page.Response.Write("今天是" + today.ToLongDateString() + "，今天您课外活动的安排是：");
        //使用 case 语句判定今天的安排
        switch (weekday)
        {
            case System.DayOfWeek.Monday:
                Page.Response.Write("<b><br>主题班会</b>");
                break;
```

```
        case System.DayOfWeek.Tuesday:
            Page.Response.Write("<b><br>选修课</b>");
            break;
        case System.DayOfWeek.Wednesday:
            Page.Response.Write("<b><br>大扫除</b>");
            break;
        case System.DayOfWeek.Thursday:
            Page.Response.Write("<b><br>黑板报</b>");
            break;
        case System.DayOfWeek.Friday:
            Page.Response.Write("<b><br>健身操</b>");
            break;
        case System.DayOfWeek.Saturday:
            Page.Response.Write("<b><br>青年志愿者活动</b>");
            break;
        case System.DayOfWeek.Sunday:
            Page.Response.Write("<b><br>休息</b>");
            break;
    }
}
```

(3) 按 Ctrl+F5 组合键，运行结果如图 4.43 所示。

图 4.43　日历

练　　习

一、填空题

1. 通常在编程中利用按钮控件的_____事件完成对用户选择的确认、对用户表单的提交、对用户输入数据的修改等。

2. TextBox 控件的形态是由_____属性来决定的，若没有设置该属性，默认为单行。

3. 对于 Button 控件，当用户单击按钮以后，即发生_____事件。

4. _____属性用于设置当按 Enter 键或是 Tab 键离开控件时，是否自动触发控件内容改变事件。

二、选择题

1. 要使 RadioButton 控件被选中，需要将其( )属性设置为 true。

    A. Enabled   B. Visible   C. Checked   D. AutoPostBack

2. RangeValidator 控件用于验证数据的( )。

    A. 范围   B. 格式   C. 类型   D. 正则表达式

3. 要验证文本框中输入的数据是否为合法的邮编，需使用( )验证控件。

    A. RangeValidator   B. CompareValidator

    C. RequiredFieldValidator   D. RegularExpressionValidator

4. RequiredFiedlValidator 控件的 ControlToValidate 的属性用来( )。

    A. 设置所要验证的控件   B. 设置是否需要验证

    C. 设置验证方式   D. 设置验证的数据类型

5. DropDownList 控件 Items 集合的 Count 属性值是( )。

    A. 选择项的序号   B. 项的总数目   C. 选择项的数目   D. 选择项的值

6. 如果需要确保用户输入大于 30 的值，应该使用( )验证控件。

    A. RequiredFieldValidator   B. CompareValidator

    C. RangeValidator   D. RegularExpressionValidator

7. 如果要输入如(86)-10-12345678 形式的电话号码，应该使用正则表达式( )。

    A. \([0-9]){2}\)-[0-9]{2}-[0-9]{8}   B. \([0-9]){2}\)-[0-9] {10}

    C. [0-9]){2}-[0-9]{2}-[0-9]{8}   D. \([0-9]){2}\)[0-9]{2}[0-9]{8}

8. 下列哪种表单字段适合作为单一的选择题使用？( )

    A. 单行文本框   B. 复选框   C. 单选按钮   D. 下拉式菜单

9. 下列哪种表单字段适合用来输入自我介绍？( )

    A. 复选框   B. 多行文本框   C. 单行文本框   D. 下拉式菜单

10. 下列语句哪个是正确的？( )

    A. 密码字段是在表单上面看不见，但值仍会返回 Web 服务器的表单字段

    B. 若要设置文件下载，可以使用超级链接标记 <A>...</A>

    C. 若要设置文件上传，只要在浏览器端插入文件上传字段即可

    D. 若要将指定的表单字段框起来，可以使用 <LEGEND>...</LEGEND> 标记

三、上机练习题

1. 设计一个 Web Form 页面，在此页面的左侧实现用户登录功能，右侧实现用户修改密码功能。

2. 设计一个文件上传页面，通过 3 个单选按钮控制上传文件的类型。

3. 设计图书管理系统的其他页面。

第5章   ASP.NET 内置对象

教学目标

(1) 熟悉 ASP.NET 内置对象。

(2) 掌握 Request 对象的主要功能及基本用法。

(3) 掌握 Response 对象的主要功能及基本用法。

(4) 掌握 Request 对象的 Browser 属性。

(5) 掌握 Application 对象的主要功能及基本方法。

(6) 掌握 Session 对象的主要功能及基本方法。

教学要求

知识要点	能力要求	关联知识
Application 对象	(1) 掌握 Application 对象的功能 (2) 掌握 Application 对象的常用集合和方法	Application 对象的 Contents 集合、Lock 方法和 UnLock 方法
Session 对象	(1) 掌握 Session 对象的功能 (2) 掌握 Session 对象的常用集合、属性和方法	Session 对象的 Contents 集合、SessionID 属性、TimeOut 属性
Server 对象	(1) 掌握 Server 对象的功能 (2) 掌握 Server 对象的常用方法	Server 对象的编码、解码的方法和 MapPath 方法
Response 对象	(1) 掌握 Response 对象的功能 (2) 掌握 Response 对象的常用集合、属性和方法	Response 对象的 Write 方法、Redirect 方法和 Buffer 属性
Request 对象	(1) 掌握 Request 对象的功能 (2) 掌握 Request 对象的常用集合、属性和方法	Request 对象的常用属性及 Form 集合、QuetryString 集合

重点难点

➢ Application 对象的 Contents 集合、Lock 方法和 UnLock 方法。

➢ Session 对象的 Contents 集合、SessionID 属性。

➢ Server 对象的 MapPath 方法。

➢ Response 对象的 Write 方法、Redirect 方法和 Buffer 属性。

➢ Request 对象的常用属性及 Form 集合、QuetryString 集合。

5.1 任务描述

本章介绍图书馆在线管理系统中"聊天室"模块的实现。

图书馆在线管理系统的首页上，选择【聊天室】菜单项，可以进入图书馆聊天室模块的主界面。该模块方便图书馆的用户交流信息。

图书馆管理系统的主界面如图 5.1 所示，其功能说明如下。

图 5.1　"聊天室"主界面

(1) 在主界面上输入用户名和密码后，单击【登陆】按钮，进行身份验证。若通过验证，则显示欢迎信息和当前的在线人数，如图 5.2 所示。

(2) 在图 5.2 所示的界面中，单击【显示客户端信息】按钮，可以打开新网页显示客户端的基本信息，如图 5.3 所示。

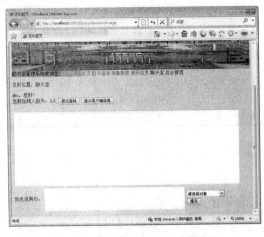

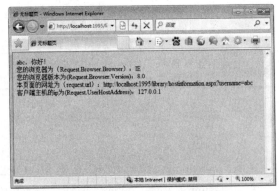

图 5.2　通过身份验证后的界面　　　　图 5.3　显示客户端信息页面

(3) 在图 5.2 所示的页面中，单击【退出登录】按钮，可以将页面重定位到图书馆首页，同时修改在线人数等信息。

（4）用户登录后，在下方的文本框中输入要聊天内容，在下拉列表中选择聊天对象，单击【提交】按钮，能够将聊天内容显示到主文本框中。

5.2 实 践 操 作

（1）打开图书馆项目 library，在【解决方案资源管理器】中添加新网页"liaotianshi.aspx"。

（2）按照图 5.1 所示的网页内容对"liaotianshi.apsx"网页进行布局。所需控件见表 5-1。

表 5-1 "聊天室"页面中控件属性及设置

控件类型	控件名称	属性设置	用途
Textbox	Textbox1	均为默认值	输入用户名
	Textbox2	TextMode：password	输入密码
	Textbox3	均为默认值	显示全部聊天内容
	Textbox4	均为默认值	输入新聊天内容
Button	Button1	Text：登录	登录按钮
	Button2	Text：注册	注册按钮
	Button3	Text：提交	提交新聊天内容
	Button4	Text：退出登录	退出登录
	Button5	Text：显示客户端信息	显示客户端信息
Panel	Panel1	均为默认值	放置登录部分所需的控件
	Panel2	均为默认值	放置登录成功后的显示控件
Label	Label1	均为默认值	显示欢迎信息
Dropdownlist	Dropdownlist1	均为默认值	显示在线用户

（3）添加新网页"hostinformation.aspx"，用于显示客户端的浏览器版本等基本信息。

（4）为新增加的两个网页编写程序代码。

（5）为网站添加"全局应用程序类"文件 Global.aspx，并编写相应的代码。

实现聊天室模块除以往的知识外，关键是需要运用 ASP.NET 的内置对象。ASP.NET 提供了很多的内置对象，这些内置对象可以帮助开发人员进行网页间信息的传递与维护。每个内置对象都封装了一定的功能。作为用户来说，不需要理会各个功能是如何实现的，只要会使用内置对象的属性、方法和事件，既可以实现对应的功能。

ASP.NET 中常用的内置对象有 Request、Response、Server、Application、Session 以及 Cookie 等，本章将详细介绍这些内置对象的功能及使用。

5.3 问 题 探 究

5.3.1 发送对象 Response

Response 对象用于向客户端输出信息，除此以外，它还有一些特殊的功能，如网页重定向等。

1. Response 对象的方法

Response 对象的常用方法见表 5-2。

表 5-2　Response 对象的常用方法

方法	说明
Write	向客户端输出信息
Redirect	页面重定向
Clear	清空缓冲区
End	终止 ASP.NET 程序，并返回当时的状况，如 Response.End( )

1) 使用 Write 方法输出信息

Response 对象的 Write 方法用于向客户端浏览器输出信息，语法如下：

```
Response. Write("字符串"|变量)
```

例如：

Response. Write("你好！ ");

Response. Write(username+", 你好！ ")//username 为一个变量，表示用户名

注意：Response.Write 在输出信息时，默认情况下按照由上至下的顺序从网页第一行开始显示信息，因此信息的显示位置不容易控制。

Response.Write 还可以直接在 HTML 代码中输出信息，例如：

```
<body>
    <center>Write 方法显示实例</center>
    <% Response.Write（"你好！ "）
        Response.Write（"<p>欢迎使用本教材！ "）%>
</body>
```

注意：直接在 HTML 中输出信息时，需要将语句用<%和%>括起来。

【例 5-1】Write 方法应用实例：在屏幕上显示用户的访问时间，效果如图 5.4 所示。

图 5.4　例 5-1 运行效果

题目分析：新建页面，在网页的 Page_Load 事件中编写代码如下所示：

```
protected void Page_Load(object sender, EventArgs e)
{
    string format = "hh:mm:ss";
    string strDate = DateTime.Now.ToString(format);
    Response.Write("您好,您的访问时间是");
    Response.Write (strDate);
}
```

2) Redirect 方法的使用

Response 对象的 Redirect 方法主要用于从一个页面跳转到另一个页面,可以是站点内的页面也可以是站点外的页面。语法如下:

```
Response.Redirect ("页面 UR1 地址")
```

【例 5-2】Redirect 方法实例。

制作一个登录页面如图 5.5(a)所示,当用户单击【注册】按钮后,可以跳转到注册页面,如图 5.5(b)所示。

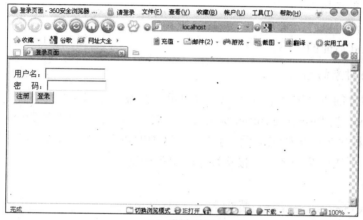

(a) 登录页面

(b) 注册页面

图 5.5　例 5-2 运行效果

题目分析:根据图 5.5 所示的运行效果图分别建立“登录页面”和“注册页面”,登录页面所用的控件设置见表 5-3。

表 5-3　登录页面的控件设置

控件类型	控件名称	控件属性	用途
Textbox	Textbox1	均为默认值	接收用户输入的用户名
	Textbox2	TextMode: password	接收用户输入的密码
Button	btRegister	均为默认值	注册按钮
	Btlogin	均为默认值	登录按钮

代码实现：

为【注册】按钮编写 Button_Click 事件处理代码，如下所示。

```
protected void btnRegister_Click(object sender, EventArgs e)
{
    Response.Redirect("responseRedirect2.aspx");
}
```

解释：Redirect 方法也可以链接到外部页面，如将上例中的代码改为 Response.Redirect ("http://www.baidu.com");则运行网站，当用户单击"注册"按钮时，打开的为百度主页。

3) End 方法的使用

使用 End 方法可以终止 ASP.NET 程序。当程序碰到 Response.End( )语句后，立即终止执行，不再执行 End 后面的代码。

2. Response 对象的属性

Response 对象的 Buffer 属性用于设置输出页面在服务器端的缓冲方式，其取值为 true 或 false，默认为 true。当 Response.Buffer 为 true 时，表示输出到客户端的数据暂时存放到缓冲区中，等所有事件程序全部解释完毕后，才将缓冲区中的数据输出到客户端的浏览器上；若其值为 false，则表示不通过缓冲区，直接将数据输出到浏览器上。

语法格式为：

```
Response.Buffer = true|false;
```

【例 5-3】 服务器向客户端输出 1～10 000，分别将 Buffer 属性设置为 True 或 False，通过两次输出所用的时间差别来体会缓冲区的作用，效果如图 5.6 所示。

图 5.6 例 5-3 的运行效果

题目分析：输出 1～10 000 可以通过循环语句来实现。新建网页，在其 Page_Load 事件中编写相应的代码。

代码实现：

```
protected void Page_Load(object sender, EventArgs e)
{
    Response.Buffer = false;
    int startTime = DateTime.Now.Millisecond;
    for (int i = 1; i <= 1000; i++)
    {
        Response.Write(i);
```

```
        if(i % 20 == 0)
        {
                Response.Write("<br>");
        }
    }
    int endTime = DateTime.Now.Millisecond;
    int interval = endTime - startTime;
    Response.Write("所用时间为" +interval + "毫秒！");
}
```

再将 Buffer 属性的值设置为 true，重新运行程序，从而比较两次的运行时间。

5.3.2　Request 对象

Request 对象多用于获取客户端向服务器端发出的 HTTP 请求中的客户端的信息。

1. Request 对象的属性

用户在向服务器发送页面请求时，除了将请求页面的 URL 地址发送给服务器外，也将客户端浏览器的信息及客户端的一些信息发送给服务器，使用 Request 对象的相关属性就可以获得这些信息。另外，Request 对象也可获得服务器端的相关信息(比如服务器的当前路径)。

Request 对象的常用属性见表 5-4。

表 5-4　Request 对象的常用属性

属性	说明
QueryString	从查询字符串中获取用户提交的数据
Form	获取窗体变量中输入的数据
Browser	获取客户端浏览器的相关信息
url	获取当前请求的 url 的相关信息
Cookie	获取客户端的 Cookie 数据
UserHostAddress	获取远程客户端的 IP 地址

1) QueryString 属性的使用

QueryString 可以获取在 url 中标识的变量的值，故常用于在不同的页面间传递信息。例如，当用户发送如下的请求时 ，QueryString 将会获得 username 的取值。

http://....../host.aspx?username="abc"

其中，"？"前面的部分为要访问的网页的 url，"？"后面为相应的 QueryString 变量。username 表示变量的名字，"abc"为其数值。用户可以通过如下格式获得该数值：

Request.QueryString["username"];

注意：　"？"后面可以有多个变量，各个变量之间使用 "&"连接。

【例 5-4】输入用户名和密码，单击【提交】按钮后，能够打开新的网页，并在新网页上显示用户名和密码信息。效果图如图 5.7 所示。

题目分析：新建一个网站，网站中设置两个网页，Default1.aspx 用于显示登录页面，如图 5.7(a)所示，Default2.aspx 用于显示登录成功后的密码和用户名信息，如图 5.7(b)所示。Default1.aspx 的页面设置见表 5-5。

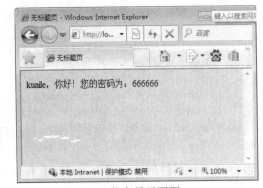

(a) 登录页面 (b) 信息显示页面

图 5.7 QueryString 应用实例效果图

表 5-5 Default1.aspx 中的控件设置

控件类型	控件名称	控件属性	用途
Textbox	Textbox1	均为默认值	接收用户输入的用户名
	Textbox2	TextMode：password	接收用户输入的密码
Button	Button1	均为默认值	确定按钮

代码实现：

为 Default1.aspx 中的确定按钮添加单击事件处理程序，代码如下：

```
protected void Button1_Click(object sender, EventArgs e)
    {
        string myurl = "Default2.aspx?username=" + TextBox1.Text + "&password=" +
TextBox2.Text;
        Response.Redirect(myurl);
}
```

为 Default2.aspx 编写 page_load 事件处理程序，代码如下：

```
protected void Page_Load(object sender, EventArgs e)
    {
        string user = Request.QueryString["username"];
        string pwd=Request.QueryString["password"];
        Response.Write(user + ",你好！");
        Response.Write("您的密码为："+pwd);
    }
```

2) 其他属性的使用

【例 5-5】在图书管的聊天室模块中，用户登录成功后，主页面上有一个【显示客户端信息】按钮，单击此按钮，可以显示客户端的浏览器等基本信息，如图 5.3 所示。编程实现这一功能。

题目分析：图 5.3 所示的客户端信息中，包含用户名和客户端信息两部分。用户名可以通过 QueryString 变量获得，其他信息可以有 Request 对象的相应属性获得。

代码实现：

为【显示客户端信息】添加 click 事件处理代码如下：

```
protected void Button5_Click(object sender, EventArgs e)
```

```
{
    string username = TextBox1.Text;
    string url = "hostinformation.aspx?username=" + username;
    Response.Redirect(url);
}
```

为 hostimformation.aspx 页面添加 page_load 事件处理代码如下：

```
protected void Page_Load(object sender, EventArgs e)
    {
        string username = Request.QueryString["username"];
        Response.Write(username + ", 你好! "+"<br>");
        Response.Write("您的浏览器为(Request.Browser.Browser): " + Request.Browser.
Browser + "<br>");
        Response.Write("您的浏览器版本为(Request.Browser.Version): " + Request.
Browser.Version+"<br>");
        Response.Write("本页面的网址为(request.url): " + Request.Url + "<br>");
        Response.Write("客户端主机的 ip 为(Request.UserHostAddress): " + Request.
UserHostAddress+"<br>");
    }
```

2. Request 对象的常用方法

MapPath( )方法是 Request 对象的常用方法，该方法的作用是将请求中 url 的虚拟路径转化为服务器上的物理路径。

5.3.3　公共对象 Application

Application 对象是公共对象，主要用于在所有用户间共享信息，所有用户都可以访问该对象中的信息并对信息进行修改，因此该对象多用于创建网站计数器和聊天室等。application 状态由 HttpApplicationState 类表示，它包含了所有与应用程序相关的属性和方法。

可以将 Application 对象看成一种特殊的变量，当第一个用户请求一个 ASP.NET 文件时，会启动应用程序并创建相应的 Application 变量。之后这个变量就可以在整个应用程序中使用，直到应用程序关闭为止。也就是说，Appllication 变量的生命周期在网站开始运行时开始，到网站停止运行时结束。

1. Application 对象的常用属性

Application 对象的常用属性见表 5-6。

表 5-6　Application 对象的常用属性

属性	说明
Count	获取 Application 对象的个数
Item	获取对 Application 对象的访问，重载该方法可以通过名称或数字索引访问对象

定义一个 Application 对象的方法如下：

```
Application["属性名"]=值
```

例如：

Application("username")=abc;　　//记录用户名

Application("online")=Application("online")+1;　//计算在线人数

Application 对象的设置和获取也可以通过一定的方法来实现。

2. Application 对象的方法

Application 对象的常用方法见表 5-7。

表 5-7　application 对象的常用方法

方法	说明
Add	将新的对象添加到 HttpApplicationState 集合中
Remove	从 HttpApplicationState 集合中移除命名对象
Clear	从 HttpApplicationState 集合中移除所有对象
Get	通过名称或索引获取 HttpApplicationState 对象
Lock	锁定对 HttpApplicationState 的访问以促进访问同步
Unlock	解锁对 HttpApplicationState 的访问以促进访问同步

在 Application 对象的所有方法中，Lock 与 Unlock 最为常用。因为 Application 存储的是多个用户间的共享变量，当多个用户要同时存取变量时，往往会造成冲突，导致存入的数据不正确。为了避免这种情况，当每个用户要修改共享变量时，均先使用 Application 的 lock 方法将变量暂时锁定，阻止其他用户修改 Application 对象中的信息，以此确保某一时刻只能有一个用户对该对象的信息进行修改。当用户完成修改，再使用 Unlock 方法将 Application 对象"解锁"，这样下一个用户才能对 Application 对象中的信息进行修改。

【例 5-6】Application 对象应用实例。

建立一个网页 applicationexample.aspx,为其 Page_Load 事件编写代码如下：

```
protected void Page_Load(object sender, EventArgs e)
    {
        Application["welcome"] = "欢迎";        //直接定义 application 对象并赋值

        Application.Add("first", "1");          //通过 add 方法定义变量并赋值
        Application.Add("second","2");
        Application.Add("third", "3");
        int i,count= Application.Count;
        for (i = 0; i < count; i++)
        {
            Response.Write("第" + i + "个 application 对象的变量名为: " + Application.
GetKey(i)+"<br>");
            Response.Write("第" + i + "个 application 对象的变量值为: " + Application
[i]+"<p>");
        }
    }
```

运行效果如图 5.8 所示。

图 5.8　例 5-6 运行效果

注意：由例 5-6 可以看出，直接定义 Application 变量并赋值与使用 Add 方法添加变量的效果是一样的。

3. Application 对象的事件

每个网站都需要管理一些网站相关的全局性事件，如网站启动事件，新客户请求事件等。这些全局事件放到了一个固定的文件 Global.asax 中。在网站中添加 Global.asax，即可对这些全局事件编写代码。

添加 Global.asax 的方法是：在网站的【解决方案资源管理器】中右击网站，选择"添加新项"命令，在弹出的对话框中选择【全局应用程序类】，可以看到此文件的默认名称为"Global.asax"，保留此名称，单击【添加】按钮即可。打开 Global.asax，可以看到全局事件共有 5 个。其中，与 Application 相关的有 3 个：application_Start，application_End 以及 application_Error。

1) application_Start 事件

应用程序启动时触发 Application_Start 事件，该事件在程序的生命周期中仅被触发一次。通常可以将所有供客户端共享的内部对象的初始化代码放在这里，如网站访问次数的初始化等，以便当应用程序启动时完成初始化过程。

2) application_End 事件

应用程序关闭时触发 application_End 事件，写在该事件中的通常是和系统资源释放相关的代码。与上面的 application_Start 事件一样，该事件在程序的生命周期中也仅被触发一次。

3) application_Error 事件

当应用程序发生异常时触发 application_Error 事件，该事件中往往写异常处理代码，如将异常信息写入日志文件等。

【例 5-7】制作一个的如图 5.9 所示的网页，页面上显示网页被访问的次数，每次刷新页面，该次数都会被更新。

题目分析：设置 Application 变量 times 来记录网页的访问次数。应用程序启动时，在 application_Start 事件中初始化该变量为 0，以后每次加载或刷新页面，均将对应的访问次数加 1 即可。

图 5.9　记录页面访问次数

代码实现：

在 Global.asax 文件中添加代码如下。

```
void Application_Start(object sender, EventArgs e)
{
    //在应用程序启动时运行的代码
    Application["times"] = 0;
}
```

为网页的 Page_Load 事件编写代码。

```
protected void Page_Load(object sender, EventArgs e)
{
    Application["times"] =Convert.ToInt16(Application["times"])+ 1;
    Response.Write("本网页的点击数: "+Application["times"]);
}
```

5.3.4　私有对象 Session

Session 是服务器给客户端的编号。当用户访问一个网站时，网站所在的服务器会自动为其建立一个 Session，并分配一个 SessionID 来唯一地区别这个用户。Session 中除了 SessionID 以外，还可以包含其他的 Session 对象，从而为每个用户存储各自的信息。

同 Application 一样，Session 也可以用来存储跨网页的变量和对象，但是两者有本质的区别。Session 对象存储的是每个用户各自的信息，不同用户不能够相互存取，而 Application 对象存储的是所有用户共享的信息，因此每个用户都可以读取 Application 对象的数据。

正因为 Session 对象存储的是每个用户各自的信息，因此 Session 对象变量的生命周期在网页打开时开始，网页关闭时结束，即 Session 对象的值在用户访问网站的期间不会消失。也可以通过设置 Session 对象的 TimeOut 属性来决定生命期，超过该设定时间 Session 值可以自动释放。

1. Session 对象的属性

Session 对象的常用属性见表 5-8。

表 5-8　Session 对象的常用属性

属性	说明
Count	获取 Session 对象变量的个数
Timeout	获取或设置 Session 的超时期限，该属性默认为 20 分钟

设置 Session 对象变量的方法与 Application 对象类似，其语法格式为：

```
Session["属性名"]=值
```

例如：

Session["username"]=abc;//记录用户名

注意：在定义 Session 变量和 Application 变量时，变量名不区分大小写。

【例 5-8】Session 对象应用实例。建立一个应用程序，在其中添加两个页面如图 5.10 所示。在提交页面"login.aspx"中输入姓名"Tom"，单击【提交】按钮后显示欢迎页面"SessionContents2.aspx"，该页面上显示"欢迎你 Tom"的信息。

图 5.10 Session 对象的 Contents 集合实例

题目分析：按照图 5.10 所示分别设置提交页面和欢迎页面。提交页面所用的控件及其属性设置见表 5-9。

表 5-9 提交页面的控件设置

控件类型	控件名称	控件属性	用途
Textbox	txtUsername	Text：提交	接收用户输入的用户名
Button	btnSubmit	均为默认值	提交按钮

根据题目要求，单击【提交】按钮后，可以在不同的页面中传递用户名。虽然使用 Application 变量也能够实现这一功能，但是用户名信息属于用户的私有变量，针对每个用户不同，因此更适合使用 Session 对象变量实现这一功能。

为按钮的 Button_Click 事件过程编写代码如下：

```
protected void btnSubmit_Click(object sender, EventArgs e)
  {
      Session["userName"] = txtUsername.Text;
      Response.Redirect("sessionContents2.aspx");
  }
```

在欢迎页面的 Page_Load 事件编写代码，读取 Session 变量的数值：

```
protected void Page_Load(object sender,System.EventArgs e)
{
    if(Session["username"]!=null)
     {
         Response.Write("欢迎你"+Session["userName"]);
     }
     else
     {
         Response.Write("login.aspx");
     }
}
```

解释： 当用户直接访问页面 "SessionContents2.aspx" 时，网页会重定向到登录页面要求用户登录，从而实现只有通过登录才能够访问欢迎页面的效果，实现了页面的保护。由于每个用户与服务器之间都存在 Session，因此服务器要管理大量的 Session，从而降低了自身的效率，而有时候某些用户在网站上长时间没有动作时，这种 Session 的管理就显得很没有必要，因此，Session 对象存在一个有效期，这个有效期通过 Timeout 属性来设置。默认情况下 Timeout 的值为 20，表示有效期为 20 分钟。可以根据实际情况对这个数值进行设置，语法格式为：

```
Session.Timeout = 数值
```

注意： Timeout 属性值的单位为分钟。

【例 5-9】 TimeOut 属性实例。

使用 Session 对象的 TimeOut 属性设置 Session 对象的生命周期为 1 分钟。1 分钟内连续刷新页面 6 次，每次都可以修改刷新次数，但一分钟后再刷新，页面又重新开始计数，效果如图 5.11 所示。

图 5.11　Session 对象的 Timeout 属性实例

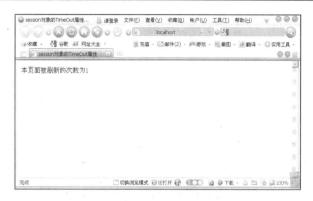

图 5.11　Session 对象的 Timeout 属性实例(续)

题目分析：设置 Session 变量记录页面被刷新的次数，每次刷新页面时，均触发页面的 Page_Load 事件，在该事件中将相应的 Session 变量加 1 即可。

代码编辑视图中的 Page_Load 事件过程中输入如下代码：

```csharp
protected void Page_Load(object sender, EventArgs e)
{
    Session.Timeout = 1;
    if (Session["count"] == null)
        Session["count"] = 1;
    else
        Session["count"] = (int)Session["count"] + 1;
    Response.Write("本页面被刷新的次数为" + Session["count"]);
}
```

2. Session 对象的方法

Session 对象的常用方法见表 5-10。

表 5-10　Session 对象的常用方法

方法	说明
Add	添加新的 Session 对象变量
Remove	删除指定的 Session 对象变量
Clear	清除所有的 Session 对象变量
Abandon	强制结束会话

Session 大部分方法的使用与 Application 对象相似。

Abandon 方法用来强制结束对话，当程序遇到 Session.Abandon 时，随即释放 Session 变量。例如将上例代码修改如下：

```csharp
protected void Page_Load(object sender, EventArgs e)
{
    if (Session["count"] == null)
        Session["count"] = 1;
    else
        Session["count"] = (int)Session["count"] + 1;
    Response.Write("本页面被刷新的次数为" + Session["count"]);
    Session.Abandon();
}
```

修改完毕后运行程序，会发现每次页面刷新时，显示的刷新次数都为 1。这是因为每次页面执行时都调用 Abandon 方法结束会话，从而删除了 Session 对象中的值。

3. Session 对象的事件

在 Global.asax 文件中，有两个事件是与 Session 对象相关的，分别是 Session_Start 事件与 Session_End 事件。

1) Session_Start 事件

当一个新的客户端请求访问网站时，可以触发 Session_Start 事件。对这个客户端而言，该事件从其访问网站开始，到其离开网站的这段时间内只被触发一次，因此适合进行客户端在各个页面间共享的信息的初始化。

注意：对网站而言，一个网站会有多个客户端进行访问，因此 Session_Start 事件会被反复触发。

2) Session_End 事件

当 Session 超时或者被关闭时，将触发 Sessin_End 事件。

【例 5-10】实现"图书馆在线管理系统"中的聊天室模块，建立一个简单的聊天室。

题目分析：

(1) 在线人数、聊天内容等信息是所有客户端共享的信息，分别设置 Application 变量进行存储。对这些信息的赋值应该放在 Application_Start 事件中。

(2) 当有用户访问或离开网站时，应相应地修改在线人数的信息，而用户的访问和离开分别对应着 Session_Start 和 Session_End 事件的触发，因此可以在这两个事件中修改在线人数的数值。

(3) 当用户单击【登录】按钮后，隐藏页面上的【请您登录】部分，显示出相应的登录信息，故设置两个 panel，分别存放登录部分对应的控件和显示信息部分对应的控件，对应的 HTML 编码如下：

```
<asp:Panel ID="Panel1" runat="server">    <table>
    <tr>
      <td >请您登录：</td>
      <td> 用户名: <asp:TextBox ID="TextBox1" runat="server"></asp:TextBox>
     </td>
      <td>密码: <asp:TextBox ID="TextBox2" runat="server" TextMode="Password">
</asp:TextBox>
     </td>
      <td>
        <asp:Button ID="Button1" runat="server" Text="登录" onclick="Button1_
Click" />
      </td>
      <td>
        <asp:Button ID="Button2" runat="server" Text="注册" />
      </td>
    </tr>
  </table>
</asp:Panel>
<asp:Panel ID="Panel2" runat="server">
    <asp:Label ID="Label1" runat="server" Text="Label"></asp:Label>
```

```
        <asp:Button ID="Button4" runat="server" Text="退出登录" onclick=" Button4_
Click" />
        <asp:Button ID="Button5" runat="server" onclick="Button5_Click"
           Text="显示客户端信息" />
    </asp:Panel>
```

(4) 单击【登录】按钮，进行身份的验证，若通过验证，显示欢迎信息、在线人数等。
根据以上分析，为应用程序添加如下代码。

Global.asax 中对应的事件代码：

```
void Application_Start(object sender, EventArgs e)
    {
        //在应用程序启动时运行的代码
        Application.Lock();
        Application["online"] = 0;          //在线人数
        Application["content"] = "";        //聊天内容
        Application.UnLock();
    }
    void Session_Start(object sender, EventArgs e)
    {
        //在新会话启动时运行的代码
        Session["username"] = "";           //建立一个 session，用于保存用户名
    // Session.Timeout = 1;
        Application.Lock();
        Application["online"] = int.Parse(Application["online"].ToString()) + 1;
                                    //在线人数加 1
        Application.UnLock();
    }
    void Session_End(object sender, EventArgs e)
    {
        //在会话结束时运行的代码
        //注意：只有在 Web.config 文件中的 sessionstate 模式设置为
        //InProc 时，才会引发 Session_End 事件。如果会话模式
        //设置为 StateServer 或 SQLServer，则不会引发该事件
        Application.Lock();
        Application["online"] = int.Parse(Application["online"].ToString()) - 1;
                                    //在线人数减 1
        Application.UnLock();
    }
```

为聊天室主页面添加 Page_Load 事件处理代码：

```
protected void Page_Load(object sender, EventArgs e)
    {
        Panel2.Visible = false;
        TextBox3.Text = Application["content"].ToString();
}
```

为【登录】按钮添加 Button_Click 事件处理代码：

```
    protected void Button1_Click(object sender, EventArgs e)
    {
        string username = TextBox1.Text;
```

```
        string userpassword = TextBox2.Text;
        if (username=="abc" && userpassword=="001" ||username=="def" && userpassword=="100")
        {
            Panel1.Visible = false;
            Panel2.Visible = true;
            Label1.Text = username + ", 您好! "+"<br>";
        Label1.Text=Label1.Text + "当前在线人数为: " + Application["online"].ToString() + "人";
            Session["username"] = username;//为建立的 session 对象赋值
        }
    }
```

为【提交】按钮的 Button_Click 事件添加代码:

```
protected void Button3_Click(object sender, EventArgs e)
    {
        string user = Session["username"].ToString();
        string temp = Application["content"].ToString();
        Application["content"] = temp + user + "说:" + TextBox4.Text +"/r/n/r/n";
        TextBox3.Text = Application["content"].ToString();
}
```

为【退出登录】按钮的 Button_Click 事件添加代码:

```
protected void Button5_Click(object sender, EventArgs e)
    {
        string username = TextBox1.Text;
        string url = "hostinformation.aspx?username=" + username;
        Response.Redirect(url);
}
```

5.4 知识扩展

除了以上 4 个内置对象,另外还有服务器对象 Server 和 Cookie 对象。

5.4.1 服务器对象 Server

Server 对象可以使用服务器上的一些高级功能,常用方法如下。

1. HtmlEncode 方法和 HtmlDecode 方法

有些时候需要在页面中显示 HTML 标记,如果在页面中直接输出标记,浏览器会把标记解释成 HTML 语言输出,对于这种情况,可以使用 HtmlEncode 方法来对标记字符串进行编码处理。HtmlDecode 方法和 HtmlEncode 方法是一对相反的过程,将编码后的标记解码。

2. UrlEncode 方法和 UrlDecode 方法

在网页之间参数传递时,有时候传递的数据是要在地址栏中显示的,也就是查询字符串信息,此类信息中不能出现一些特殊字符,比如空格、#、@和&等,也不能出现汉字。如果需要传送这些信息,需要使用 UrlEncode 方法进行编码,以保证信息可以顺利地传递,UrlDecode 方法是 UrlEncode 方法的一个相反的过程,就是将编码还原。

3. MapPath 方法

Server 对象 MapPath 方法可以将相对路径转换为服务器上的物理路径。

注意：Server.MapPath 是将相对路径转换为物理路径，而 Request.MapPath 是将虚拟路径转换为物理路径。

【例5-11】使用 MapPath 方法显示各类物理路径。

代码编辑视图中的 Page_Load 事件过程中输入如下代码：

```
protected void Page_Load(object sender, EventArgs e)
    {
        Response.Write("服务器主目录的物理路径为：");
        Response.Write(Server.MapPath("/"));
        Response.Write("<br>");
        Response.Write("当前目录的物理路径为：");
        Response.Write(Server.MapPath("./"));
        Response.Write("<br>");
        Response.Write("当前文件的物理路径为：");
        Response.Write(Server.MapPath("mappath.aspx"));
    }
```

5.4.2　Cookie 对象

Cookie 对象用于保存客户端的访问信息。当用户第一次访问一个网站时，网站发送给用户的除了请求页面外，还有一个包含访问日期和时间的 Cookie。用户接收网页的同时，将服务器发来的 Cookie 保存在客户端硬盘上的某个文件夹中。以后用户再访问这个网站时，服务器会自动去硬盘上查找与之相关联的 Cookie，若能够找到，则浏览器将该 Cookie 与访问请求一起发送到站点，服务器就可以从中获取用户上次访问的信息，也可以检查过期时间或执行其他的功能。

Cookie 存储的数据量受限制，大多数浏览器支持的最大容量为 4 096 字节，因此，一般不用 Cookie 对象来保存数据集或其他大量数据。通常情况下，Cookie 只存储敏感的，未加密的数据。

注意：虽然 Application、Session 与 Cookie 都用于保存信息，但前两者将信息保存到服务器的内存中，后者将信息存放在客户端的硬盘上。

1. Cookie 变量的存取

Cookie 变量存储在 Cookie 集合中，和 Application 及 Session 不同，对 Cookie 变量的访问需要借助于 Response 对象和 Request 对象来实现。

要存储一个 Cookie 变量，其语法格式为：

Response.Cookie["变量名"].Value=值;

例如：

Response.Cookie["username"].Value="abc";//创建 Cookie 变量保存用户名

上面的语句创建 Cookie 变量时与下面的语句是等效的：

HttpCookie　mycookie=new HttpCookie("username", "abc");

Response.Cookie.Add(mycookie);　　//创建 Cookie 变量

如果要取回 Cookie，使用 Request 对象的 Cookie 集合，将指定的 Cookie 返回，语法格式为：

变量=Request.Cookies["变量名"].Value

例如：

Request.Write(Request.Cookies["username"].Value);//输出用户名

由于所有的 Cookie 变量均存储在 Cookie 集合中，因此可以使用 Cookie 集合中 Item 属性的 Get 方法将其返回。故上面的语句也可以写成：

Response.Write(Request.Cookies.Get("username").Value) //使用 Get 方法输出 Cookie 变量

2. Cookie 对象的属性

常用的 Cookie 对象的属性见表 5-11。

表 5-11　常用的 Cookie 对象的属性

属性	说明
Name	获取或设置 Cookie 变量的名称
Value	获取或设置 Cookie 变量的数值
Items	按对象的索引编号或名称获取 Cookie 集合中的对象
Expires	获取或设置 Cookie 的过期时间，应为 DateTime 类型的数据

Expires 属性用于获取或设置 Cookie 的过期时间，如果没有设置 Cookie 变量的 Expires 属性，则它们仅保存到关闭浏览器程序为止；如果将 Cookie 对象的 Expires 属性设置为 MinValue，则表示 Cookie 永远不会过期。Expires 的属性值应为时间类型的数据。

【例 5-12】建立一个用户登录页面如图 5.12 所示。用户输入用户名和密码后单击【登录】按钮，可以打开欢迎页面。若在登录页面上选中【记住密码】复选框，则用户再次登录时，无需重新输入密码，也可以打开欢迎页面。

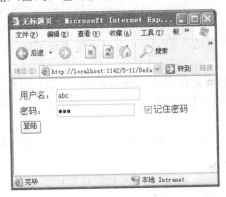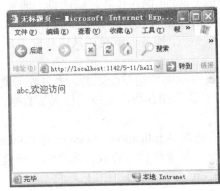

图 5.12　例 5-12 运行效果图

登录网页使用的控件及其属性设置见表 5-12。

表 5-12　登录网页中的控件及属性

控件类型	控件名称	控件属性	用途
Textbox	txtusername	均为默认值	接收用户输入的用户名
	txtpassword	TextMode：password	接收用户输入的密码
Checkbox	checkbox1	Text：记住密码	选中【记住密码】复选框
Button	Button1	Text：提交	确定按钮

题目分析：用户第一次登录时，若登录成功，则将用户名写入客户端的 Cookie 中，并设置其有效期。网页每次被加载时，均首先读取 Cookie 中的用户名信息，若用户名为上次记录的用户名，则直接加载欢迎页面。

代码实现：为登录页面添加如下代码。

```
protected void Page_Load(object sender, EventArgs e)
  {
    if (Request.Cookie["username"] != null)
    {
      if (Request.Cookies["username"].Value == "abc")
        Response.Redirect("hello.aspx");
    }
  }
protected void Button1_Click(object sender, EventArgs e)
{

    if (txtusername.Text == "abcd" && txtpassword.Text == "0001")
    {
      if (CheckBox1.Checked)   //将用户名写入 cookie
      {
        HttpCookie mycookie = new HttpCookie("username", "abcd");
                                        //设置 cookie 对象
       mycookie.Expires = DateTime.Now.AddDays(7);   //设置 cookie 有效期为当
                                         前日期加上 7 天
        Response.Cookies.Add(mycookie);
      }
      Response.Redirect("hello.aspx");
    }
```

练　习

一、单选题

1. 计数器如果需要防止重复刷新计数和同一 IP 反复登录计数，应该使用的对象有(　　)。

　　A. Response 　　　　B. Request 　　　　C. Session 　　　　D. Application

2. 使用 Response 对象向客户端输出数据时，如果要将处理完的数据一次性地发给客户端，Buffer 的属性值应该设置为(　　)。

　　A. True 　　　　　B. False

3. Session 对象的默认的生命期为(　　)。

　　A. 10 分钟 　　　　B. 20 分钟 　　　　C. 30 分钟 　　　　D. 40 分钟

二、填空题

1. ASP.NET 五大内置对象有_____、_____、_____、_____和_____。

2. 可以为所有用户共享的对象是_____，可以在一次会话过程中共享的对象是_____。

三、简答题

1. 简述 ASP.NET 五大内置对象的主要功能。

2. 为什么要对 Application 对象进行"锁定"和"解锁"？应该在什么时候进行？

四、操作题

1. 设计制作一个简单的网络调查系统，不需要数据库支持，要求用户在选择对应的选项之后，可以直接显示出用户的投票结果。

2. 使用 Application 对象和 Session 对象制作一个用户在线数和网页访问量的计数器，显示出网页被用户访问的次数和当前用户的在线数。

第 6 章　数据库编程

　教学目标

(1) 会使用 ADO.NET 连接数据库。

(2) 能够熟练编写程序实现数据库的查询、插入、删除和修改操作。

(3) 会使用 DataSet 和 DataTable 实现数据库的基本操作。

(4) 会使用 Repeater 控件。

(5) 会使用 DataList 控件。

(6) 熟练使用 GridView 控件。

　教学要求

知识要点	能力要求	关联知识
结构化查询语句	(1) 掌握 SELECT 查询语句 (2) 掌握 INSERT 插入数据 (3) 掌握 UPDATE 更新数据 (4) 掌握 DELETE 删除数据	数据库
ado.net	(1) 了解 ADO.NET 的对象 (2) 掌握 ADO.NET 程序框架	ADO.NET 中各对象在数据库中的配合关系
使用 Connection 连接数据库	(1) 掌握 Connection 的主要属性 (2) 掌握 Connection 的常用方法	SQL Server 数据库
数据命令对象 Command	(1) 掌握 Command 对象的作用 (2) 掌握创建 SqlCommand 的方法 (3) 掌握 Command 对象的三种方法	数据库及 SQL 语句
数据阅读器 DataReader	(1) 了解 DataReader 对象 (2) 掌握 DataReader 对象的属性与方法	数据库及 SQL 语句
数据集 DataSet	(1) 掌握 DataSet 的常用属性 (2) 了解 DataSet 的常用方法 (3) 掌握 DataTable 对象的常用属性和方法 (4) 掌握 DataSet 对象的基本操作	数据库及 SQL 语句
数据适配器 DataAdapter	(1) 掌握 DataAdapter 对象的四个常用属性 (2) 掌握 DataAdapter 的常用方法	数据库及 SQL 语句
GridView 控件	(1) 掌握 GridView 的常用属性 (2) 掌握 GridView 的事件 (3) 熟练应用 GridView 控件	数据库及 SQL 语句

重点难点

➢ SELECT、INSERT、UPDATE 和 DELETE 的用法。

➢ 使用 Connection 连接数据库。

➢ ADO.NET 对象的用法。

➢ 数据绑定技术。

➢ GridView 控件。

6.1 任 务 描 述

长期以来，人们使用手工方式管理图书馆业务，其操作流程比较烦琐。信息技术的发展给图书管理带来了新的力量。根据图书馆的工作流程和职能，将复杂的图书馆管理工作借助于在线管理软件来实现，不仅有利于管理员及时了解图书馆内各类图书的借阅情况，也有利于满足读者的借阅需求，可以更快更好地了解图书信息，从而极大地提高了工作效率。

图书馆在线管理软件要真正投入使用，需要引入数据库的相关知识，增加数据库管理功能。本章为《图书馆在线管理系统》增加基本数据库管理模块和借阅归还模块，具体功能要求如下。

(1) 为网站增加首页、图书管理、图书借阅和图书归还等 4 个模块。

(2) 网站首页显示图书信息，每页显示 10 条记录。为方便用户了解图书借阅情况，所有图书按照借阅次数进行排序，借阅次数最高的图书排在最上面显示，并生成相应的排序序号。

(3) 图书管理模块进行图书的基本管理。管理员输入用户名和密码后，系统库验证该用户是否为合法用户。若通过验证，则显示所有图书信息，允许管理员进行添加、删除、修改等操作。管理员对数据库所做的任何修改要及时反映到图书管理页面上的图书列表中。

(4) 图书借阅模块：模拟完成借阅功能。管理员输入读者借书证号码，在界面上显示该读者的相应信息。输入读者要借的书的条形码，显示图书信息。单击【借阅】按钮，对数据库进行相应操作，实现借阅功能。

(5) 图书归还模块：模拟完成归还图书的功能。用户输入读者借书证号码，在界面上显示出读者信息和读者当前借阅未还的所有图书信息。输入读者待还书的条形码，显示此书信息。单击此书信息中的【归还】按钮实现图书归还功能。

6.2 实 践 操 作

图书馆要管理大量的数据信息，包括图书信息、读者信息、图书借阅信息等，当信息量大且烦琐时，只能借助于数据库来帮助管理。

数据库实质上是若干张功能相关的表。以图书信息为例，将图书馆所有的图书信息放在一张表中，每种图书占一个数据行。当新书上架或旧书下架时，相应的在这张表里增添或删除数据行即可。只要保证所有对图书的操作都能够反映到数据库中，那么数据库就随时反映了当前的图书情况。要了解相关图书信息时，不必再去手工地统计各项工作记录，直接使用数据库中的这张表就可以了，因此，对图书的管理就映射成了对数据库的管理。

数据库管理系统广泛应用于各行各业之中。根据实际的工作事务建立数据库管理系统需要经过以下两步。

第一是建立数据库。分析系统的功能要求，将系统需要的信息设计成相应的表格，很多时候各个表格之间还相互联系。

第二是操作数据库。数据库管理系统的根本任务在于管理，也就是对数据库进行操作。只有具有一定功能的数据库系统才有实际意义。对数据库的操作基本可以归纳为以下五方面：显示、查询、插入、删除和修改。

按照这个设计思路来设计图书馆在线管理系统，可以将操作步骤归纳如下。

(1) 运行 SQL Server 2005，新建数据库，起名为 library。

(2) 根据系统分析设计数据库中的表格。

(3) 运行 Visual Studio 2008，选择【文件】|【打开】|【网站】命令，弹出【打开网站】对话框。选择 library 文件夹，打开已经建立的网站。

(4) 根据图书馆管理系统的结构特点，为其增加首页、图书管理、图书借阅、图书归还等 4 个模块。在网站中依次新建以下各个网页。

① 建立首页文件"index.aspx"。

② 建立图书管理页面"bookInfoManage.aspx"。

③ 建立图书借阅页面"bookborrow.aspx"。

④ 建立图书归还页面"bookReturn.aspx"。

⑤ 建立管理员登录页面"login.aspx"。

⑥ 建立用户自定义控件"top.ascx"，用于存储网站的标题信息和站内导航信息，如图 6.1 所示。为便于读者理解，在此给出该文件的主体部分对应的 HTML 代码：

图 6.1　自定义控件 top.ascx 作为网页标题

```
<table border="0" cellpadding="0" cellspacing="0" style="width: 815px; height: 149px">
  <tr>
    <td colspan="2" style="height: 109px">
    <asp:Image ID="Image1" runat="server" ImageUrl="~/image/imagetop.jpg"  Width=
"815px" /></td>
  </tr>
  <tr>
    <td align="left" style="background-color: #b5b755;" class="style1" >图书馆管理
系统欢迎您! </td>
    <td align="left" >
    <asp:Menu ID="Menu1" runat="server" Orientation="Horizontal">
    <Items>
      <asp:MenuItem NavigateUrl="~/index.aspx" Text="首页  " Value="首页"></asp:MenuItem>
      <asp:MenuItem Text="图书管理  " Value="图书管理" NavigateUrl="~/bookInfomanage.
aspx">
</asp:MenuItem>
      <asp:MenuItem NavigateUrl="~/bookborrow.aspx" Text="图书借阅  " Value="图书借阅">
```

```
    </asp:MenuItem>
    <asp:MenuItem Text="图书归还" Value="图书归还" NavigateUrl="~/bookReturn.
aspx">
</asp:MenuItem>
    <asp:MenuItem Text="借阅管理" Value="借阅管理" NavigateUrl="~/borrowmanage.
aspx">
</asp:MenuItem>
    <asp:MenuItem Text="用户管理" Value="用户管理" NavigateUrl="~/Usermanage.aspx">
</asp:MenuItem></Items></asp:Menu></td></tr></table>
```

将此自定义控件拖放到网站的各个页面上，使网站内各个页面的标题统一。

(5) 为各个网页编写代码实现相应的功能。本章中需要为图书馆在线管理系统增加如图 6.2～图 6.6 所示的 5 个页面。

图 6.2　网站首页

图 6.3　管理员登录页面

图 6.4　图书管理页面

图 6.5　图书借阅页面

图 6.6　图书归还页面

6.3　问题探究

6.3.1　建立数据库

Microsoft SQL Server 2005 是微软在 2005 年 12 月推出的一款拥有多种服务的数据平台。在该数据平台下，数据将更加安全、稳定和可靠。它提供了一个完整的数据管理和分析的解决方案，是大中型数据库解决方案的典型平台。

SQL Server 2005 最基本的操作是创建数据库和数据表。下面介绍在 SQL Server 2005 中创建数据库和数据表的具体步骤。

1．创建数据库

在 SQL Server 2005 中，创建数据库有两种方法：一种可以通过 SQL Server Management Studio 手动创建；另一种使用 Transact-SQL 的 CREATE DATABASE 命令。本章应用第一种方法建立一个名为 library 的数据库来存放图书馆管理的相关信息。

使用 SQL Server Management Studio 创建数据库的步骤如下。

(1) 启动 SQL Server Management Studio，并连接到服务器，在【对象资源管理器】中右击【数据库】节点，在弹出的快捷菜单中选择【新建数据库】命令，如图 6.7 所示。

图 6.7　新建数据库

(2) 打开【新建数据库】对话框。该对话框包括【常规】、【选项】和【文件组】3 个选择页，通过这 3 个选择页设置新创建的数据库属性。【常规】选择页如图 6.8 所示。

① 在【常规】选择页中，将要创建的数据库名称输入到【数据库名称】文本框中。数据库名称设置完成后，系统自动在"数据库文件"列表中产生一个主要数据文件(初始大小为 3MB)和一个日志文件(初始大小为 1MB)，同时显示文件组、自动增长和路径等默认设置。用户可以根据需要自行修改这些默认的设置，也可以单击右下角的【添加】按钮添加数据文件。这里均采用默认设置。

　　单击【所有者】后的【浏览】按钮，在弹出的列表框中选择数据库的所有者。数据库所有者是对数据库具有完全操作权限的用户，这里选择【默认值】选项，表示数据库所有者为用户登录 windows 操作系统使用的管理员账户，如 Admininstrator。

　　选中【使用全文索引】复选框表示数据库中变长的复杂数据类型列也可以建立索引。这里取消选中此复选框。

图 6.8　【常规】选项页

　　② "选项" 和 "文件组" 选择页用于定义数据库的一些选项，显示文件和文件组的统计信息。这里均采用默认设置。

　　③ 设置完成后单击【确定】按钮，数据库创建完成。

2. 创建数据表

　　数据库创建完成之后，就可以在数据库中创建数据表了。在 SQL Server 中，表可以看成是一种关于特定主体的数据的集合。

　　表以行(记录)和列(字段)形成的二维表格来组织表中的数据。"字段"是表中包含特定信息内容的元素类别，如图书条形码、图书名称等。

　　下面以创建 tb_bookInfo 表为例，介绍在 SQL Server 2005 中创建表的步骤。

　　(1) 展开数据库 library 节点，在【表】节点上右击，在弹出的快捷菜单中选择【新建表】命令，如图 6.9 所示。

　　(2) 打开表【表设计器】对话框，在【表设计器】界面中，首先在第一列【列名】中输入列名 "bookBarCode"，表示该数据表的第一列名为 "bookBarCode"。然后单击【数据类型】列中的下拉按钮，在弹出的浮动列表框中设置该列对应的数据类型,此处选择 varchar(50)选项。依次类推，设置其他列的内容，如图 6.10 所示。

图 6.9　选择【新建表】命令

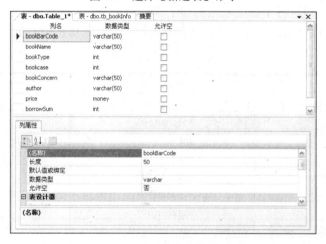

图 6.10　设计表中字段

(3) 设置主键。每张表都应该有主键。主键是一个特殊的列，用于区分各个数据行。数据表中的各行记录，其主键列的值互不相同。设置主键的方法是右击相应字段 bookBarCode，在弹出的快捷菜单中选择【设置主键】命令，将其设置为表的主键。

注意：主键是区分表中各行的唯一标识，因此表的主键不可为空。

(4) 单击工具栏中的【保存】按钮，在弹出的【选择名称】对话框中命名此数据表，如图 6.11 所示。

图 6.11　选择数据表名称

(5) 为数据表添加数据：在 SQL Server 右方的【对象资源管理器】中，选择【数据库】|library|【表】选项，从中选择刚刚建立的 tb_bookInfo。右击该表，在弹出的快捷菜单中选择【打开表】命令，可以打开该数据表。在打开的数据表中录入需要的数据，这样一个数据表就创建完成了。

3. 图书馆在线管理系统的数据库逻辑结构设计

表 tb_bookInfo 存储的是图书馆要管理的图书信息。其中，bookType 字段表示图书的类型。由于图书馆中的大量图书可以分为很多种类，为了避免混乱，为每一种图书类型定义一个编号。在数据库中建立一张图书类型表 tb_bookType，将类型编号与具体的类型名相对应。另外，不同类型的图书要放到相应的书架上，为书架建立一张表 tb_bookcase 来管理书架信息。

图书馆除了要管理图书信息外，还要对读者的各项信息进行记录，所以建立读者信息表 tb_readerInfo。读者群体往往有不同的分类，如学生、教师、社会人员等，不同类型的读者借阅权限存在差别，因此建立读者类型数据表 tb_readerType。

为了便于管理借阅信息，记录读者每次的借阅情况，建立表 tb_bookborrow。

此外，并不是所有人员都可以对图书馆的信息进行管理，因此还需要设置一张管理员表 tb_user，表格中记录管理员的用户名和密码。当用户通过身份验证时，才能够进行图书管理的各项操作。

根据以上分析，设置各个数据表结构如下。

图书信息表 tb_bookInfo：用于存储图书的相关信息。结构见表 6-1。

表 6-1 图书信息表

字段名	数据类型	描述
bookBarCode(主键)	varchar(50)	图书条形码
bookName	varchar(50)	图书名称
bookType	int	图书类型
bookcase	int	书架类别
bookConcern	varchar(50)	出版社名称
author	varchar(50)	作者名称
price	varchar(50)	图书价格
borrowSum	int	借阅次数
num	int	剩余数量

图书类型信息表 tb_bookType：用于存储图书类型信息，结构见表 6-2。

表 6-2 图书类型信息表

字段名	数据类型	描述
typeID(主键)	int	图书类型编号
typeName	varchar(50)	类型名称

书架信息表 tb_bookcase：用于存储书架的详细信息，结构见表 6-3。

表 6-3 书架信息表

字段名	数据类型	描述
bookcaseID(主键)	int	书架编号
bookcaseName	varchar(50)	书架名称

读者信息表 tb_readerInfo：用于存储读者信息，结构见表 6-4。

表 6-4　读者信息表

字段名	数据类型	描述
readerBarCode(主键)	varchar(50)	读者条形码
readerName	varchar(50)	读者姓名
sex	char	读者性别
readerType	varchar(50)	读者类型
certificateType	varchar(50)	证件类型
certificate	varchar(50)	证件号码
tel	varchar(50)	联系电话
email	varchar(50)	电子邮件
remark	varchar(50)	备注

读者类型表 tb_readerType：用于存储读者类型信息，结构见表 6-5。

表 6-5　读者类型信息表

字段名	数据类型	描述
id(主键)	Int	类型编号
type	varchar(50)	类型名称
num	varchar(50)	可借数量

管理员信息表 tb_user：用于存储所有管理员信息，结构见表 6-6。

表 6-6　管理员信息表

字段名	数据类型	描述
userid(主键)	int	管理员编号
userName	varchar(50)	管理员姓名
userPwd	varchar(50)	管理员密码

图书借阅表 tb_bookborrow：用于存储所有图书借阅信息，结构见表 6-7。

表 6-7　图书借阅表

字段名	数据类型	描述
bookBarCode	varchar(50)	图书条形码
bookName	varchar(50)	图书名称
borrowTime	varchar(50)	借阅日期
returnTime	varchar(50)	归还/应还日期
readerBarCode	varchar(50)	读者条形码
readerName	varchar(50)	读者姓名
isReturn	int	是否归还

6.3.2　结构化查询语句

操作数据库需要使用结构化查询语言。

结构化查询语言(Structured Query Language，SQL)是关系数据库管理系统(Relation Database Management System，RDBMS)中的标准语言，已被众多的关系数据库管理系统所采用，如 MS

SQL Server，Access，Oracle 等。事实上，关于 SQL 语言有一个专门的 ANSI 标准。目前，所有关系数据库管理系统都遵守这一标准，但由于标准 SQL 命令集的限制太多，不能为一个关系数据库管理系统应用程序所需的所有操作提供支持，很多的关系数据库管理系统又在标准 SQL 的基础上加入自己的扩展功能，使 SQL 的功能更加完善。

使用 SQL 语言，可以建立数据库，从数据库中获取数据，增加数据、修改数据、删除数据和实现复杂的查询功能。

SQL 语言是一种非过程化的语言。它允许用户在高层的数据结构上工作。所有 SQL 语句接受集合作为输入，返回集合作为输出。

SQL 的语言特性允许一条 SQL 语句的结果作为另一条 SQL 语句的输入。SQL 不要求用户指定数据的存放方法，这种特性使用户可以集中精力于要得到的结果。由于所有的关系数据库管理系统都支持 SQL 语言，用户可以把用标准的 SQL 语言编写的应用程序从一个关系数据库管理系统移植到另一个关系数据库管理系统。

常用的 SQL 语句有如下几类。

1. SELECT 查询语句

SQL 语言的主要功能之一是实现数据库的查询，可以使用 SELECT 语句取得符合条件的数据库记录的集合。

语法格式：

Select[Top(数值)]字段列表 From 表名[Where 条件表达式][Order By 字段名 asc|desc][Group By 字段名]

说明如下。

Top(数值)：表示从数据表的第一条记录开始读取的记录数，如 Top(5)，表示读取前 5 条记录。

字段列表：要查询的字段，可以是全部或一个以上的字段，字段名之间用逗号隔开。

表名：要查询的表，如果是多个表可以用逗号隔开。

条件表达式：查询条件。

Order By 字段名：查询的结果按这个字段的值排序，asc 表示升序排列，desc 表示降序排列，默认升序排列。

Group By 字段名：按字段求和。

以图书信息表 tb_bookInfo 为例，介绍查询语句的使用。

(1) 查询表中的全部记录。

Select * from tb_bookInfo

(2) 查询表中某些字段的数据。例：查询表中图书条形码和图书名称 2 个字段的信息

Select bookBarCode,bookName from tb_bookInfo

(3) 查询满足一定条件的数据。例：查询"清华大学出版社"出版的所有图书

Select * from tb_bookInfo Where bookConcern='清华大学出版社'

可以在一条 SQL 语句中设置多个查询条件，例如要查询清华大学出版社出版的、图书类型代码为 1 的图书：

Select * from tb_bookInfo Where bookConcern ='清华大学出版社' and bookType=1

And 是条件运算符，用于多个条件之间的连接。常用的条件运算符见表 6-8。

表 6-8 常用的条件运算符

逻辑运算符	说明	逻辑运算符	说明
=	等于	Or	或
<>	不等于	Between	介于
>	大于	Not Between	不介于
>=	大于等于	In	字段的值位于所给值的范围
<	小于	Not In	字段的值不位于所给值的范围
<=	小于等于	Is Null	字段的值为空
Not	非	Is Not Null	字段的值不为空
And	与		

综合运用这些条件运算符，可以实现不同的查询效果，举例如下。

查询清华大学出版社出版的价格低于 30 元的书：

Select * from tb_bookInfo Where bookConcern ='清华大学出版社'and price<30

查询价格位于 20 到 40 之间的书：

Select * from tb_bookInfo Where price between 20 and 40

或者 Select * from tb_bookInfo Where price >=20 and price<=40

查询价格位于 20 到 40 之间的计算机类(类型编号为 1)书籍：

Select * from tb_bookInfo Where bookType=1 and price between 20 and 40

查询所有非文学类(类型编号为 4)书籍：

select * from tb_bookInfo where not bookType =4

查询所有文学类和计算机类的书籍：

select * from tb_bookInfo where bookType in (1,4)

(4) 使用通配符的查询。查询条件中可以引入通配符"%"，此时需使用匹配关键字 like 进行匹配。%代表任意长度的任意字符，举例如下。

查询书名中包含有"计算机"的所有记录：

Select * from tb_bookInfo Where bookName like '%计算机%'

(5) 查询结果排序。有时候希望查询结果能够按照一定顺序显示，如按照借阅次数由高到低的顺序显示图书信息。在查询语句后面加关键字 Order By 可以实现按字段排序功能。其中，asc 表示升序排列，desc 表示降序排列。

注意：若 Order By 后省略排序方式，则默认为 asc 升序排列。

例如：按借阅次数降序排列显示图书信息：

Select * from tb_bookInfo Order By borrowSum desc

也可以按多个字段排序，字段名之间用逗号隔开，排序过程为先按第一个字段的值排序，当第一个字段的值相同时，再按第二个字段的值排，以此类推。

例如：按借阅次数降序排列图书信息，当借阅次数相同时，按照价格由低到高排列：

Select * from tb_bookInfo Order By borrowSum desc,price asc

(6) 统计满足条件的记录个数。例如，查询"清华大学出版社"出版的所有图书，把图书总数存放到新的字段 total 中：

Select count(*)as total from tb_bookInfo Where bookConcern ='清华大学出版社'

(7) 组合查询。用于从多个表中查询符合条件的信息。例如图书信息表中可以查询图书信息，但查询出的图书类型却是以图书类型号显示的，若想同时显示出图书对应的类型名，需要检索图书信息表和图书类型表两个表。

select * from tb_bookInfo,tb_bookType where tb_bookInfo.bookType=tb_bookType.typeID

2. INSERT 插入数据

向数据库中插入一条记录的 SQL 语句格式如下：

Insert Into 表名(字段名 1，字段名 2，…) Values(值 1，值 2，…)

例如：在 tb_bookType 表中插入一条 typeID=3,typeName="电子类"的记录：

insert into tb_bookType (typeID,typeName,)values(3,"电子类");

说明：

(1) 利用插入语句可以给表的全部或部分字段赋值。当给部分字段赋值时，Values(值 1，值 2，…)的顺序必须和前面的字段一一对应，各值之间用逗号隔开；当给全部字段赋值时，可以省略所有的字段名，因此，上面的插入语句可以简化为：

insert into tb_bookType values(3,"电子类")

(2) 若字段的类型是字符或备注型，该字段的插入值必须加单引号；若字段类型为日期类型，插入值也要加单引号；若为布尔型，该字段的值为'True'或'False'；若字段为自动标号类型，则不要给该字段赋值，SQL Server 会根据其行号自动赋值。

(3) 若某一字段没有设置默认值，又是必填字段(不容许 NULL 值)，在插入时必须赋值，否则会出错。

(4) 如果某一个字段设置为主键，则插入数据时该字段的值不容许重复，否则插入出错。

注意：插入语句在使用时需注意程序中使用的字段名和表的字段名要一样，数据类型要相同。

3. UPDATE 更新数据

UPDATE 是对数据库中的数据进行修改的 SQL 语句，其语法格式如下：

update 数据表名 SET 字段名 1=字段值 1，字段名 2=字段值 2，…[where 条件表达式]

说明：

UPDATE 命令可以更新数据表的部分或全部信息。使用 where 条件表达式来指定信息更新的范围，也就是说，执行更新操作是根据给出的条件，更新符合条件的记录。若省略了 where 条件表达式，则会把全部记录更新。

下面介绍一些常用的示例。

(1) 更新图书《数据结构》的价格和出版社。

update tb_bookInfo set price=30,bookConcern='电子工业出版社' where bookName='数据结构'

(2) 将所有图书的借阅次数清 0。

update tb_bookInfo set borrowSum=0

4. DELETE 删除数据

删除记录的语法格式如下：

delete from 数据表名 [where 条件表达式]

说明：可以删除数据表中一条或全部的记录。带有 where 条件表达式时删除符合条件的记录，如省略了条件表达式则将全部数据删除。

下面介绍一些常用的示例。

(1) 删除电子工业出版社出版的图书。

delete from tb_bookInfo where bookConcern='电子工业出版社'

(2) 删除全部图书信息。

delete from tb_bookInfo

6.3.3　ADO.NET

ADO.NET 是 C#与.NET Framework 一起使用的类集的名称，用于以关系型的、面向表的格式访问数据。这包括关系数据库，比如 Microsoft Access 和 SQL Server，以及其他数据库，甚至还包括非关系数据源。ADO.NET 集成到.NET Framework 中，可用于任何.NET 语言。

在使用 ADO.NET 之前，必须先导入下面几种命名空间。

(1) System.Data：包含有大部分的 ADO.NET 类，如数据集 DataSet 类、数据表 DataTable 类、数据列 DataColumn 类、数据行 DataRow 类等。

(2) System.Data.OleDb：包含 OleDb 连接相关类，如 OleDbConnection 类，OleDbCommand 类、OleDbDataReader 类、OleDbDataAdapter 类等。

(3) System.Data.SqlClient：包含 SQL Server 连接相关类，如 SqlConnection 类，SqlCommand 类、SqlDataReader 类、SqlDataAdapter 类等。

在数据库应用程序中，System.Data 命名空间是必须要导入的，而 System.Data.OleDb 空间和 System.Data.SqlClient 空间只需要根据使用的数据库选择其中一个即可。此后就只能使用该空间中的 Connection 类、Command 类、DataAdapter 类、DataReader 类。

注意：对于 SQL Serrver 数据库来说，需要引用 System.Data.SqlClient 命名空间，对于 Access 数据库来说，需要引用 System.Data.OleDb 命名空间。

本章中使用 SQL Server 数据库，因此使用 System.Data 和 System.Data.SqlClient 命名空间。这两个命名空间中包含大量的类，这些类通过相互配合才能完成数据库中的各种操作。为使读者易于理解，下面通过图 6.12 来说明 ADO.NET 中各对象在数据库操作中的配合关系。

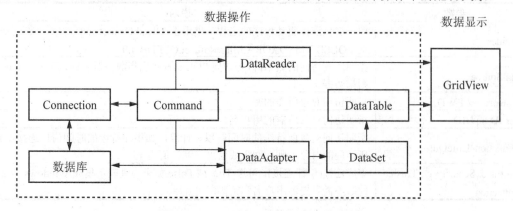

图 6.12　ADO.NET 中各对象的关系图

如图 6.12 所示虚框内的部分是 ADO.NET 中各个对象相互配合实现数据库操作的关系图。数据库中的数据从取出到显示的过程中，各个对象作用互不相同。

首先，利用 Connection 对象建立与数据库的连接。

其次，利用 Command 对象执行 SQL 命令，命令执行后得到查询数据。

再次，利用 DataReader 对象逐次将 Command 对象取得的数据读出，或者把利用 DataAdapter 对象读取 Command 对象的数据转交给 DataSet 对象中的 DataTable 对象。

最后，以 DataReader 对象或 DataTable 对象中的数据为数据源，利用 GridView 等数据显示控件显示查询数据。

从图中可以看出，DataAdapter 对象也可以不经过 Connection 对象和 Command 对象而直接与数据库建立联系。

6.3.4 使用 Connection 连接数据库

Connection 类提供与数据源的连接。要读写数据源内的数据，首先要建立程序和数据源之间的连接。

根据引入命名空间的不同，Connection 类有 3 种：SqlConnection、OleDbConnection 和 OdbcConnection，其中，SqlConnection 类的对象连接 SQL Server 数据库；OleDbConnection 类的对象连接支持 OLEDB 的数据库，如 Access 数据库和 Oracle 数据库；OdbcConnection 类的对象连接任何支持 ODBC 的数据库。与数据库的所有通信最终都是通过 Connection 对象完成的。

以 SQL Server 数据库为例，要使用 SqlConnection 类，应首先在 ASP.NET 页面上方引入命名空间：

```
using System.Data;
using System.Data.SqlClient;
```

1. Connection 的主要属性

Connection 对象最常用的属性是连接字符串 ConnectionString。它提供了连接数据源时必要的连接信息，其中包括连接的服务器对象、账号、密码和所访问的数据库等信息。这些信息是进行数据连接时必不可少的信息。

ConnectionString 所包含的信息见表 6-9。

表 6-9　ConnectionString 包含的信息

参数	说明
Provider	用于提供连接驱动程序的名称，仅用于 OleDbConnection 对象，常见的有 SQLOLEDB,MSDAORA,Microsoft.Jet.OLEDB.4.0.
Data Source	指明所需访问的数据源,若访问 SQL Server 则指服务器名称,若访问 Access 则指数据文件名
Password 或 PWD	指明访问对象所需的密码
User ID 或 UID	指明访问对象所需的用户名
Connection TimeOut	指明访问对象所持续的时间，以秒计算，如果在持续的时间内仍连接不到所访问的对象，则返回失败信息，默认值为 15
Integrated Security 或 Trusted Connection	集成连接(信任连接),可选 True 或 False,如果为真表示集成 Windows 验证,此时不需要提供用户名和密码即可登录

例如，本项目中，采用的数据源为 SQL Server 2005，服务器名为 CHINA-2FA0FB7A2，数据库名为 library，则连接数据库的方式如下：

```
SqlConnection con = new SqlConnection();
con.ConnectionString = " Initial Catalog=library;Data Source=CHINA-2FA0FB7A2;
Integrated Security=True";
```

或者

```
SqlConnection con = new SqlConnection("Initial Catalog=library;Data Source=CHINA-
2FA0FB7A2;Integrated Security=True";);
```

还可以使用另外一种方式：

```
SqlConnection con = new SqlConnection("Initial Catalog=library;Data Source=CHINA-
2FA0FB7A2;UID=sa;PWD=123";);
```

以上两种连接方式都用来连接 SQL Server 数据库，第一种是集成方式登录，第二种是 SQL Server 方式登录。这两种登录方式的区别在于前者是一种信任登录，即 SQL Server 数据库服务器信任 Windows 系统，如果 Windows 系统通过了身份验证，SQL Server 将不再验证，所以在登录 SQL Server 时不再需要提供用户名和密码，而后者则不同，它不管 Windows 是否通过了身份验证，都需要提供 SQL Server 的用户名和密码。

注意：在实际应用中，往往采用 SQL Server 方式登录。

连接字符串可以由系统自动生成，方法如下。

(1) 在 Visual Studio 2008 开发环境中打开网站 Library。在开发环境菜单栏中选择【视图】|【服务器资源管理器】命令，打开【服务器资源管理器】面板，如图 6.13 所示。

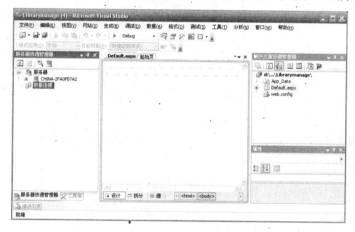

图 6.13　打开【服务器资源管理器】面板

(2) 在【数据连接】选项上右击，在弹出的快捷菜单中选择【添加连接】命令，如图 6.14 所示。

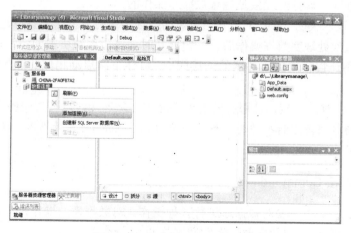

图 6.14　选择【添加连接】命令

(3) 在打开的【添加连接】对话框中输入服务器名、数据库名，若采用【SQL Server 身份验证】，还需输入用户名和密码。如图 6.15 所示。

当服务器为本地服务器时，直接输入 "." 即可，否则输入完整的服务器名。一旦确定了服务器，【选择或输入一个数据库名】列表框中将自动列出该服务器中的数据库列表，从中选择需要的数据库名即可。本例使用 Windows 身份验证，因此无须输入用户名和密码，直接单击【确定】按钮即将数据库 library 添加到了本网站中。

(4) 在【服务器资源管理器】列表中选中刚添加进来的数据库，在右下方【属性】窗口中找到【连接字符串】项，将此项的值赋值给定义的 SqlConnection 对象的 ConnectionString 即可，如图 6.16 所示。

图 6.15　【添加连接】对话框

图 6.16　连接字符串

2. Connection 的常用方法

当创建好一个连接对象后，就可以使用创建好的这个对象，进行数据库的打开、关闭等操作。

Connection 对象的方法主要有以下 3 种。

(1) Open( )：表示打开一个已建立好的连接对象。打开连接对象是指根据连接字符串的设置与对象建立可信任的通信，以便为后来的数据操作做准备。对数据库对象的所有操作都是在连接打开以后进行的，即打开连接是进行数据库操作的第一步。

(2) Close( )：表示关闭一个已打开的连接对象。因为每打开一个数据库连接就会占用一些系统资源，所以每次处理完数据操作后，一定要及时地释放系统所占的资源，即关闭数据库。连接的关闭是指将连接释放到服务器的连接库中，以便下次启动相似的连接时能快速的建立连接。

(3) Dispose( )：移除连接，从服务器的连接库中删除连接，以节省服务器的资源。

注意：对任何数据库进行操作时，均要首先使用 open( )打开数据库，操作完毕后再使用 close( )关闭数据库。

6.3.5　数据命令对象 Command

连接数据库后，接下来要对数据库进行各种操作。对数据库的操作是通过 SQL 命令来实现的。Command 对象的作用是向数据库发送这些 SQL 命令。

和 Connection 一样，根据数据库的不同，使用的 Command 类也不一样。用于 SQL Server 数据库的是 SqlCommand 类。创建一个 SqlCommand 对象的方法为：

```
SqlCommand cmd = new SqlCommand();
```

其中，cmd 为对象的名字。

SqlCommand 对象的主要属性见表 6-10。

表 6-10　Command 对象的主要属性

属性	说明
Connection	指定与 Command 对象相联系的 Connection 对象
CommandType	指定命令对象 Command 的类型，有 3 种选择：Text、StoreProcedure 和 DirectTable，分别表示是 SQL 语句，存储过程和直接的表
CommandText	如果 CommandType 指明为 Text，则此属性指出 SQL 语句的内容。此为默认值 如果 CommandType 指明为 StoreProcedure(存储过程)，则此属性指出存储过程的名称如果 CommandType 指明为 DirectTable，则此属性指出表的名称

其中，Connection 属性表示与网站连接的数据库，也就是说明"向谁发送 SQL 命令"。Commandtext 为具体的操作命令。默认情况下，CommandType 属性的值为"Text"，表示发送的命令为 SQL 语句。声明 Command 对象后要为这些属性赋值，这样 Command 对象才有实际意义。

以图书馆在线管理系统为例，上节已经完成了网站与数据库的连接，进一步声明 Command 对象，对数据库进行查询、添加等操作。

对图书信息表 tb_bookInfo 的查询：

```
SqlConnection con = createCon(); //createCon()方法建立了一个数据连接
    string sql = "select * from tb_bookInfo";
SqlCommand cmd = new SqlCommand(sql, con);
```

对图书信息表 tb_bookType 的插入：

```
SqlConnection con = createCon();
string sql1="insert into tb_bookInfo values('111111111111', '电路',3,2,, '北大出版
社', '王力',30,3)";
SqlCommand cmd = new SqlCommand(sql, con);
```

Command 对象的主要方法有 3 个，分别是 ExecuteScalar、ExecuteReader 和 ExecuteNonQuery。

ExecuteScalar 方法用于执行查询语句，执行后返回查询结果的第一行第一列。当查找不成功时，返回值为 null。这个方法大都用在有聚合函数的查询过程中，如求某列的和、汇总统计等。

ExecuteReader 方法执行后返回 DataReader 对象类型的行集，所以经常用在返回有多行多列的查询语句中，然后再处理 DataReader 对象便能将返回的数据显示出来。ExecuteNonQuery 方法用于执行插入、删除、修改等操作。返回结果为本次操作所影响的行数。

注意：对数据库执行查询操作时，需要调用 Command 对象的 ExecuteScalar 方法或者 ExecuteReader 方法；对数据库执行插入、删除、修改操作时，需要调用 Command 对象的 ExecuteNonQuery 属性。

【例 6-1】制作管理员登录页面。在图书馆在线管理系统中，打开【后台管理】页面要求输入用户名和密码。只有身份通过验证的管理员才能够打开管理页面进行图书管理。编程实现

这一功能。

管理员登录的网页文件为 login.aspx,该页面的控件及其属性见表 6-11。

表 6-11　控件的属性说明

控件类型	控件名称	属性设置	控件用途
textbox	txtname	均为默认值	输入用户名
	txtpassword	textmode 属性设为 password	输入密码
button	btnok	text 属性为"登录"	登录按钮
	btncancel	text 属性为"取消"	取消按钮

分析:管理员单击【登录】按钮后,系统根据输入的用户名和密码去检索数据库中的 tb_user 表,若查找结果不为 0,则打开图书管理页面 bookManage.aspx。

代码实现:

```
protected void Button1_Click(object sender, EventArgs e)
    {
        string managername = txtname.Text;          //获取输入的用户名
        string managerpassword = txtpassword.Text;  //获取输入的密码
        string sql = "select * from tb_user where username='" + managername + "' and
userpassword='" + managerpassword + "'";           //设置 SQL 语句查找
SqlConnection con = new SqlConnection("Data Source=.;Initial Catalog=trsj; Integrated
Security=True");                                    //建立数据库连接
        con.Open();                                 //打开数据库以便进行操作
    try{
        SqlCommand com=new SqlCommand(sql, con);    //声明 command 对象向数据库发送命令
        int i = Convert.ToInt32(com.ExecuteScalar());//执行查询命令并返回值
        con.Close();                                //关闭数据库
}
        catch (Exception e)                         //若查找不成功,将 i 赋值为 0
        {
            con.Close();
            i= 0;
        }
        if(i>0)                                     //当查找结果大于 0 时,表示通过身份验证
            Response.Redirect("bookinfomanage.aspx");//打开图书管理页面
}
```

解释:

(1) 使用 ExecuteScalar( )执行查询语句。

(2) try…catch 为异常处理语句,当 try 语句段中的代码执行过程中发生错误时,即转去执行 catch 语句段中的代码,否则 catch 中的代码不执行。

(3) 使用 ExecuteScalar( )之前要打开数据库,使用完毕要关闭数据库。

在整个项目中,经常要用到数据的查询,如对图书的查询,对读者的查询等,因此,上面的程序代码要多次重复出现。为了提高系统的执行效率,将其作为公共类中的方法。这样,有需要使用查询的地方,直接调用该方法即可。

在【解决方案资源管理器】中选择网站,右击弹出快捷菜单。选择【添加新项】命令,在弹出的【添加新项】对话框中选择【类】,输入类名"DataOperate",确定即可,如图 6.17所示。

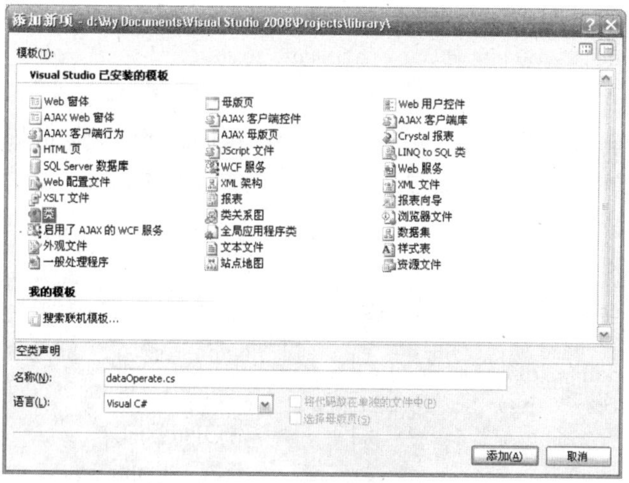

图 6.17　添加类文件

在打开的类文件中编写如下代码：

```
public class dataOperate
{
    static SqlConnection con;                    //声明对象
public static SqlConnection createCon()          //建立连接
    {
        con = new SqlConnection("Data Source=.;Initial Catalog=trsj;Integrated
Security=True");
        return con;
    }
    public static int seleSQL(string sql)        //方法的返回值为整数
    {
    SqlConnection con = createCon();
    con.Open();
        SqlCommand com = new SqlCommand(sql, con);
        try
        {
            return Convert.ToInt32(com.ExecuteScalar());
            con.Close();
        }
        catch (Exception e)
        {
            con.Close();
            return 0;
        }
    }
}
```

声明完毕，当用户单击【登录】按钮时，在对应的 click 事件中直接调用类的方法：

```
protected void Button1_Click(object sender, EventArgs e)
    {
        string managername = txtname.Text;
        string managerpassword = txtpassword.Text;
        string sql = "select * from tb_user where username='" + managername + "' and
userpassword='" + managerpassword + "'";
```

```
    if(dataOperate.seleSQL(sql)>0)//调用 dataOperate 的方法判定查找结果是否为 0
        Response.Redirect("bookinfomanage.aspx");
}
```

公共类的引入使得多个页面可以共用一段代码，在提高运行效率的同时，也大大提高了代码的可读性。同理，在公共类中添加方法 execSQL( )来执行 ExecuteNonQuery( )进行数据的添加、删除和更新操作。

```
//执行数据库的添加删除更新操作
    public static bool execSQL(string sql)    //方法返回值为 bool 类型
    {
SqlConnection con = createCon();
    SqlCommand com = new SqlCommand(sql, con);
    con.Open();                              //打开数据库
    try
    {
        com.ExecuteNonQuery();
    }
    catch (Exception e)
    {
        return false;
    }
    con.Close();                             //关闭数据库
    return true;}
```

6.3.6　数据阅读器 DataReader

在实际工作中，人们往往希望能把执行 SQL 语句的结果显示出来，如进行查询操作，用户要看到的并不只是查询结果的总数，而是每条具体的查询记录。这又如何实现呢？在本节中，将介绍利用数据阅读器 DataReader 对象返回查询记录的方法。

1. DataReader 对象简介

DataReader 对象用于从数据库中读取数据。它的特点是读取速度非常快，但需要手动的编写代码来实现数据的处理工作。DataReader 对象通过调用 Command 对象的 ExecuteReader 方法来获得数据，所以 DataReader 对象一般总是和 Command 一起使用。

DataReader 读取数据时，只能向前读取，而且读取数据的方式是只读的，不能够对数据进行修改。

注意：与 Connection 对象和 Command 对象一样，DataReader 对象也随着所选择的数据库提供程序的不同而不同，常见的 DataReader 对象有 SqlDataReader 和 OleDbDataReader。在此依然使用 SqlDataReader 对象来处理 SQL Server 数据库。

2. DataReader 的属性与方法

DataReader 的主要属性有以下两个。

(1) FieldCount：用于获取当前行的列数。

(2) IsClosed：判断当前对象是否已关闭。

DataReader 对象的主要方法见表 6-12。

表 6-12　DataReader 对象的主要方法

方法	说明
Close	关闭对象
GetDecimal	获取指定列的 Decimal 类型的值
GetInt16	获取指定列的 16 位的整数形式的值
GetInt32	获取指定列的 32 位的整数形式的值
GetInt64	获取指定列的 64 位的整数形式的值
GetOrdinal	获取指定列名称的序列号
GetString	获取指定列的字符串形式的值
GetValue	获取以本机形式表示的指定列的值
NextResult	如果存在多个 SELECT 语句，此方法用于读取下一个记录集的结果
Read	使对象的指针前进到下一个记录，如果下一个记录存在，则返回真，否则返回假。可用于判断是否读到记录的末尾
GetOrdinal	获取指定列名称的序列号

【例 6-2】打开图书馆在线管理系统网站首页，要求显示出所有的图书名称及其所属的图书类型名称。

题目分析：查询所有图书信息直接使用 select 语句，但查询结果中图书类型以类型号的形式显示。针对每个查询结果返回的类型号，再去 tb_bookType 中查找相应的类型名称，因此，要得到最终结果需两次使用 ExecuteReader( )方法。为提高效率，同样将 ExecuteReader( )方法的调用写入公共类中。

代码实现：

在公共类中添加方法 getRow(sql),用于执行 ExcuteReader( )语句并返回结果的行集。

```
//返回一条记录
    public static dataOperate::SqlDataReader getRow(string sql)
    {
        SqlConnection con = createCon();
        con.Open();
        SqlCommand com = new SqlCommand(sql, con);
        return com.ExecuteReader();
        con.Close();
    }
```

为首页的 load 事件添加代码如下：

```
protected void Page_Load(object sender, EventArgs e)
    {
        string sdrsql = "select * from tb_bookInfo";          //查找所有图书
        SqlDataReader booksdr = dataOperate.getRow(sdrsql); //查找结果返回为
                                                            datareader类型的行集
        while (booksdr.Read())                              //逐条读取数据
        {
            Response.Write(booksdr["bookName"].ToString()); //输出图书名称
            Response.Write("          ");
            string booktypeid = booksdr["bookType"].ToString(); //获取当前记录的图
                                                            书类型号
            string booktypesql = "select * from tb_bookType where typeID='" + booktypeid
```

```
+ "'";//在类型表中查找该类型号对应的类型名称
        SqlDataReader booktypesdr = dataOperate.getRow(booktypesql);
                                        //将查询结果放在 booktypesdr 中
        booktypesdr.Read();                      //在查找结果的行集中读取一条记录
        Response.Write(booktypesdr["typeName"].ToString());        //读取类型名称
        Response.Write("<br>");                  //换行
    }
}
```

解释：

(1) 与 ExecuteNonQuery( )一样，执行 ExecuteReader( )之前要打开数据连接，执行完毕后要使用 close( )方法关闭连接。

(2) 公共类中的 getRow( )方法返回的是 SqlDataReader 对象类型的行集，因此可以在调用方法时，将返回值赋值给 SqlDataReader 类型的变量。

(3) SqlDataReader.Read( )方法能够由上至下读取下一条数据，当读至末尾时，该方法返回 false。循环判断语句 while (booksdr.Read( ))指的是当能够读出下一条记录时，执行循环体显示记录，反之退出循环。

6.3.7 数据集 DataSet

通过上面的例子已经知道了如何定义、打开和关闭数据库连接，并使用 DataReader 对象从数据库中获取数据，这种方法在创建 Web 页或 XML Web 服务时尤为有用，因为通常用户只是从数据库中提取数据，然后简单的将其复制到页面或 XML 输出结果中，但以这种方式对数据库操作，必须在与数据库保持连接的状态下进行。在网络程序设计和 Web 应用系统中，使用这种技术显然存在问题。例如，当网络上有成千上万的用户需要对数据库操作时，服务器的负载相当重，长时间的打开数据库也不安全。使用 DataSet 数据集，就避免了这一问题。

DataSet 对象是数据源在内存中的映射，也可以说 DataSet 是内存中的数据库。用户可以对 DataSet 对象进行增、删、改、查等操作，DataSet 发生的变化能够映射回数据库中，从而影响数据库中的数据。一个 DataSet 可以包含任意多个数据表(DataTable)，每个表都由若干记录组成。

DataSet 对象是一套包含关系、约束和表间关联信息的数据的结合体，如图 6.18 所示。

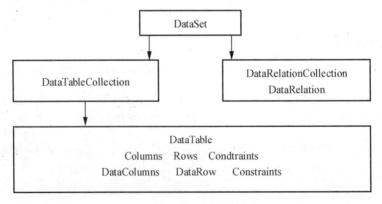

图 6.18 DataSet 对象

也就是说，它在内存中并不和相应的数据库维持一个活动连接。这种非连接的"断开"结构体系使得只有在读写数据库时才需要使用数据库服务器资源，因而提供了更好的可伸缩性，有效地避免了由于活动连接过多而造成的数据库堵塞和网络资源的浪费。

1. DataSet 对象

从上面的介绍可以看出，DataSet 对象是一个脱离数据库完全独立的对象。它可以从数据库中得到数据，也可以从 XML 文件中得到，还可以完全用人工的方式建立并得到数据，因此 DataSet 对象提供了独立于任何数据源的数据。由图 6.17 可以看出，DataSet 主要由 DataTableCollection 和 DataRelationCollection 两部分构成，它包含零个或多个 DataTable 对象。

DataSet 的常用属性见表 6-13。

表 6-13　常用的 DataSet 对象的属性

属性	值
CaseSensitive	确定比较是否区分大小写
DataSetName	用于在代码中引用数据集的名称
DefaultViewManager	定义数据集的默认过滤规则和排序规则
EnforceConstraints	确定在更改过程中是否遵循约束规则
ExtendedProperties	自定义用户信息
HasErrors	指出数据集的数据行中是否包含错误
Locale	比较字符串时所使用的区域信息
Namespace	读写 XML 文档时使用的命名空间
Prefix	用做命名空间别名的 XML 前缀
Relations	定义数据集中数据表关系的数据关系对象的集合
Tables	数据集中包含的数据表的集合

DataSet 还支持一些方法，见表 6-14。

表 6-14　DataSet 对象支持的主要方法

方　　法	说　　明
AcceptChanges	将所有未定的更改提交给数据集
Clear	清除数据集中所有的表对象
Clone	复制数据集的结构
Copy	复制数据集的结构及其内容
GetChanges	返回一个数据集，这个数据集只包含表中被更改了的行
GetXml	返回数据集的 XML 表示
GetXmlSchema	返回数据集架构的 XSD 表示
HasChanges	返回一个布尔值来表示数据集是否有未定的更改
InferXmlSchema	从 XML 文本阅读器或文件来推断架构
Merge	合并两个数据集
ReadXml	将 XML 架构和数据读入数据集
ReadXmlSchema	将 XML 架构读入数据集
RejectChanges	回滚数据集中的所有未定更改
Reset	返回数据集的初始状态
WriteXml	从数据集写 XML 架构和数据
WriteXmlSchema	作为 XML 架构写数据集的结构

数据集的使用方法将在下节结合数据适配器 DataAdapter 一起介绍。

2. DataTable 对象

DataTable 对象表示 DataSet 对象中的表，一个 DataSet 对象可以包含多个 DataTable。DataTable 对象又包含 DataColumn 所表示的列和 Constraints 所表示的约束，还包含 DataRow 行的集合，每个 DataRow 对象代表表中的一行数据。

DataTable 对象可以自定义数据表。把数据表的字段定义好了，就可以利用 DataTable 中 DataRow 行集的 Add 方法加入新的数据。常用的 DataTable 对象的属性见表 6-15。

表 6-15 常用的 DataTable 对象的属性

属　　性	说　　明
CaseSensitive	执行字符串查找、比较、过滤时是否区分大小写
Column	获取 DataTable 内的字段集合
Constraints	获取或设置约束规则的集合
DataSet	获取或设置 DataSet 的名称
DefaultView	获取 DataSet 所包含的数据自定义的视图，该数据集使用自定义进行筛选、检索和排序
Name	获取或设置数据表的 Name 属性
ParentRelations	获取父表关系集合
PrimaryKey	获取或设置 DataTable 的主键
Rows	获取记录的集合
Relations	获取父表和子表的关系集合
TablesNames	获取或设置 DataTable 的名称

3. DataColumn 对象

DataColumn 对象包括列的名称、类型和属性。

4. DataRow 对象

填充一个表的方法比较多，既可以使用命令的自动数据绑定功能，也可以手工添加行。

手工添加时首先创建 DataRow 对象，并插入到 DataTable 表中，再为这个行的每个字段填写数据。

5. DataSet 对象的基本操作

定义数据集对象的格式为：

```
DataSet ds = new DataSet();
```

定义 DataSet 对象 ds，DataRow 对象 dr，以及 DataTable 对象 dt。使用这些对象，可以对 DataSet 进行以下一些基本操作。

1）取得数据集中的表

dt=ds.Tables[表名]　或　dt=ds.Tables[i] (i 为要取得的表在 ds 中的索引)

2）取回表的记录数(行数)

m_rows=dt.Rows.Count

3）取回表的字段数(列数)

m_colus=dt.Columns.Count

4) 删除一行(一个记录)

dr=dt.Rows[E.Item.ItemIndex]

dr.Delete

5) 删除一列(一个字段)

dt.Columns.Remove("bookName")

6) 修改列的值

dr=dt.Rows[E.Item.ItemIndex]　　//定位到行

dr["列名"]=值

7) 按某列排序，默认为升序，加上参数 DESC 表示降序

ds.Tables["表名"].DefaultView.Sort="列名 desc"

8) 对行进行筛选

ds.Tables["表名"].DefaultView.Filte="条件"

其中，条件为表达式，如 bookName="数据库"。

6.3.8　数据适配器 DataAdapter

DataSet 对象使用数据适配器 DataAdapter 与数据源进行交互。DataAdapter 用于数据源和数据集之间交换数据。在许多应用程序中，这意味着从数据库将数据读入数据集，然后从数据集将已更改的数据写回数据库，即数据适配器可以在任意数据源和数据集之间移动数据，它充当数据源和数据集对象之间的"黏合剂"，也称"数据搬运工"。

数据适配器接收来自 Connection 对象的数据，然后把它传递给数据集 DataSet，数据操作过程中再将数据集的变化回传给 Connection 对象以改变数据源中的数据。它使用 Command 对象在数据源中执行 SQL 命令，以便将执行结果加载到 DataSet 中，并使 DataSet 中数据的更改与数据源保持一致。

SQL Server 使用的数据适配器为 SqlDataAdapter，声明 SqlDataAdapter 对象的方法为：

```
SqlDataAdapter 对象名 = new SqlDataAdapter(command对象名);
```

其中，对象名为任意合法的名称。Command 对象表明要发送的命令，也就是要执行的 SQL 语句。

DataAdapter 对象的常用属性有 4 个，列举如下。

(1) DeleteCommand：设置或获取一个 SQL 语句或过程，从数据源中删除记录。

(2) InsertCommand：设置或获取一个 SQL 语句或过程，从数据源中插入记录。

(3) SelectCommand：设置或获取一个 SQL 语句或过程，从数据源中查询记录。

(4) UpdateCommand：设置或获取一个 SQL 语句或过程，从数据源中更新记录。

DataAdaper 支持两个重要方法：一个是 Fill( )，它把数据从数据源加载到数据集中；另一个是 Update( )，它向另一个方向传送数据，即把数据从数据集加载到数据源中。

1. Fill( )方法的使用

Fill( )方法的作用是添加或更新数据集中的记录，使其与数据源中的记录一致。

【例 6-3】图书管理页面如图 6.4 所示。单击页面中的【添加图书】或【修改】链接，均可以打开【添加/修改图书信息】网页，如图 6.18 所示。输入添加或修改的信息后单击【保存】按钮进行保存。编程实现此模块的功能。

图 6.18　【添加/修改图书信息】网页

修改/添加图书页面对应的文件为 addBookInfo.aspx，页面中控件及其属性见表 6-16。

表 6-16　页面中控件的属性与用途

控件类型	控件名称	属性设置	控件用途
Textbox	txtBarCode	ReadOnly 设为 true	显示图书条形码
	txtBookName	均为默认值	显示图书名称
	txtAuthor	均为默认值	显示作者
	txtBookConcern	均为默认值	显示出版社
	txtPrice	均为默认值	显示价格
DropDownList	ddlBookType	均为默认值	显示图书类型
	ddlBookcase	均为默认值	显示书架信息
Button	btnSave	text 属性为"保存"	保存按钮
	btnClose	text 属性为"取消"	取消按钮

题目分析：

(1) 用户通过【添加图书】按钮进入界面后，执行的是"添加"操作，此时页面中应自动生成条形码信息，其余信息均为空，要求用户输入内容。单击【保存】按钮时，执行 insert 语句。

(2) 用户单击【修改】链接执行的是修改操作。页面加载时各个文本框中对应的显示被选中行各字段的内容，修改完毕使用 update 语句将新的信息写入数据库。

(3) 为了区分添加操作和修改操作，在网页 addBookInfo.aspx 的后面加上相应的 ID 标识符。若打开的是添加操作页面，则网页地址为 addBookInfo.aspx?ID="add"；若打开的是修改操作页面，则 ID 的值为相应的图书条形码。

(4) 页面中【图书类型】和【书架】信息不允许用户自行输入，需要在下拉列表框中选择，因此下拉列表框中要列出所有的图书类型和书架信息。

代码实现：

(1) 首先在公共类 DataOperate 中添加方法 getDataSet( )，以数据集的形式返回 Command 对象的执行结果。然后自定义 bindBookType(方法和 bindBookcase)方法分别将图书类型信息和书架信息绑定到下拉列表框控件 ddlBookType 和 ddlBookcase 上。

```
//返回记录的数据集
public static DataSet  getDataset(string sql)
{
    SqlConnection con = createCon();              //建立连接
    SqlCommand cmd = new SqlCommand(sql,con);     //设置 command 对象发送 sql 命令
```

```
        DataSet ds = new DataSet();                      //定义数据集
        SqlDataAdapter sda = new SqlDataAdapter(cmd); //定义执行相应 command 命令的数据
                                                         适配器
        sda.Fill(ds);                                    //将执行结果填充到 DataAdapter 中
        return ds;                                       //返回数据集
    }
```

调用 getDataSet( )方法查询图书类型信息：

```
public void bindBookType()
    {
        string sql = "select * from tb_bookType";        //获取所有图书类型
        ddlBookType.DataSource = dataOperate.getDataset(sql).Tables[0];
                                                          //设置 DropDownList 控件的数据源
        ddlBookType.DataTextField = "TypeName";           //设置 DropDownList 控件的显示文本
        ddlBookType.DataValueField = "TypeID";            //设置 DropDownList 控件的值
        ddlBookType.DataBind();                           //执行绑定
    }
```

解释：

① 调用 DataAdapter 的 fill( )方法，可以将执行查询后的结果填充到数据集中。

② 下拉列表框控件 DropDownList 可以绑定到数据库上，即下拉列表框显示数据库中某一列的数值。实现这一功能需首先设置 DropDownList.DataSource 为要绑定的数据表的名称。本例中，dataOperate.getDataset(sql)返回的结果是数据集，不能够直接赋给 DataSource 属性，只能将该数据集中的第一张数据表 Tables[0]赋值给 DataSource。

③ 下拉列表框显示的是数据表中某一列的属性，因此为 DataSource 赋值之后，还需要设置要显示的列名。DataTextField 表示下拉列表框中选项对应的列名，DataValueField 则表示选中相应选项后，该选项对应的 value 值。在本例的设置中，下拉列表框的选项是图书类型表中"TypeName"列的所有取值。假设列表框的第一个选项为"文学"，则此选项对应的 text 属性为"文学"，value 属性为"文学"对应的类型号 4。

④ 设置好 DataSource、DataTextField、DataValueField 等属性后，调用 DropDownList 的 DataBind( )方法执行绑定，将指定表的指定列添加到下拉列表中显示。

说明：

绑定数据名称的方法 bindBookcase( )与 bindBookType( )类似，在此不再赘述。

(2) 加载 addBookInfo.aspx 页面时，根据页面网址传递的 ID 参数值决定要执行"添加"还是"修改"操作。

```
private string id = "add";
    protected void Page_Load(object sender, EventArgs e)
    {
        if (!IsPostBack)                                  //是否首次加载
        {
            id = Request.QueryString["ID"].ToString();    //获得 ID 的值判断是添加页面
                                                            还是修改页面
            bindBookType();                               //绑定图书类型列表框
            bindBookcase();                               //绑定书架名称列表框
            if (id != "add")                              //当打开的为修改页面时
                bindBookInfo();      //绑定图书信息，将对应的图书条形码的信息显示到各个文本框中
```

```
        else
            txtBarCode.Text = barcode();   //当打开的是添加页面时，自动生成图书的条形码
    }
}
```

当用户进行"修改"操作时，定义 bindBookInfo( )方法根据图书管理页面传入的条形码，查找出此条图书信息并在页面中显示出来，代码如下：

```
public void bindBookInfo()
    {
        string sql = "select * from tb_bookInfo where bookBarCode='" + id + "'";
        SqlDataReader sdr = dataOperate.getRow(sql);
        sdr.Read();                                        //读取一条记录
        txtBarCode.Text = sdr["bookBarCode"].ToString();   //显示图书条形码信息
        txtBookName.Text = sdr["bookName"].ToString();     //显示图书名称信息
        ddlBookType.SelectedValue = sdr["bookType"].ToString(); //显示图书类型信息
        ddlBookcase.SelectedValue = sdr["bookcase"].ToString(); //显示书架信息
        txtBookConcern.Text = sdr["bookConcern"].ToString();    //显示图书出版社信息
        txtAuthor.Text = sdr["author"].ToString();         //显示图书作者信息
        txtPrice.Text = sdr["Price"].ToString();           //显示图书价格信息
}
```

自定义 barcode( )方法用来生成一个条形码，在此，规定条形码的前两位为"10"。为了保证条形码各不相同，条形码后面的内容为当前系统时间中的年、月、日、小时、分钟、秒等各项连接而成的字符串。。实现代码如下：

```
//生成条形码
public string barcode()
    {
        //获取当前日期的年、月、日转换成字符串类型用于表示条形码
        string date = DateTime.Now.Year.ToString() + DateTime.Now.Month.ToString()
+ DateTime.Now.Day.ToString();
        //获取当前时间的小时、分钟转换成字符串类型用于表示条形码
        string time = DateTime.Now.Hour.ToString() + DateTime.Now.Minute.ToString()
+DateTime.Now.Second.ToString();
        return "10" + date + time;                    //返回条形码
    }
```

在【保存】按钮的 click 事件中判断对图书信息要执行的操作，从而执行不同的 SQL 语句，添加新图书操作将编写插入的 SQL 语句，修改图书操作将编写更新的 SQL 语句。实现代码如下：

```
protected void btnSave_Click(object sender, EventArgs e)
    {
        string bookBarcode = txtBarCode.Text;          //获取图书条形码信息
        string bookName = txtBookName.Text;            //获取图书名称信息
        string bookType = ddlBookType.SelectedValue;   //获取图书类型信息
        string bookcase = ddlBookcase.SelectedValue;   //获取书架信息
        string bookConcern = txtBookConcern.Text;      //获取图书出版社信息
        string author = txtAuthor.Text;                //获取图书作者信息
        string price = txtPrice.Text;                  //获取图书价格信息
```

```
    string sql = "";
    //判断当前对图书信息的操作
    if (id == "add") //添加操作
        sql = "insert into tb_bookInfo(bookBarCode,bookName,bookType,bookcase,bookConcern,
author,price,borrowSum) values('" + bookBarcode + "','" + bookName + "','" + bookType
+ "','" + bookcase + "','" + bookConcern + "','" +author + "'," + price + ",0)"; }
    else                                              //修改操作
        sql = "update tb_bookInfo set bookName='" + bookName + "',bookType='"
+ bookType + "',bookcase='" + bookcase + "',bookConcern='" + bookConcern +
"',author='" + author + "',price=" + price + " where bookBarCode='" + bookBarcode
+ "'";
    if (dataOperate.execSQL(sql))                     //判断添加或修改是否成功
        Response.Write("<script  language=javascript>alert(' 添 加 成 功 ！ ');
window.opener.location.reload();window.close();</script>");
//操作成功时进行提示,更新父页面并关闭当前的添加页面
    else                                              //提示添加失败
        RegisterStartupScript("", "<script>alert('添加失败！')</script>");
    }
```

2. Update( )方法

由于数据集不保留有关它所包含的数据来源的任何信息,因而对数据集中的行所做的更改也不会自动回传到数据源,必须用数据适配器的 Update( )方法来完成这项任务。对一数据集中每一个做出更改的行,Update( )方法会适当地调用数据适配器的 InsertCommand、DeleteCommand 或 UpdateCommand 对数据源进行操作。

6.3.9　数据绑定技术

数据库中的数据动态在页面上显示出来,才能够体现出在 Web 应用系统中使用数据库的优势。前面介绍的 ADO.NET 连接数据库技术,可以使用 SQL 语句完成查询、插入、删除、修改,但是给出的实例存在一些不足,使用不够灵活。

ASP.NET 技术为了最有效地使用数据库的信息,使用了数据绑定(DataBind)方法。数据绑定方法的思想很简单,把数据源与显示控件关联起来,ASP.NET 即可以自动地显示出数据,而不再需要人工干预。

所有的数据绑定都会通过 DataBind 方法来实现。在实现数据绑定的时候,首先要指明数据源,然后再使用 DataBind 方法。

注意：数据源不仅可以是 DataSet 中的一个数据表,也可以是数组等数据结构。

Visual Studio 中提供了一些专门的数据绑定控件。这些控件与数据库应用紧密相关,它们是 GridView 控件、DataList 控件和 Repeater 控件。

这 3 种控件可以将数据显示成各种外观。这些外观包括表格、多列列表或者 HTML 流。同时,也允许创建任意的显示效果。除此之外,它们还封装了处理提交数据、状态管理、事件激发的功能,提供了各种级别的标准操作,包括选择、编辑、分页、排序等。利用这些控件,可以轻松地完成图书列表、查询结果显示、导航菜单等 Web 应用。

6.3.10　认识 GridView 控件

GridView Web 服务器控件用于显示数据库中的数据,运用它可以实现数据的显示、排序、

图 6.19　工具箱中的 GridView

修改、删除、分页等操作。GridView 控件在【工具箱】中对应的图标如图 6.19 所示。

　　GridView 控件以表格形式显示数据源的数据，因此直接将一个二维表作为其数据源就显得特别方便和清晰。

　　GridView 控件的功能十分强大，使用起来既简单又复杂。简单的是，若仅仅需要显示一个数据表的数据而不需要对数据做其他操作时，借助于数据连接向导将页面连接到数据库后，再编写两行代码就可以解决问题，因此没有比它再容易使用的数据绑定控件了；复杂的是，GridView 控件除了具有排序和分页等功能外，还提供了编辑和删除数据的功能，并允许利用模板列在该控件中加入各种子控件，实现十分复杂的功能，从而为熟练的编程者提供了发挥的余地。

1. GridView 的属性

GridView 的常用属性见表 6-17。

表 6-17　GridView 的常用属性

属性名	说明
DataSource	绑定到控件的数据源，可以是数组、数据集、数据视图等
DataMember	若 DataSource 指定的是一个数据集，则 DataMember 属性指定到该数据集的一个数据表
DataKeyField	用于填充 DataKey 集合的数据源中的字段，一般应指定到数据表的主键字段
SelectedIndex	当前选定项的索引号，未选定任何项时为 -1
AutoGenerateColumns	是否自动生成控件的属性绑定列，默认为 true
AllowPaging	是否打开分页功能，默认为 false
AllowCustomPaging	是否打开对自定义的分页的支持，默认为 false
BackImageUrl	背景图片的路径及文件名
ShowHeader	是否显示列标头，默认为 true
ShowFooter	是否显示页脚注，默认为 false

2. GridView 控件中的列

　　GridView 控件允许以各种方式指定要显示的列。在默认情况下，列基于数据源中的字段自动生成，但是，为了更精确地控制列的内容和布局，可以定义列的类型。GridView 控件的列控件见表 6-18。

表 6-18　GridView 控件的列控件

列的类型	说明
绑定列 BoundColumn	默认选项，指定要显示的数据源字段。以文本形式显示字段中每个项
超级链接列 HyperLinkColumn	将信息显示为超级链接。典型的用法是将数据显示为超级链接，用户可以单击它以定位到提供关于该项的详细信息的单独页
按钮列 ButtonColumn	列中每项显示为一个命令按钮，用户可以创建一列自定义按钮控件
编辑列 CommandColumn	显示一列，包含列中各项的编辑、更新或取消命令等
模板列 TemplateColumn	按指定模板显示类中各项，用户可以在列中提供自定义控件

3. GridView 控件的外观

为了增强 GridView 控件的表现力，需要对控件的外观作必要的修饰。外观的美化工作可以通过在属性窗口中设置外观属性做到，还可以通过自动套用格式实现。

最简单的办法是利用自动套用格式来设计外观。单击控件，单击右上角出现的 ▷ 按钮，在弹出的菜单上选择【自动套用格式】，打开如图 6.20 所示的【自动套用格式】对话框，对话框中列出了很多格式模板，选择一种满意的格式，单击【确定】按钮即可。

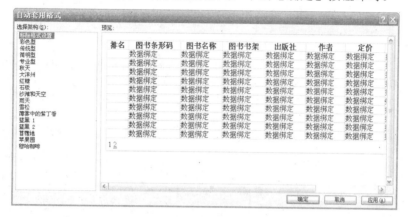

图 6.20　【自动套用格式】对话框

4. GridView 控件的事件

GridView 控件的常用事件如下。

(1) SelectedIndexChanging 事件：当前选择项发生改变时激发。

(2) PageIndexChanging 事件：当前索引页发生改变时激发。

(3) RowDataBound 事件：呈现 GridView 之前，该控件中的每一行都必须绑定到数据源中的一条记录。将某个数据行绑定到 GridView 控件中的数据以后，将触发该事件。

注意：显示 GridView 控件之前，只要执行了数据绑定，就会触发 RowDataBound 事件。

此外，GridView 控件还包含一类特殊的事件，称为反升事件。由于 GridView 控件中可以包含其他子控件，因此称 GridView 控件为容器控件。当容器控件中包含按钮子控件时，单击按钮，单击事件会反升至其容器控件 GridView，这样的事件就称为反升事件。也就是说，这时事件的处理过程不再写在子控件的事件当中，而是写在 GridView 控件的反升事件里。

通常在 GridView 控件中加入按钮子控件后，按钮子控件的 Click 事件与 GridView 控件的反升事件的名称对应关系取决于该按钮子控件的 CommandName 属性，对应规则见表 6-19。

表 6-19　反升事件对照表

按钮子控件的 CommandName 属性值	对应的 GridView 控件事件
delete	DeleteCommand
update	UpdateCommand
edit	EditCommand
cancel	CancelCommand
select	ItemCommand 与 SelectedIndexChanged
其它	ItemCommand

注意：若按钮的 CommandName 属性不是以上表中的特定值，则触发 ItemCommand 事件。此事件通过判别按钮控件的 CommandName 属性来区分引发事件的按钮在哪一列。

6.3.11　GridView 控件的应用

1. 应用 GridView 控件显示数据表中的信息。

在工具箱中选中 GridView 控件拖动到页面上，此时 GridView 控件如图 6.21 所示。

单击控件右上角的三角按钮，在弹出的对话框中选择【编辑列】命令，打开如图 6.22 所示的【字段】对话框。

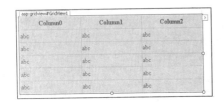

图 6.21　GridView 控件　　　　图 6.22　【字段】对话框

该对话框的【可用字段】部分列出的是 GridView 控件中所有的列控件。选择默认选项"BoundFiled"，单击【添加】按钮为 GridView 增加绑定列。

针对增加的每个绑定列，对话框右侧的属性列表中列出了该列的所有属性。

DataField 属性指明该列所绑定的数据表中的列名。

HeaderText 属性表示该列的显示文本，即 GridView 控件上显示出的列名。

以绑定图书信息表 tb_bookInfo 为例，使用表中第一列的列名"bookBarCode"为 GridView 第二列的 DataField 属性赋值，并将该列的 HeaderText 属性赋值为"图书条形码"以显示在页面上。要显示整张图书信息表，在【字段】对话框中依次添加表中的各个列即可。

注意：若 GridView 中的某一列在数据表中没有对应的列，则无需设置其 DataField 属性。例如此例中 GridView 中的"排名"列就没有对应的 DataField 值。

设置完毕后的 GridView 控件如图 6.23 所示。此时已经完成了 GridView 各列的绑定。要在控件中显示出 tb_bookInfo 表中的内容，和前面介绍过的下拉列表框 DropDownList 一样，还需要设置控件的数据源属性 DataSource，最后通过 DataBind( )方法进行数据的绑定。

通过例 6-4 介绍如何使用 GridView 控件显示信息。

【例 6-4】图书馆在线管理系统的首页如图 6.2 所示。该页显示馆内全部图书的信息，并按照图书的借阅次数进行降序排列。

图 6.23　设置数据绑定后的 GridView

本例对应的网页文件为 index.aspx，该页面的控件属性见表 6-20。

表 6-20　控件的属性设置及用途

控件类型	控件名称	属性设置	控件用途
GridView	gvBookTaxis	AutoGenerateColumns 属性设为 False	显示图书排行榜
自定义控件	top.ascx	默认值	网站导航功能

题目分析：图书信息表 tb_bookInfo 中存放的是图书的信息。进行显示时，需要进行如下 3 点变动。

(1) 将表中的图书类型号转换为图书类型，即对于 tb_bookInfo 中每条记录，需取出其类型号去图书类型表 tb_bookType 中检索出类型名称。

(2) 对于书架信息，执行与(1)相同的操作，取出书架号去书架表 tb_bookcase 中检索信息。

(3) 所有记录按照降序排序后，增加一列序号列，显示其在排名中的顺序。

代码实现：

在图书信息表中，图书类型存储的是类型的编号，为了查看方便将图书类型编号转换为类型名称。此功能在 GridView 控件的 RowDataBound 事件中实现，在此事件中先获取图书类型的编号，通过编号在图书类型表中获取类型名称，将类型名称绑定到图书类型列中。

```
protected void gvBookTaxis_RowDataBound(object sender, GridViewRowEventArgs e)
    {
        if (e.Row.RowIndex != -1)                //判断 GridView 控件中是否有值
        {
            int id = e.Row.RowIndex + 1;          //将当前行的索引加上一赋值给变量 id
            e.Row.Cells[0].Text = id.ToString();//将变量 id 的值传给 GridView 控件的第一列
        }
        if (e.Row.RowType == DataControlRowType.DataRow)
        {
            //绑定图书类型
            string bookType = e.Row.Cells[7].Text.ToString();      //获取图书类型编号
            string typeSql = "select * from tb_bookType where TypeID=" + bookType;
            SqlDataReader typeSdr = dataOperate.getRow(typeSql);
            typeSdr.Read();                                        //读取一条数据
            e.Row.Cells[7].Text = typeSdr["typeName"].ToString();   //设置图书类型
            //绑定书架
            string bookcase = e.Row.Cells[3].Text.ToString();       //获取书架编号
```

```
        string caseSql = "select * from tb_bookcase where bookcaseID=" + bookcase;
        SqlDataReader caseSdr = dataOperate.getRow(caseSql);
        caseSdr.Read();                                    //datareader 读入一行数据
        e.Row.Cells[3].Text = caseSdr["bookcaseName"].ToString();    //设置书架
        //设置鼠标悬停行的颜色
        e.Row.Attributes.Add("onMouseOver", "Color=this.style.backgroundColor;
this.style.backgroundColor='lightBlue'");
        e.Row.Attributes.Add("onMouseOut", "this.style.backgroundColor=Color;");
    }
}
```

首页显示图书排行榜，在此方法中使用数据库操作类中的 getDataset( )方法，查找出所有的图书信息绑定到 GridView 控件上。

```
protected void Page_Load(object sender, EventArgs e)
    {
        string sql = "select * from tb_bookInfo order by borrowSum desc";//设置 SQL 语句
        DataTable table=dataOperate.getDataset(sql).Tables[0];//定义 DataTable 对象
        gvBookTaxis.DataSource = table.DefaultView;            //获取图书信息数据源
        gvBookTaxis.DataBind();                                //执行绑定
}
```

2. 编辑列 CommandColumn 的使用

上例中使用 GridView 显示图书信息表的信息，表中每一列的类型均为默认的绑定列 BoundField。前面介绍过，GridView 还有很多其他的列类型，熟练使用这些类型，可以为程序提供很多的便利。编辑列 CommandField 即为其中的一类。

向 GridView 中添加编辑列，可以轻松实现对表格数据行的编辑和删除等操作。下面通过一个实例来说明编辑列的使用。

【例 6-5】图书管理页面如图 6.4 所示。管理员通过身份验证后，可以打开图书管理页面对图书进行添加、修改、删除等各种操作。页面中使用 GridView 显示所有的图书信息，每条图书记录的最后一个字段为编辑类型，单击可以进行数据的删除操作。

图书管理页面的网页文件为 bookManage.aspx，该网页内的控件见表 6-21。

表 6-21　控件的属性设置及用途

控件类型	控件名称	属性设置	控件用途
GridView	gvBookManage	AllowPaging 属性为 true AutoGenerateColumns 属性为 false PageSize 属性为 10	显示图书详细信息
HTML 控件<a>	无	html 标记为 "<a href="#" onclick="window.open('addBookInfo.aspx?ID=add','','width=340,height=371')">添加图书</a>"	跳转到添加图书信息页
用户自定义控件	top.ascx	均为默认值	网站导航功能

题目分析：首先编辑 GridView 的列类型。在 GridView 的【字段】对话框中依次加入图书条形码、图书名称、图书类型、书架、出版社、作者、价格、借阅次数等 8 个字段，分别将这 8 个字段绑定到图书信息表 tb_bookInfo 的对应列上。

在【可用字段】对话框中选择 CommandField。单击该项前面的【+】按钮将其展开，在展开项中选择【删除】，如图 6.24 所示。单击【添加】按钮，添加新列。为新加入的列设置其 HeaderText 属性为"删除"，单击【确定】按钮完成设置。

图 6.24　设置编辑列

设置后的 GridView 控件如图 6.25 所示。图中最后一列即为加入的编辑列。

条形码	图书名称	图书类型	书架	出版社	作者	价格	借阅次数	删除
数据绑定	数据绑定	数据绑定	数据绑定	数据绑定	数据绑定	数据绑定	数据绑定	删除
数据绑定	数据绑定	数据绑定	数据绑定	数据绑定	数据绑定	数据绑定	数据绑定	删除
数据绑定	数据绑定	数据绑定	数据绑定	数据绑定	数据绑定	数据绑定	数据绑定	删除
数据绑定	数据绑定	数据绑定	数据绑定	数据绑定	数据绑定	数据绑定	数据绑定	删除
数据绑定	数据绑定	数据绑定	数据绑定	数据绑定	数据绑定	数据绑定	数据绑定	删除
数据绑定	数据绑定	数据绑定	数据绑定	数据绑定	数据绑定	数据绑定	数据绑定	删除
数据绑定	数据绑定	数据绑定	数据绑定	数据绑定	数据绑定	数据绑定	数据绑定	删除
数据绑定	数据绑定	数据绑定	数据绑定	数据绑定	数据绑定	数据绑定	数据绑定	删除

图 6.25　设置【删除】后的 GridView

用户选择 GridView 中的某行数据，单击其最后一列时，会自动触发 RowDeleting 事件，因此将删除指令对应的代码写入此事件中。

执行删除操作时，系统自动获得用户所选的行的主键，然后去表中寻找相应的记录进行删除，因此，需为 GridView 控件指明所选行的主键字段。主键的指定通过设置 DataKeyNames 属性来完成。选中 GridView 控件，在属性列表框中将表 tb_bookInfo 的主键列名 bookBarCode 赋值给 DataKeyNames。

注意：GridView 的 DataKeyNames 属性指明该 GridView 中显示的数据表的主键。

代码实现：

编写 bindbook 函数，当页面加载时，为 GridView 设置数据源显示数据：

```
protected void Page_Load(object sender, EventArgs e)
    {
        bindbook();
    }
    private void bindbook()
    {
        String sql = "select * from tb_bookInfo";
        gvBookManage.DataSource = dataOperate.getDataset(sql);
        gvBookManage.DataBind();
}
protected void gvBookManage_RowDataBound(object sender, GridViewRowEventArgs e)
```

```
    {
        if (e.Row.RowType == DataControlRowType.DataRow)
        {
            string bookType = e.Row.Cells[2].Text.ToString();    //获得图书类型编号
            string booktypesql = "select typeName from tb_bookType where typeID="
+ bookType;
            string typename = dataOperate.seletable(booktypesql).Rows[0][0].ToString();
                                                    //根据变化查找图书类型名
            e.Row.Cells[2].Text = typename;
            string bookcase = e.Row.Cells[3].Text.ToString();
            string bookcasesql = "select bookcaseName from tb_bookcase where
bookcaseID=" + bookcase;                                  //获得书架编号
            string bookcasename = dataOperate.seletable(bookcasesql).Rows[0][0].
ToString();                                       //根据书架编号获得图书类型名
            e.Row.Cells[3].Text = bookcasename;
            e.Row.Attributes.Add("onMouseOver",
"Color=this.style.backgroundColor;this.style.backgroundColor='lightBlue'");
            e.Row.Attributes.Add("onMouseOut", "this.style.backgroundColor=Color;");
        }
}
```

将执行删除指令的代码放入事件 rowDeleting 中。

```
protected void gvBookManage_RowDeleting(object sender, GridViewDeleteEventArgs e)
    {
        int i = e.RowIndex;                          //获得当前行的索引值
        string barCode = gvBookManage.DataKeys[i].Value.ToString(); //获得该行图书条形码
        string sql = "delete from tb_bookInfo where bookBarCode='" + barCode+ "'";
        dataOperate.execSQL(sql);                    //将此条图书信息删除
        bindbook();                                  //重新绑定
}
```

解释：gvBookManage 为 GridView 控件的名称。设置了 DataKeyNames 属性后，即可通过 gvBookManage.DataKeys[i]获得选中行的主键的值。

【例 6-6】图书借阅页面如图 6.5 所示。该模块的功能为：输入读者的条形码，单击【查找读者】按钮，将该读者的信息显示出来。输入图书的条形码，单击【查找图书】按钮，将图书显示到 GridView 中。在 GridView 中设置命令列【借阅】，单击此列，执行借阅操作，即计算读者的应还时间，并将借书信息添加到表 tb_bookBorrow 中。

图书借阅页面对应的文件名为 bookBorrow.aspx，该页面内的控件设置见表 6-22。

表 6-22 控件的属性设置及用途

控件类型	控件名称	属性设置	控件用途
GridView	gvBookBorrow	AutoGenerateColumns 属性为 false	显示图书详细信息
button	btnReaderSearch	均为默认值	搜索读者信息按钮
	btnBookSearch	均为默认值	搜索图书条形码按钮

续表

控件类型	控件名称	属性设置	控件用途
textbox	txtReaderBarCode	均为默认值	输入读者条形码
	txtReaderName	均为默认值	显示读者姓名
	txtReaderSex	均为默认值	显示读者性别
	txtReaderType	均为默认值	显示读者类型
	txtCertificateType	均为默认值	显示读者证件号码
	txtCertificate	均为默认值	显示读者证件类型
	txtNum	均为默认值	显示读者可借图书数量
	txtBookBarCode	均为默认值	输入图书条形码

题目分析：向借书页面 bookborrow.aspx 中添加一个 GridView 控件。仿照例 6-5 的方法设置该控件的列用于显示 tb_bookInfo 中的信息。在 GridView 的最后一列中增加 CommandField 列，设置 CommandField 列为"选择"类型。设置该列的属性如图 6.26 所示。

图 6.26　【选择】列的设置

代码实现：

将读者的条形码输入后，单击【查找读者】按钮将读者信息显示出来。要实现这一过程在【查找读者】按钮的 Click 事件中调用自定义的 bindReaderInfo( )方法。此方法利用读者条形码查找读者信息，同时计算读者当前可借阅数量信息。计算读者当前可借阅数量的方法是：根据读者的类型可读取到读者可借阅图书总数，将总数减去当前读者已借阅还未还的图书数量就会得到读者当前可借阅的数量。

```
protected void btnReaderSearch_Click(object sender, EventArgs e)
{
    bindReaderInfo();
}
private void bindReaderInfo()
{
    string readerBarCode = txtReaderBarCode.Text;        //获取读者条形码
    //创建 SQL 语句在读者信息表中查询符合读者条形码条件的记录
    string readerSql = "select * from tb_readerInfo where readerBarCode='" +
readerBarCode + "'";
    SqlDataReader sdr = dataOperate.getRow(readerSql);  //获取该读者详细信息
    if (sdr.Read())
```

```
    {                                                    //读取一条记录
        txtReaderName.Text = sdr["readerName"].ToString();   //显示读者姓名
        txtReaderSex.Text = sdr["Sex"].ToString();           //显示读者性别
        txtCertificateType.Text = sdr["certificateType"].ToString();
                                                             //显示证件类型
        txtCertificate.Text = sdr["certificate"].ToString(); //显示证件号
        //创建 SQL 语句在读者类型表中查询符合读者类型编号的记录
        string readerTypeSql = "select * from tb_readerType where id=" + sdr
["readerType"].ToString();
        SqlDataReader typeSdr = dataOperate.getRow(readerTypeSql); //获取读者类型信息
        typeSdr.Read();                                      //读取一条记录
        txtReaderType.Text = typeSdr["type"].ToString();    //显示读者类型
        int borrowNum = Convert.ToInt32(typeSdr["num"]);    //获取可借图书总数
        //创建 SQL 语句在图书借阅表中查询符合读者条形码条件的读者借了几本图书(图书未还的)
        string selSql = "select count(*) from tb_bookBorrow where readerBarCode=
'" + readerBarCode + "' and isReturn ='0'";
        int alreadyNum = dataOperate.seleSQL(selSql);       //获取图书已借数
        txtNum.Text = Convert.ToString(borrowNum - alreadyNum); //显示可以借阅数
        isSum = 1;
    }
    else
        RegisterStartupScript("", "<script>alert('读者条形码输入错误!')</script>");
}
```

解释: isSum 为全局变量,初始值为 0,表示尚未输入读者信息,提示输入用户条形码。一旦查找读者信息成功,此变量的值设置为 1,可以继续输入图书条形码,进行查找图书的操作。

将读者需要借阅图书的条形码输入后,单击【查找图书】按钮将此图书的信息显示出来。在【查找图书】按钮的 Click 事件中先判断当前用户是否还可以借阅图书,如果可以,再判断用户是否输入图书的条形码,如果输入图书条形码则根据条形码将此图书信息查找出来并通过GridView 控件显示。

```
protected void btnBookSearch_Click(object sender, EventArgs e)
    {
        if (isSum > 0)
        {
        if (Convert.ToInt32(txtNum.Text.Trim()) > 0)        //判断读者是否还可以借书
        {
            if (txtBookBarCode.Text.Trim() != "")           //判断图书条形码是否为空
            {
                string bookBarCode = txtBookBarCode.Text; //获取图书条形码
                string sql = "select * from tb_bookInfo where bookBarCode='" +
bookBarCode + "'";                      //创建 SQL 语句在图书信息表中查询符合图书条形码条件的记录
                DataTable table = dataOperate.getDataset(sql).Tables[0];
                if (table.DefaultView.Count > 0)
                {
                    gvBookBorrow.DataSource = table.DefaultView;    //获取数据源
                    gvBookBorrow.DataKeyNames = new string[] {"bookBarCode"};
                                                        //设置主键
                    gvBookBorrow.DataBind();            //绑定 GridView 控件
                }
                else
```

```
            RegisterStartupScript("", "<script>alert('图书条形码错误!')</script>");
        }
        else
            RegisterStartupScript("", "<script>alert('图书条形码不能为空')</script>");
    }
    else
        RegisterStartupScript("", "<script>alert('借阅数量已满! 不可以再借阅')</script>");
    }
    else
        RegisterStartupScript("", "<script>alert('请先输入正确的读者条形码!')</script>");
}
```

由于图书信息表中图书类型存放的是编号,为了方便查看需要将图书类型编号转换为图书类型名称,此功能在 GridView 控件的 RowDataBound 事件中实现。

```
protected void gvBookBorrow_RowDataBound(object sender, GridViewRowEventArgs e)
    {
        if (e.Row.RowType == DataControlRowType.DataRow)
        {   //设置图书类型
            string bookType = e.Row.Cells[1].Text.ToString();       //获取图书类型编号
            //创建 SQL 语句在图书类型表中查询符合图书类型编号条件的记录
            string typeSql = "select * from tb_bookType where TypeID=" + bookType;
            SqlDataReader typeSdr = dataOperate.getRow(typeSql);
            typeSdr.Read();                                         //读取一条记录
            e.Row.Cells[1].Text = typeSdr["typeName"].ToString(); //显示图书类型
            e.Row.Cells[5].Text = typeSdr["borrowDay"].ToString();//显示图书可借天数
        }
    }
```

单击图书信息中的【借阅】按钮将图书借阅信息存储到图书借阅表中。此功能使用了 GridView 控件中的 SelectIndexChanging 事件,在此事件中获取当前选择图书的条形码,根据条形码查找图书的详细信息,将图书信息和读者信息添加至图书借阅表 tb_bookBorrow 中,如果添加成功将图书信息表中的借阅次数加 1。

```
    protected void gvBookBorrow_SelectedIndexChanging(object sender, GridView
SelectEventArgs e)
    {
        string bookBarCode = gvBookBorrow.DataKeys[e.NewSelectedIndex].Value.ToString();
        //创建 SQL 语句使用内联接连接条件为图书类型编号,查询条件为符合图书条形码的记录
        string sql = "select * from tb_bookInfo as a inner join tb_bookType as b on
a.bookType=typeID where a.bookBarCode='" + bookBarCode + "'";
        SqlDataReader sdr = dataOperate.getRow(sql);             //获取图书信息
        sdr.Read(); //读取一条记录
        string bookName = sdr["bookName"].ToString();           //获取图书名称
        string borrowTime = DateTime.Now.Date.ToShortDateString();  //获取借阅日期
        string readerBarCode = txtReaderBarCode.Text;           //获取读者条形码
        string readersql = "select * from tb_readerInfo as a inner join tb_readerType
as b on a.readerType=id where readerBarCode='" + txtReaderBarCode.Text + "'";
        SqlDataReader readerSdr = dataOperate.getRow(readersql);
        readerSdr.Read();
        int borrowDay=Convert.ToInt32( readerSdr["borrowDay"]); //获取图书可借天数
        string returnTime = DateTime.Now.Date.AddDays(borrowDay).ToShortDateString();
```

```
                                                                 //获取应还日期
    string readerName = txtReaderName.Text;                      //获取读者姓名
    int  num = Convert.ToInt32(sdr["num"]);                      //获取图书剩余数量
    if (num <= 0)
    {
        RegisterStartupScript("", "<script>alert('该图书剩余数量为0,目前不能借阅!
')</script>");
    }
    else
    {
        string issql = "select * from tb_bookborrow where bookBarCode='" +
bookBarCode + "'and readerBarCode='" + readerBarCode + "'and isReturn=0";
        if (dataOperate.seleSQL(issql) != 0)//判断该读者目前是否已经借阅了这本书还未还
            RegisterStartupScript("", "<script>alert('不允许同时借多本一样的书!
')</script>");
        //创建SQL语句将图书借阅信息添加到图书借阅信息表中
        else
        {
            string addSql = "insert tb_bookBorrow values('" + bookBarCode + "','"
+ bookName + "','" + borrowTime + "','" + returnTime + "','" + readerBarCode + "','"
+ readerName + "','')";
            if (dataOperate.execSQL(addSql))                     //判断是否添加成功
            {
                //创建SQL更新图书信息表中符合图书条形码条件记录的借阅数
                string updateSql = "update tb_bookInfo set borrowSum=borrowSum+1,
num=num-1 where bookBarCode='" + bookBarCode + "'";
                dataOperate.execSQL(updateSql);
                bindReaderInfo();                                //重新绑定读者信息
                gvBookBorrow.DataSource = null;                  //将数据源设置为空
                gvBookBorrow.DataBind();
                txtBookBarCode.Text = "";                        //将图书条形码文本框清空

                RegisterStartupScript("", "<script>alert('添加成功!')</script>");
            }
            else
            {
                RegisterStartupScript("", "<script>alert('添加失败!')</script>");
            }
        }
    }
}
```

读者还书模块的功能实现与上例类似，在此不再赘述，读者可自己编写代码练习。

3. 模板列 TempColumn 的使用

GridView 控件的模板列允许向模板中加入各种控件，因此所有类型的列都可以使用模板列实现，如超级链接列、按钮列、命令列等。

通过一个实例来介绍模板列的使用。在例 6-4 的图书管理模块中为 GridView 添加模板列实现修改功能，具体方法如下。

(1) 打开 GridView 的【字段】对话框，选择 TemplateField 项，单击【添加】按钮进行添加。设置新加项的 HeaderText 属性为"修改"。

(2) 选中 GridView 控件，在弹出菜单中选择【编辑模板】命令，或单击 GridView 控件右上角的三角按钮，从中选择【编辑模板】，进入模板设计器，如图 6.27 所示。

图 6.27　模板设计器

(3) 在该模板设计器中可以编辑模板，如向设计器中加入所需的控件，或添加 HTML 代码等。此处加入超链接命令，加入的 HTML 代码如下：

```
<asp:TemplateField HeaderText="修改">
  <ItemTemplate>
<a href="#" onclick="window.open('addBookInfo.aspx?ID=<%#Eval("bookBarCode")%>','',' 
width=340,height=371')">修改</a>
  </ItemTemplate>
</asp:TemplateField>
```

解释： 当单击超级链接时，触发 onclick 事件。其中，<%#Eval("bookBarCode")%>表示取出当前行的条形码字段的值并赋给网页的 id 属性。执行 window.open( )打开相应的网页，这样便可以根据网址中 id 属性的值决定进行"添加"还是"修改"操作。

(4) 选中模板设计器，右击在弹出菜单中选择【结束模板编辑】命令。此时，GridView 中增加了一列【修改】，如图 6.28 所示。

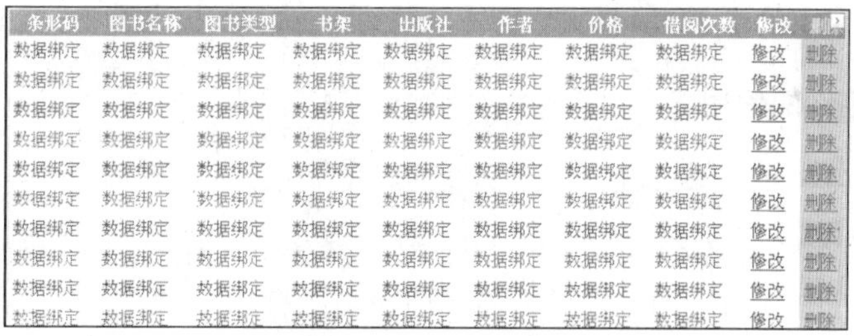

条形码	图书名称	图书类型	书架	出版社	作者	价格	借阅次数	修改	删
数据绑定	数据绑定	数据绑定	数据绑定	数据绑定	数据绑定	数据绑定	数据绑定	修改	删除
数据绑定	数据绑定	数据绑定	数据绑定	数据绑定	数据绑定	数据绑定	数据绑定	修改	删除
数据绑定	数据绑定	数据绑定	数据绑定	数据绑定	数据绑定	数据绑定	数据绑定	修改	删除
数据绑定	数据绑定	数据绑定	数据绑定	数据绑定	数据绑定	数据绑定	数据绑定	修改	删除
数据绑定	数据绑定	数据绑定	数据绑定	数据绑定	数据绑定	数据绑定	数据绑定	修改	删除
数据绑定	数据绑定	数据绑定	数据绑定	数据绑定	数据绑定	数据绑定	数据绑定	修改	删除
数据绑定	数据绑定	数据绑定	数据绑定	数据绑定	数据绑定	数据绑定	数据绑定	修改	删除
数据绑定	数据绑定	数据绑定	数据绑定	数据绑定	数据绑定	数据绑定	数据绑定	修改	删除
数据绑定	数据绑定	数据绑定	数据绑定	数据绑定	数据绑定	数据绑定	数据绑定	修改	删除

图 6.28　设置 TemplateField 后的 GridView

4. 分页

当 GridView 控件中的数据记录非常多时，需要采用分页的方式来显示数据，这样有利于充分利用页面空间，方便用户浏览，提高程序效率。

GridView 本身就具有分页功能，因此实现起来非常方便。GridView 中关于分页的几个属性如下。

(1) AllowPaging：设置是否允许分页，值为 true 时允许，为 false 时不允许。

(2) PageSize：设置每页显示的记录数。

(3) PageCount：分页的总页数。

(4) PageIndex：当前页的索引号。要是 GridView 控件需定位到指定的页，只要将该属性的值设置为相应页码即可。

【例 6-7】在图书馆管理系统的图书管理模块实现分页功能，每页显示 10 本书的信息。设置方法如下。

(1) 选中 GridView 控件，在属性列表框中选择属性"AllowPaging"，设置其值为 true，表示允许记录自动分页。

(2) 设置 GridView 的 PageSize 属性为 10，表示每页可以显示 10 条记录。

(3) 在 GridView 控件的 PageIndexChanging 事件中设置当前页面的索引，代码如下：

```
protected void gvBookManage_PageIndexChanging(object sender, GridViewPageEventArgs e)
    {
        gvBookManage.PageIndex = e.NewPageIndex;          //设置当前页的索引
        gvBookManage.DataBind();                          //重新绑定 GridView 控件
    }
```

6.3.12　总结

本节介绍了使用 ASP.NET 开发图书馆在线管理系统若干个模块的方法，包括使用 SQL Server 2005 建立数据库、使用 SQL 语句对数据库进行操作、ADO.NET 的数据库连接控件以及数据绑定控件的使用等四大部分内容，基本概括了数据库网站开发的所有知识点。

文中详细介绍了首页实现模块、管理员登录模块、图书借阅模块、图书管理模块的实现。网站其余部分，如读者管理、图书归还等模块的实现与上面的 4 个模块相似，所以不再赘述，请读者自己练习。

6.4　知　识　扩　展

常用的数据绑定控件除了 GridView 以外，还有 Repeater 控件和 DataList 控件。

6.4.1　Repeater 控件的使用

1. Repeater 控件的模板和属性

Repeater 控件是一个根据模板定义样式循环显示数据的控件。由于该控件没有内置的布局和样式，所以必须在控件所应用的模板内显式地声明所有的 HTML 布局、格式设置和样式标记，才能实现数据源内容的可视化。当网页执行时，Repeater 服务器控件会循环处理数据源的所有数据记录，并将每一笔数据呈现到页面中的一个"项"或"交替项"。

Repeater 控件的 HTML 标记格式如下：

```
<asp:Repeater id="控件名称"  DataSource="<%DatabindingExpression%>" 绑定数据源
    OnItemCommand="单击其中按钮时的事件名称"  runat="server"/>
    <%--各种模板标记--%>
</asp:Repeater>
```

Repeater 控件具有以下两个常用属性。

DataSource 属性：绑定到控件的数据源，可以是数组、数据集、数据视图等。Repeater 控件将其 ItemTemplate 模板和 AlternatingItemTemplate 模板绑定到 DataSource 属性声明和引用的数据模板上，其他的模板不涉及数据绑定。

DataMember 属性：若 DataSource 属性指定的是一个数据集，则 DataMember 属性指定到该数据集的一个数据表。

由于 Repeater 控件没有内置的布局和样式，因而在设计阶段将 Repeater 控件添加到网页后，需要再切换至 HTML 视图手工编辑它的各种模板。

模板(Template)就是样板或一组标准规格，在 ASP.NET 中模板是页面代码中一个声明性的段落，其 HTML 标记格式为：

```
<TemplateName>
    <%--该模板内显示的内容和布局--%>
</TemplateName>
```

模板中包含各种表示元素，这些元素包括文本、数据、格式标记等，它为模板化的 ASP.NET 服务器控件提供可视化界面。

注意：模板标记必须嵌套在它所属的模板控件的 HTML 标记之内。

模板控件基于模板，是一种 ASP.NET 服务器控件，它本身不提供可视化界面，由程序员在 HTML 视图中标记或使用模板编辑器编辑生成。若模板控件中未定义任何模板，程序运行后在页面上不会有任何显示。当 ASP.NET 的 Web 应用程序页面分析器发现模板控件时，它分析该控件所依据的模板，并动态地创建子控件，产生可视化界面。

Reapter 控件即是一种典型的模板控件，它支持的模板见表 6-23。

表 6-23　模板类型

模板名称	含　义	功　能
ItemTemplate	项模板	定义显示项的内容和布局
HeaderTemplate	页眉模板	定义页眉的内容和布局
FooterTemplate	页脚模板	定义页脚的内容和布局
AlternatingItemTemplate	交替项模板	定义交替项的内容和布局
SeparatorTemplate	分隔符模板	定义在项之间的分隔符

2. Repeater 控件的项模板

ItemTemplate 称为项模板，它定义了 Repeater 控件所要显示的数据项的内容和布局。该模板是 Repeater 控件的必选模板，若在 Repeater 控件内没有 ItemTemplate 项模板或 AlternatingItemTemplate 交替项模板之一，就表示没有要显示的数据项，也就失去了使用 Repeater 控件的意义。

ItemTemplate 模板的 HTML 标记格式为：

```
<ItemTemplate>
    <%--该模板内显示的内容与布局--%>
</ItemTemplate>
```

注意：Repeater 控件的所有模板必须由程序员在页面的 HTML 视图内手工编辑它的标记内容，任何一个模板标记必须嵌套在 Repeater 控件的 HTML 标记之内，项模板也是如此。

使用项模板显示图书类型表 tb_bookType 的内容，步骤如下。

(1) 创建 Repeater 对象，在【工具箱】中将 Repeater 对象拖入页面，生成一个控件对象 rtype。

(2) 将 rtype 绑定到数据源，即为 Repeater 控件的 DataSource 赋值，代码如下：

```
protected void Page_Load(object sender, EventArgs e)
    {
        string sql = "select * from tb_bookType";
        DataSet ds = dataOperate.getDataset(sql);//调用公共类dataOperate中的getDataset
方法执行查找，返回数据集。
```

```
      rtype.DataSource = ds.Tables[0].DefaultView;      //设置 repeater 的数据源
      rtype.DataBind();                                 //执行绑定
}
```

(3) 手工编辑 ItemTemplate 模板。在 HTML 视图中手工编辑 ItemTemplate 模板，得到如下的 HTML 标记：

```
<asp:Repeater ID="rtype" runat="server">
  <ItemTemplate>
  <p>
    <%#DataBinder.Eval(Container.DataItem,"typeID")%>
    <%#DataBinder.Eval(Container.DataItem,"typeName")%>
  </p>
  </ItemTemplate>
</asp:Repeater>
```

解释：

(1) DataBinder 类的作用是分析数据绑定表达式的语法，DataBinder.Eval(Object Container, String Expression,string format)方法用来提取数据容器中由表达式指定的值。

(2) 在代码行<%#DataBinder.Eval(Container.DataItem,"typeID")%>中，第一个参数为 Container.DataItem，Container 代表绑定至数据源的父控件，在这里就是 Repeater 控件；DataItem 代表父控件目前正在处理的行；第二个参数表示要显示的字段名，也就是 Repeater 控件所绑定的表的列名；这里省略了第三个参数，表示数据显示没有特殊的格式要求。

程序的运行结果如图 6.29 所示。

3. Repeater 控件的交替项模板

AlternatingItemTemplate 模板用于在页面中定义交替项呈现的内容和布局。所谓交替项呈现方式，就是在 Repeater 控件中允许奇偶项以不同的内容和布局形式显示数据，其中奇数行由 AlternatingItemTemplate 模板定义(索引号从 1 开始)，偶数行由 ItemTemplate 模板定义(索引号从 0 开始)。若仅定义了 ItemTemplate 模板而未定义 AlternatingItemTemplate 模板，则所有行将会全部按 ItemTemplate 模板指定的数据与布局形式显示；若仅定义了 AlternatingItemTemplate 模板而未定义 ItemTemplate 模板，则仅显示 AlternatingItemTemplate 模板指定的数据与布局形式的奇数行，偶数行不会显示。若这两种项模板都未定义，则什么数据都不会显示。

图 6.29　用项模板显示数据

AlternatingItemTemplate 模板的 HTML 标记格式为：

```
<AlternatingItemTemplate>
<%--该模板内显示的内容与布局--%>
</ AlternatingItemTemplate >
```

因为 AlternatingItemTemplate 模板内含数据项，所以 Repeater 控件使用该模板时，也必须进行数据绑定，绑定方式同 ItemTemplate 模板。

使用交替项模板显示数据表，运行效果如图 6.30 所示。对应的 HTML 代码如下：

图 6.30　使用交替项模板显示数据

```
<asp:Repeater ID="rtype" runat="server">
    <AlternatingItemTemplate >
     <font face="黑体" color="black" >
     <p>
      <%#DataBinder.Eval(Container.DataItem,"typeID")%>
      <%#DataBinder.Eval(Container.DataItem,"typeName")%>
      </p>
     </font>
    </AlternatingItemTemplate>
    <ItemTemplate >
    <font face="幼圆" color="gray" >
     <p>
      <%#DataBinder.Eval(Container.DataItem,"typeID")%>
      <%#DataBinder.Eval(Container.DataItem,"typeName")%>
     </p>
     </font>
    </ItemTemplate>
</asp:Repeater>
```

4. Repeater 控件的分隔模板、页眉和页脚模板

利用分隔模板、页眉模板和页脚模板可以改善显示的外观效果。

1) 分隔模板 SeparaterTemplate

SeparaterTemplate 模板用于定义 Repeater 控件各项之间的分隔符。该模板所定义的分隔符为自定义样式，允许程序员使用任何合法的字符作为分隔符元素，例如：横线(--)，竖线(|)，句点(.)和冒号(：)等，程序员可以根据自己的喜好和数据内容表现的要求来选用，这也体现了 Repeater 控件的灵活性。

SeparaterTemplate 模板的 HTML 标记格式为：

```
< SeparaterTemplate >
    <%--显示项之间的分隔符--%>
< SeparaterTemplate >
```

如果 Repeater 控件内定义了 SeparaterTemplate 模板，则会在各数据之间出现分隔，包括交替项也是如此。各项之间有了分隔，使得数据项更具条理性，有助于阅读。

2) 页眉模板 HeaderTemplate

HeaderTemplate 模板用来定义 Repeater 控件的页眉，包括页眉的内容和布局。

HeaderTemplate 模板的 HTML 标记格式为：

```
< HeaderTemplate >
    <%--页眉内容和布局--%>
</ HeaderTemplate >
```

3) 页脚模板 FooterTemplate

与页眉模板相对应，FooterTemplate 模板用来定义 Repeater 控件页脚的内容和布局。

FooterTemplate 模板的 HTML 标记格式为：

```
< FooterTemplate >
    <%--页脚内容和布局--%>
</ FooterTemplate >
```

Repeater 控件有了页眉和页脚后，看起来不至于显得无头无尾，表现力会更强一些。

为上例增加分隔模板、页面模板和页脚模板，运行效果如图 6.31 所示。

图 6.31　加入分隔、页眉和页脚模板

HTML 代码如下：

```
<asp:Repeater ID="rtype" runat="server">
    <AlternatingItemTemplate >
     <font face="黑体" color="black" >
     <p>
      <%#DataBinder.Eval(Container.DataItem,"typeID")%>
      <%#DataBinder.Eval(Container.DataItem,"typeName")%>
     </p>
     </font>
    </AlternatingItemTemplate>
    <ItemTemplate >
     <font face="幼圆" color="gray" >
      <p>
       <%#DataBinder.Eval(Container.DataItem,"typeID")%>
       <%#DataBinder.Eval(Container.DataItem,"typeName")%>
      </p>
     </font>
```

```
    </ItemTemplate>
    <SeparatorTemplate>
      <hr />
    </SeparatorTemplate>
    <HeaderTemplate>
        图书类型信息表
        <b>*************************</b>
    </HeaderTemplate>
    <FooterTemplate>
        <b>*************************</b>
    </FooterTemplate>
</asp:Repeater>
```

注意：Repeater 中各个模板标记没有先后顺序之分，只要各类模板彼此独立即可。

6.4.2　DataList 控件

DataList 控件也是以模板为基础的数据绑定控件，与 Repeater 控件有许多相似之处。该控件除了可以定义 Repeater 控件所具有的 5 个模板外，还增加了用来定义选定项内容和布局的 SelectedItemTemplate 模板，以及定义当前编辑项内容和布局的 EditItemTemplate 模板。

另外，DataList 的优势还不仅在于此。与 Repeater 对象相比，DataList 具有内置的样式和属性，可以使用模板编辑器和属性生成器来设计模板，没必要手动地输入 HTML 代码。这对于不熟悉 HTML 的用户来说，使用起来十分的方便。另外，DataList 还支持分页和排序的功能。

DataList 控件的 HTML 标记格式如下：

```
<asp:DataList ID="listtype" runat="server">
  <%--各种模板标记--%>
</asp:DataList>
```

1. DataList 的常用属性与事件

DataList 的常用属性如下。

(1) DataSource 属性：绑定到控件的数据源，可以是数组、数据集、数据视图等。DataList 控件将其 ItemTemplate 模板和 AlternatingItemTemplate 模板绑定到 DataSource 属性声明和引用的数据模型上，其他的模板不涉及数据绑定。

(2) DataMember 属性：若 DataSource 属性指定的是一个数据集，则 DataMember 属性指定该数据集的一个数据表。

(3) DataKeyField 属性：指定填充 DataKey 集合的数据源中的字段，一般为数据表的主键字段。

(4) SelectedIndex 属性：当前选定项的索引号，未选中任何项时为-1。

(5) RepeatLayout 属性：空间的布局形式，为 true 时表示以表格形式显示数据，为 false 时表示不以表格形式显示数据，默认为 true。

(6) RepeatDirection 属性：指定布局中的方向，默认为垂直(Vertical)，也可以是水平。

(7) RepeatColumns 属性：指定布局中的列数。

DataList 的常用事件有以下 3 个。

(1) ItemCommand 事件：在按钮子控件生成事件时发生。向 DataList 控件中加入按钮子控件，当按钮被单击时，将引发此事件。每个按钮子控件要设置 CommandName 属性，事件处理过程中通过判别按钮控件的 CommandName 就知道单击的是哪个按钮。

(2) SelectedIndexChanging 事件：当控件内的选择项发生改变时触发。

(3) ItemCreated 事件：在控件内创建项时触发。若要对控件内的子控件做某些初始设置，可以利用这个事件。

注意：子控件的初始设置不能放在 Page_Load 中，在那里访问不到这些子控件，因为它们被包含在了容器控件中。

此外，和 GridView 一样，DataList 也支持反升事件，即单击 DataList 中的按钮子控件时，单击事件会反升至容器控件 DataList 中。这时的事件处理过程要写在 DataList 控件的反升事件里。反升事件与按钮子控件的 CommandName 属性值的对应关系见表 6-19。

2. DataList 控件的外观设计

DataList 控件的使用与 GridView 非常相似。在外观设计上，也可以打开如 GridView 中的【自动套用格式】对话框，如图 6.32 所示，在这里可以轻松快捷地设置控件样式。

如果对自动套用格式中的样式不满意，DataList 还可以使用属性生成器来控制窗体的布局和外观。选中 DataList 控件，单击右上方的三角按钮，在弹出菜单中选择【属性生成器】，即可打开属性生成器对话框，如图 6.33 所示。该生成器包括常规、格式、边框三部分的设计。每项内容均对应着 DataList 的相应属性，如图中的【列】对应控件的 RepeatColumns 属性。

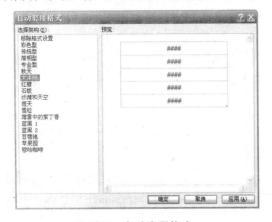

图 6.32　自动套用格式

图 6.33　属性生成器

3. DataList 的使用

DataList 中列模板的设计不必和 Repeater 一样，输入 HTML 代码，而是采用了类似于 GridView 的模板编辑器。下面通过一个具体的实例说明 DataList 控件的使用。

【例 6-8】在图书馆在线管理系统中新建一个网页 readerInfo.aspx，使用 DataList 显示读者信息表 tb_readerInfo 中的数据。

(1) 在页面中拖入一个 DataList 控件，在【自动套用格式】中选择一种合适的格式。

(2) 编辑 ItemTemplate 项模板。在 DataList 控件上右击，或单击控件右上方的三角按钮，均可弹出菜单，在菜单中选择【编辑模板】命令打开模板编辑器。单击模板编辑器中的【显示】下拉列表，选择要编辑的模板类型，如图 6.34 所示。

可见，模板编辑器将模板分为了三类。项模板 ItemTemplate 为必选模板，它确定 DataList

控件中要显示的数据项。单击图中 ItemTemplate 下的编辑区，可以看到有输入光标出现，这意味着可以直接在编辑区加入子控件或输入文本。数据源的数据字段需要通过加入的子控件才能显示出来，方法是将子控件绑定到数据源的字段上。如果有必要对这些数据进行说明，直接在编辑区输入说明性文本即可。

在此，依次向编辑区中拖入 button 控件和两个 label 控件。设计项模板如图 6.35 所示。

图 6.34　编辑模板

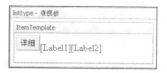

图 6.35　项模板编辑器设计

button 的作用在于单击此控件时，显示读者的详细信息，所以设置 button 的"text"属性为"详细"，CommdName 属性为"select"。

label 控件用于绑定数据表中的读者编号和读者姓名。选中第一个 label 控件，单击右上方的三角按钮，选择【编辑 DataBindings】命令，打开 label 控件的数据绑定对话框，如图 6.36 所示。

图 6.36　控件 label 的数据绑定对话框

在该对话框左侧的【可绑定属性】中选中"text"，在右下方的编辑区内输入绑定表达式 DataBinder.Eval(Container.DataItem,"readerBarCode")，即可将控件 label1 绑定到数据源的 readerBarCode 字段。用同样的方法将第 2 个 label 绑定到 readerName 字段上。

此操作对应的 HTML 代码如下所示：

```
<asp:DataList ID="listtype" runat="server">
    <ItemTemplate>
        <asp:Button ID="Button1" runat="server" Text="详细" CommandName="More" />
        <asp:Label ID="Label1" runat="server"
            Text='<%# DataBinder.Eval(Container.DataItem,"readerBarCode" %>'>
</asp:Label>
        <asp:Label ID="Label2" runat="server"
            Text='<%# DataBinder.Eval(Container.DataItem,"readerName" %>'></asp:Label>
    </ItemTemplate>
```

```
</asp:DataList>
```

编辑完毕后右击控件，选择【结束编辑模板】命令即可。

(3) 编辑 SelectedItemTemplate 选择项模板。SelectedItemTemplate 模板的作用为：可以在 ItemTemplate 中显示数据行的简要信息，当选择某行后，就会将该行记录的详细信息显示在展开的 SelectedItemTemplate 模板中。这样可以有效的利用页面，便于用户快速浏览记录。

使用 SelectedItemTemplate 模板的要点如下。

① 首先设计 ItemTemplate 模板，该模板中显示记录的简要信息以及按钮控件。

② 创建 SelectedItemTemplate 模板，此模板中加入控件显示选择项的详细信息。如果需要在选项展开后再折叠回去，需要加入一个命令按钮启动折叠命令。

③ 为命令按钮编写代码。

上面已经完成了 ItemTemplate 模板的设计。接下来采用同样的方法在模板设计器中设计 SelectedItemTemplate，即向该模板的编辑区中依次拖入多个 label 进行数据绑定，最后拖入一个按钮。编辑结束后生成的 HTML 代码如下所示：

```html
<SelectedItemTemplate>
        性别: <asp:Label ID="Label3" runat="server"
        Text='<%# DataBinder.Eval(Container.DataItem,"sex") %>'></asp:Label>
        <br />
        读者类型: <asp:Label ID="Label4" runat="server"
        Text='<%# DataBinder.Eval(Container.DataItem,"readerType") %>'></asp:Label>
        <br />
        证件类型: <asp:Label ID="Label5" runat="server"
        Text='<%# DataBinder.Eval(Container.DataItem,"certificateType") %>'>
</asp:Label>
        <br />
        证件号码: <asp:Label ID="Label6" runat="server"
        Text='<%# DataBinder.Eval(Container.DataItem,"certificate") %>'></asp:Label>
        <br />
        <asp:Button ID="Button2" runat="server" CommandName="cancel" Text="折叠" />
</SelectedItemTemplate>
```

图 6.37 页眉和页脚模板编辑器

由于读者表中的字段过多，在此为简单起见，本例只显示了表中部分信息。

(4) 编辑页眉和页脚模板。打开页眉和页脚模板编辑器，向页眉和页脚中输入文字并设置格式，如图 6.37 所示。

(5) 编写后台代码。

① 编写页面加载事件代码：

```csharp
protected void Page_Load(object sender, EventArgs e)
{
    databind();
}
private void databind()                              //绑定数据
{
    string sql = "select * from tb_readerInfo";
    listtype.DataSource = dataOperate.getDataset(sql).Tables[0].DefaultView;
    listtype.DataBind();
}
```

解释： dataOperate 仍然为在图书馆在线管理系统中声明的公共类，在此调用此类的 getDataset 函数为 DataList 控件指定数据源。

② 编写【详细】按钮和【折叠】按钮的单击事件代码。

由于【详细】按钮的 CommandName 属性为"select"，所以该按钮的功能代码要写在 DataList 的 ItemCommand 事件中。

```
protected void listtype_ItemCommand(object source, DataListCommandEventArgs e)
    {
        if (e.CommandName == "select")
        {
            listtype.SelectedIndex = e.Item.ItemIndex;   //设置控件的 SelectedIndex
为当前选择行的索引，以便显示 SelectedItemTemplate 模板
            databind();
        }
}
```

【折叠】按钮的 CommandName 属性为"cancel"，所以事件代码要写在 CancelCommand 事件中。

```
protected void listtype_CancelCommand(object source, DataListCommandEventArgs e)
    {
        listtype.SelectedIndex = -1;//设置控件当前为选择任何项，则 SelectedItemTemplate
模板便不会显示数据
        databind();
}
```

4. 分页显示

DataList 控件的分页显示需要借助于 PageDataSource 类实现。

PageDataSource 类是 ASP.NET 用于对数据源进行分页处理的一个类，可用于实现数据绑定控件的分页功能。使用它进行数据绑定控件的分页显示时，将原先未分页的数据源作为 PageDataSource 实例的数据源，通过设置其属性使之适合数据绑定控件的需要，然后将该实例作为数据绑定控件的数据源，这样，数据绑定控件就具有了分页功能。

PageDataSource 类常用的属性见表 6-24。

表 6-24　PageDataSource 类的属性

属性名	作用
AllowPaging	设置或获取是否启用分页
AllowCustomPaging	设置或获取是否启用自定义分页
DataSource	设置或获取 PageDataSource 类的数据源
PageSize	设置或获取每页的行数
PageCount	只读属性，表示分页后的总页数
IsFirstPage	只读属性，值为 true 时表示当前为第一页
IsLastPage	只读属性，值为 true 时表示当前为最后一页
CurrentPageIndex	设置或获取当前页的索引号

在上例中增加分页功能，首先在页面下方增加标签控件和超链接控件进行页面的导航。对应的 HTML 标记如下：

```
<asp:Label ID="Labelcurrent" runat="server"></asp:Label>
```

```
<asp:Label ID="Labelcount" runat="server"></asp:Label>
<asp:HyperLink ID="HyperLinkpre" runat="server">上一页</asp:HyperLink>
<asp:HyperLink ID="HyperLinknext" runat="server">下一页</asp:HyperLink>
```

实现分页功能的代码如下：

```
private void databind()                                        //绑定数据
  {
      string sql = "select * from tb_readerInfo";
      PagedDataSource pds=new PagedDataSource();        //建立分页对象 pds
      pds.DataSource =dataOperate.getDataset(sql).Tables[0].DefaultView;
                                                        //设置分页对象的数据源
      pds.AllowPaging = true;//启用分页功能
      pds.PageSize = 5;                                 //每页 5 行数据
      int currentpage;                                  //定义变量表示当前页码
      if(Request.QueryString["page"]!=null)
        currentpage =Convert.ToInt32(Request.QueryString["page"]);
                                      //若有跳转请求，将当前页号设置到请求的页号
      else
        currentpage =1;                     //当前页号为 1
      pds.CurrentPageIndex=currentpage-1;  //设置分页对象的当前页索引
      this.Labelcount.Text="共"+pds.PageCount.ToString()+"页";
                                      //设置 labelcount 的显示内容为总页数
      this.Labelcurrent.Text="第"+currentpage.ToString()+"页";
                                      //设置 labelcurrent 的显示内容为当前页
      //设置"上一页"和"下一页"的导航路径
      if(!pds.IsFirstPage )
      HyperLinkpre.NavigateUrl=Request.CurrentExecutionFilePath+"?page="+
Convert.ToString(currentpage-1);
      if(!pds.IsLastPage)
        HyperLinknext.NavigateUrl =Request.CurrentExecutionFilePath+"?page="+
Convert.ToString(currentpage+1);
      listtype.DataSource=pds;                //设置 DataList 控件的数据源为分页对象
      listtype.DataBind();
  }
```

解释：

(1) 标签控件 labelcurrent 用于显示当前的页码信息，其格式为"第*页"，labelcount 用于显示页码总数，格式为"共*页"。

(2) 分页对象的页码标号由 0 开始，而用户熟悉的分页标号从 1 开始，所以为 CurrentPageIndex 属性赋值为 currentpage-1。

(3) Request.CurrentExecutionFilePath 表示获取当前请求的虚拟路径。在此路径后面增加 page 变量表示链接页的页码，以方便进行页面的导航操作。

练　习

一、选择题

1. 关于主键的说法正确的是(　　　)。

　　A. 一个数据库中只能有一个主键　　　　B. 主键是区别数据表中各字段的唯一标识

C. 一张表中可以有多个联合主键　　　D. 不同数据行的主键值有可能相同

2. 使用数据表 tscore 记录学生的各门成绩信息，该表包含如下字段：id(学号)，name(姓名)，course(课程号)，coursename(课程名称)，score(成绩)，则该表主键应设置为(　　)。

　　A. id　　　　　　　B. course　　　　C. id 与 course　　　D. id,course 与 score

使用题目 2 的数据表完成题目 3～5。

3. 要查询不及格的学生姓名、课程名与成绩，则以下写法不正确的是(　　)。

　　A. select name,coursename,score from tscore where score<60

　　B. select * from score where tscore not between 60 and 100

　　C. select name,coursename,score from tscore where score between 0 and 60

　　D. select name,coursename,score from tscore where not score>=60

4. 要将学生成绩按学号降序排列，同一学生各门成绩升序排列，则对应的正确语句为(　　)。

　　A. select * from tscore orderby id desc,score asc

　　B. select * from tscore orderby score asc,id desc

　　C. select * from tscore orderby score desc,id asc

　　D. select * from tscore orderby id asc,score desc

5. 要为学号为 001 的学生每门课都加上 10 分，则对应的语句为(　　)。

　　A. select tscore+10 where id='001'

　　B. insert into tscore values(score+10) where id='001'

　　C. update tscore set score=score+10 where id='001'

　　D. update tscore score=score+10 where id='001'

6. 通过(　　)控件可以执行 SQL 命令。

　　A. Connection　　　　B. Command　　　　C. DataAdapter　　　D. DataSet

7. 使用 Connection 控件连接数据库，当对数据库的操作执行完毕后，需要手工关闭数据库，此时应使用 Connection 控件的(　　)方法。

　　A. close( )　　　　　B. exit( )　　　　　C. esc( )　　　　　　D. dispose( )

8. (　　)方法用于执行查询语句并返回一个数值。

　　A. ExecuteScalar( )　　　　　　　B. ExecuteReader( )

　　C. ExecuteNonQuery( )　　　　　　D. Execute( )

9. 以下哪项操作不用执行 ExecuteNonQuery( )方法？(　　)。

　　A. 插入　　　　　　B. 删除　　　　　　C. 查询　　　　　　D. 修改

10. 有关事务的说法错误的是(　　)。

　　A. 在开始事务之前一定要打开数据连接，事务提交后关闭数据连接

　　B. 使用 BeginTransaction( )开始事务后，才能够将相应的事务作为参数传递给 Command 命令

　　C. 同一事务对应的多个操作有一个执行失败，即进行事务的提交

　　D. 回滚事务的方法是 rollback( )

二、填空题

1. 要使用 SqlConnection 控件，需要首先引入命名空间_____。

2. DataReader 控件的_____方法用于读取下一个记录。

3. ExecuteReader 方法返回一个_____类型的数据。

4. DataGridView 控件的＿＿＿＿＿＿＿＿＿属性用于设置其数据源。

5. 若要一次选择 DataGridView 控件的多个行，应设置其＿＿＿＿＿＿＿＿属性。

6. DataGridView 控件中每一行都是＿＿＿＿＿＿＿＿类型的数据，要访问某一行，需访问该控件的＿＿＿＿＿＿＿＿属性。

三、操作题

进一步完善系统，为图书馆在线管理系统增加以下功能。

(1) 增加图书查询页面，可以按照图书的出版社、作者、类别等进行查询。

(2) 为页面设置访问权限。除图书馆首页和图书查询页外，任何其他界面需要系统的管理员输入用户名和密码才可访问，即一旦管理员登录成功，可以访问各个页面，反之只能访问图书馆首页和图书查询页面。

(3) 增加管理员管理功能，能够增加、删除、修改管理员的相关信息。

(4) 实现图书的续借功能。

(5) 增加读者管理页面，实现读者信息的插入、查询、修改和删除。

第**7**章 网站的配置与发布

 教学目标

(1) 能够配置 machine.config 文件。

(2) 能够配置 web.config 文件。

(3) 能够配置 global.config 文件。

(4) 熟练掌握网站的发布。

 教学要求

知识要点	能力要求	关联知识
网站的配置	(1) 掌握 machine.config 文件的编写 (2) 掌握 Web.config 文件的编写 (3) 掌握 global.config 文件的编写	程序设计语言基础
配置文件中常用的标记	(1) 掌握<configuration>标记的写法 (2) 掌握<sessionState>标记的写法 (3) 掌握<customErrors>标记的写法 (4) 掌握<appSettings>标记的写法 (5) 掌握<configSections>标记的写法 (6) 掌握<system.web>标记的写法 (7) 掌握<httpRuntime>标记的写法 (8) 掌握<pages>标记的写法	配置文件中标记的使用
网站的发布	(1) 了解网站发布的 3 种方法 (2) 掌握利用 Visual Studio 开发工具实现网站发布的方法 (3) 掌握 Aspnet_compiler.exe 编译工具的应用	Aspnet_compiler.exe 编译工具

 重点难点

➤ machine.config、web.config、global.config 文件的编写。

➤ 常用的标记的应用。

➤ 网站发布的方法。

7.1　任　务　描　述

在前面的章节中学习了开发网站的基本方法，已经完成了《图书馆在线管理系统》网站的建立，本章将对该网站进行配置与发布。

具体要求如下。

(1) 对《图书馆在线管理系统》网站进行 machine.config 文件的配置。

(2) 对《图书馆在线管理系统》网站进行 Web.config 文件的配置。

(3) 对《图书馆在线管理系统》网站进行 global.asax 文件的配置。

(4) 对《图书馆在线管理系统》进行网站发布。

7.2　实　践　操　作

(1) 选择 Visual Studio 2008 中的【文件】|【打开网站】命令，打开"library"网站。

(2) 在 C:\WINDOWS\Microsoft.NET\Framework\v1.1.4322\config 目录中找到 machine.config 文件，对其进行配置。

(3) 在【解决方案资源管理器】中找到 web.config 文件和 global.asax 文件，如图 7.1 所示，分别对其进行配置。

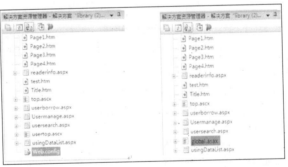

图 7.1　解决方案资源管理器

最后，选择【生成】|【发布网站】命令，如图 7.2 所示，弹出【发布网站】对话框，对《图书馆在线管理系统》网站进行发布。

图 7.2　【生成】菜单

7.3　问　题　探　究

7.3.1　网站的配置

1. machine.config 文件的配置

machine.config 文件是专门用于配置机器的配置文件。ASP.NET 的配置文件一般放置在系统目录下面的 config 子目录中。例如，machine.config 文件放在 C:\WINDOWS\Microsoft.NET\Framework\v1.1.4322\config 目录中，如图 7.3 所示。

图 7.3　配置文件的所在目录

可以采用记事本或者浏览器浏览配置文件，machine.config 文件是采用 XML 格式编写的，使用浏览器来查看它的内容，所有的节点都可以相应地扩展和缩进，这种显示方式更便于用户的浏览。

在安装时如果没有改变安装路径，machine.config 会被安装在 C:\WINDOWS\Microsoft.NET\Framework\v1.1.4322\config。与进程相关的配置是在文件的"processModel"中，默认的设置如下：

```xml
<?xml version="1.0" encoding="UTF-8"?>
<configuration>
  <system.web>
    <processModel
      enable="true"
      timeout="Infinite"
      idleTimeout="Infinite"
      shutDownTimeout="00:00:05"
      requestLimit="Infinite"
      requestQueueLimit="5000"
      restartQueueLimit="10"
      memoryLimit="40"
      webGarden="false"
      cpuMask="0xffffffff"
```

```
        userName="System"
        password="autogenerate"
        logLevel="Errors"
        clientConnectedCheck="00:00:05"
        comAuthenticationLevel="Default"
        comImpersonationLevel="Default"
        responseDeadlockInterval="00:03:00"
        responseRestartDeadlockInterval="00:09:00"
        maxWorkerThreads="25"
        maxIoThreads="25"
        serverErrorMessageFile=""
        pingFrequency="00:00:30"
        pingTimeout="00:00:05"
        />
    </system.web>
</configuration>
```

2. Web.config 文件的配置

Web.config 文件是一个 XML 文本文件, 用来储存 ASP.NET Web 应用程序的配置信息(如最常用的设置 ASP.NET Web 应用程序的身份验证方式), 它可以出现在应用程序的每一个目录中。配置是层次式的, 在应用程序的根目录下或在其某个子目录下都可以存在该文件, 但每个 Web.config 文件的作用域只是它所在的目录。子目录可以继承父目录的设置, 并覆盖相同选项的设置, 而每个应用程序的配置都会继承 Framework 安装文件夹下的 machine.config 文件中的配置。

1) 在 Web.config 中配置用户验证

互联网上的网页很多是可以任意访问的, 少数网页是必须拥有一定身份的用户才能访问, 并且不同的用户拥有的不同的访问级别。ASP.NET 使用认证提供程序为 Web 应用程序实现验证, 这些认证提供程序可以通过对 Web.config 文件的配置实现以不同的方式对网站进行保护。认证提供程序包括 Windows 验证、Passport 验证和 Form 验证。

(1) Windows 验证。当应用程序中采用 Windows 验证时, ASP.NET 会结合 Internet 信息服务 (IIS) 身份验证来验证用户验证信息的合法性。IIS 包含以下 3 种方式执行身份验证: 基本身份验证、摘要式身份验证或集成 Windows 身份验证。当 IIS 身份验证完成后, ASP.NET 会使用验证过的标识授权访问权限。

解释: 合法用户指的是 Windows 域的合法用户, 即用户必须拥有有效的 Windows 账户, 说明这种验证方式依赖于 Windows 的安全性。

使用 Windows 验证, 需要配置 ASP.NET 和 IIS, 并为每一个需要识别的用户创建用户账户。这种验证方式适合于用户少且用户为企业内部用户的情况, 使用 Windows 验证非常简单、快捷、易用。采用 Windows 验证需要以下 3 步操作。

第一步: 修改 web.config 配置文件, 找出<system.web>和</system.web>标签, 添加如下元素: <authentication mode="Windows"/>。

第二步: 配置 IIS Web 站点, 在 IIS 中打开 Web 站点属性, 选择【目录安全性】选项卡, 在【匿名访问和身份验证控制】部分, 单击【编辑】按钮, 在出现的对话框中, 取消选中【匿名访问】复选框, 选中【集成 Windows 身份验证】复选框, 如图 7.4 所示, 单击【确定】按钮, 在属性窗口中单击【确定】按钮, 完成设置。

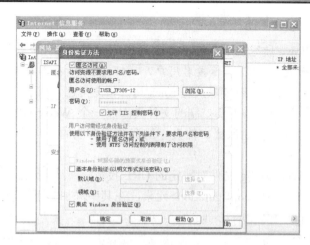

图 7.4　IIS 配置

第三步：为 Windows 添加用户，在域控制器中添加用户，或在自己的服务器中添加用户。通过以上设置，再访问站点时，将会要求用户进行登录，登录成功后才可访问网站资源。

(2) Passport 验证。Passport 验证是 Microsoft 公司提供的一种集中式的身份验证服务，采用 Microsoft Passport 护照服务，提供统一的登录方式，用于为成员站点提供单一登录和核心配置服务。要使用这种验证，需要下载 Passport SDK，但是需要向 Microsoft 公司交付一定的费用。

(3) Form 验证。一般的网站大多采用 Form 验证方式，Form 验证提供一种灵活的验证方式，是将用户名和密码信息存储在数据库或其他地方，并在应用程序中提供一个登录页面。通过 Form 验证可将没有通过身份验证的请求重定向到使用 HTTP 客户端重定向的 HTML 窗体的系统，用户提供凭据并提交该窗体，如果应用程序验证该请求，系统就会发出包含凭据或密钥的 Cookie 以重新获取该标识。ASP.NET 事件处理程序会使用应用程序开发人员指定的任何验证方法去验证请求并给其授权，即没有通过身份验证的用户访问任何页面时都会被系统引导到该登录页面。用户正确登录后，将在客户机上创建一个 Cookie，使用户可以继续访问其他页面。

在 Web.config 中找出 `<system.web>` 和 `</system.web>` 标签，在其中添加如下代码：

```
<authentication mode="Forms">
    <forms name="Cookie 对象名称" loginUrl="登录页面路径"/>
</authentication>
```

其中属性 loginUrl 的值为网站的登录页面，属性 name 的值为保存在客户端 Cookie 的名称。

配置完验证之后，还需要对合法的用户进行授权，这样才能保证合法的用户能够正常地访问资源。

2) 在 Web.config 中配置用户授权

在网站安全性中，身份验证通常和授权一起使用。对不同的用户授予不同的访问权限，从而有效地保证了合法用户能够访问到合适的资源，不能访问未经授权的资源。

要进行合适的授权，可以打开 Web.config 文件，找到 `<system.web>` 和 `</system.web>` 元素，在其中添加如下内容：

```
<authorization>
    <allow users="XX"/>
```

```
</authorization>
```

注意：其中<allow>标签表示允许用户访问，而<deny>标签表示禁止用户访问，在 users 属性后可以跟用户列表，"?"表示匿名用户，"*"表示所有用户。Allow 和 deny 后除了使用 users 属性指定用户之外，还可以使用 roles 属性指定角色。

可以在网站中，为每一个需要控制的文件夹添加一个 Web.config 文件，并在其中添加相应的授权信息，既可以有效地保证文件夹中的资源被合法的用户访问，又可以禁止非法用户访问。

【例 7-1】使用 Web.config 文件对特定的 URL 授权。

找到<configuration>和</configuration>元素，在其中添加如下内容：

```
<location path="~/abc.aspx">
    <system.web>
        <authorization>
            <allow users="xuran"/>
            <deny users="*"/>
        </authorization>
    </system.web>
</location>
```

注意：在上面的内容中，配置了 abc.aspx 页面只能被用户 xuran 访问。

3）Web.config 中的其他配置

【例 7-2】连接字符串配置。

字符串配置在<system.web>元素外部，<configuration>元素内部，代码如下所示：

```
    <connectionStrings>
        <add name="mynewsConnectionString"
            connectionStrings="Data Source=.;Initial Catalog=mynews;User ID=sa;
Password=123" providerName="System.Data.SqlClient"/>
    </connectionStrings>
```

注意：在应用程序内部，可以使用语句 ConfigigurationManager.ConnectionStrings ["mynews ConnectionString"].ConnectionString 来访问连接字符串。

【例 7-3】自定义配置。

自定义配置位置同连接字符串的配置，代码如下所示：

```
<appSettings>
    <add key="FCKeditor:BasePath" value="~/FCKeditor/"/>
    <add key="FCKeditor:UserFilesPath" value="~/uploads/"/>
</appSettings>
```

在应用程序内部，可以使用语句 ConfigigurationManager.AppSettings ["FCKeditor: BasePath"]来访问特定的自定义信息。

【例 7-4】个性化信息配置。

在 Web.config 文件中修改配置信息，完成网站对个性化信息的配置。

```
<configuration>
    <appSettings/>
    <connectionStrings>
        <add name="myews" connectionString="data source=.; database=mynews;
```

```
integrated security=sspi"providerName="System.Data.SqlClient"/>
      </connectionStrings>
      <system.web>
         <profile defaultProvider="defaultnews">
            <providers>
               <add name="defaultnews" comectionStringName="mynews" type="System.
web.Profile.SqlProfileProvider,System.Web,Version=2.0.0.0,Culture=neutral,Publ
icKeyToken=b03f5f7f11d50a3a"/>
            </providers>
            <properties>
               <add name="Zipcode" type="System.String" defaultValue="071000"/>
            </providers>
            <compilation debug="true"/>
            <authentication mode="Windows"/>
      </system.web>
   </configuration>
```

【例 7-5】Web Parts 配置。

数据库配置完成之后，需要在配置文件中增加 WebParts 配置。

```
<webParts>
  <personalization defaultProvider="My WebParts"
     <providers><clear/>
     <add name="My WebPartsw" type="System.Web.UI.WebControls.WebParts.
SqlPersonalization Provider" connectionStringName="mynews" applicationName="/"/>
      </providers>
   </personalization>
 </webParts>
```

【例 7-6】自定义错误配置。

在网站中，应用程序会出现一些错误，如访问的资源不存在或数据库无法访问，如果没有配置自定义错误，将显示系统默认的错误信息。自定义配置信息应该在<system.web>节内，自定义配置信息代码如下所示：

```
<customErrors mode="RemoteOnly" defaultRedirect="errorInfo.htm">
      <error statusCode="404" redirect="FileNotFound.htm"/>
      <error statusCode="500" redirect="internal.htm"/>
   </customErrors>
```

配置中指定了当出现 404 错误(访问的资源不存在)时，将引导到 FileNotFound.htm 页面；如果出现 500 错误(服务器内部错误)时，将引导到 internal.htm 页面；如果出现其他错误时，将引导到 errorinfo.htm 页面。

【例 7-7】成员角色配置。

在 Web.config 文件中作出验证和授权的配置，需要进行成员配置，代码如下所示：

```
<membership defaultProvider="SqlProvider" userIsOnlineTimeWindow="20">
   <providers>
      <clear/>
      <add name=" SqlProvider"
    type="System.Web.Security.SqlMembershipProvider"
    connectionStringName=" SqlServices"
```

```
        enablePasswordReset="true"
        requiresQuestionAndAnswer="true"
        minRequiredNonalphanumericCharacters=3
        minRequiredPasswordLength=7
        requiresUniqueEmail="true"
        passwordFormat="Hashed"/>
        </providers>
</membership>
```

解释: connectionStringName 属性指定了成员资格, 使用的 SQL Server 连接为 SqlServices; enablePasswordReset 属性指定了允许进行密码重置; requiresQuestionAndAnswe 属性要求用户在进行注册时需要提供与密码有关的问题和答案; minRequiredNonalphanumericCharacters 属性指定了密码中特殊字符(非字母、非数字)的数量为 3; minRequiredPasswordLength 属性指定了密码的最小长度为 7; requiresUniqueEmail 属性指定用户在注册时需要提供 E-mail; passwordFormat 指定了密码采用散列算法。

3. global.asax 文件的配置

global.asax 文件是 Web 应用程序的系统文件, 属于选项文件, 可有可无。当需要使用 Application 和 Session 对象的事件处理程序时, 就需要创建此文件。global.asax 文件包含用于响应 ASP.NET 或 HttpModule 引发的应用程序级别事件的代码, global.asax 文件驻留在基于 ASP.NET 的应用程序的根目录中。在运行时, 分析 global.asax 文件并将其编译到一个动态生成的.NET Framework 类, 该类是从 HttpApplication 基类派生的。global.asax 文件本身被配置为自动拒绝对它的任何直接 URL 请求, 外部用户无法下载或查看在该文件中编写的代码。

和其他类型的应用程序一样, 在 ASP.NET 中有一些任务必须要在 ASP.NET 应用程序开始执行之前执行, 这些任务都会在 global.asax 中定义。例如, Application 对象和 Session 对象的事件代码, 都应该写在这里。global.asax 文件位于 ASP.NET 应用程序的根目录中, 如果该文件存在, IIS 会自动找到它, 所以, 文件的名字是确定的, 不能对文件名字做任何的改动, 也不能对位置做任何的改动。

在 global.asax 文件中, 可以完成下面的功能:容纳 Application 的事件代码、容纳 Session 的事件代码、声明对象等。另外, 在 global.asax 中使用<SCRIPT>来包含 C#代码, 用<OBJECT>包含对象的声明, 用引用文件的方式引用类型库。下面是一个 global.asax 文件的基本结构形式。

```
<SCRIPT LANGUAGE=VB 或 C# RUNAT=SERVER>
 Sub Session_Onstart
写入 Session 的 Onstart 事件发生时要执行的语句
 End Sub
 Sub Session_OnEnd
写入 Session 的 OnEnd 事件发生时要执行的语句
 End Sub

 Sub Application_onstart
写入 Application 的 onstart 事件发生时要执行的语句
 End Sub

Sub Application_ OnEnd
写入 Application 的 OnEnd 事件发生时要执行的语句
 End Sub
```

```
  Sub Application_BeginRequest
写入 Application 的 BeginRequest 事件发生时要执行的语句
  End Sub

  Sub Application_EndRequest
写入 Application 的 EndRequest 事件发生时要执行的语句
  End Sub
  </SCRIPT>
  <OBJECT>
  写入对象的声明
</OBJECT>
```

从前面的讲解可以看到，Application 的事件代码应该写在<SCRIPT>和</SCRIPT>两个标记之间。通过介绍一些通常使用的 Application 事件来完成的功能，它的用法如下所示。

1) 记录页面的访问数

编写一个功能来记录某个特定页面的点击次数。实现这个功能的方法是使用 Application 实现。由于要记录的是一个页面的点击次数，而不是所有页面的点击次数，这样就必须为每一个需要记录点击次数的页面建立一个特定的变量，而不是所有页面使用同一个变量。

【例 7-8】建立一个新的 global.asax 文件，用于记录一个页面的点击次数，代码如下所示：

```
<SCRIPT LANGUAGE=VB RUNAT=SERVER>
Sub Application_OnStart
  Application.Lock
  Application("pagehit0")=0
  Application.UnLock
End Sub
</SCRIPT>
```

解释： 由于建立 global.asax 的目的是要记录一个页面的点击次数，所以在 Onstart 事件中的 Application 对象中建立一个项目 pagehit0，在第 4 行将它的初值赋值为 0。第 1 行和第 7 行是<SCRIPT>标记和</SCRIPT>标记。

【例 7-9】建立一个用于显示点击次数的页面 07-01.aspx，代码如下所示：

```
<html>
<body>
<%
  Application.Lock
  Application("pagehit0")=Application("pagehit0")+1
  Application.UnLock
  Response.Write("页面的点击次数：" &.Application("pagehit0"))
%>
</body>
</html>
```

解释： 此程序只显示页面点击次数，在第 4、6 行分别对 Application 对象加锁和开锁，以防发生错误。第 5 行中，将 Application 的 pagehit0 值加 1，将修改后的结果显示在第 7 行。

2) 记录应用程序的点击数

【例 7-10】在 global.asax 中增加相应的代码，以实现记录应用程序的总点击数，代码如下所示：

```
<SCRIPT LANGUAGE=VB RUNAT=SERVER>
Sub Application_OnStart
  Application.Lock
  Application("pagehit0")=0
  Application("runb")=0
  Application.UnLock
End Sub
</SCRIPT>
```

解释： 在第 5 行中建立了一个项目，名字为 runb，初值为 0。

【例 7-11】 接下来建立一个记录应用程序总点击数的页面 07-02.aspx，代码如下所示：

```
<html>
 <body>
 <%
 Application.Lock
 Application("runb")=Application("runb")+1
 Application.UnLock
 Response.Write("页面的点击次数：" & Application("runb"))
 %>
 </body>
</html>
```

解释： 为了记录整个应用程序的总点击数，需要在整个应用程序的所有页面中都增加代码第 4 到 7 行。

7.3.2 网站的发布

网站开发完成后，通常要发布给用户，而网站的发布方法通常有以下 3 种。

第一种：使用 Visual Studio 提供的打包功能将网站打包成安装文件，在服务器上安装即可，由于一般网站都比较复杂，通常需要在服务器上进行相应的设置，在部署 Web 应用程序时，很少使用这种方法。

第二种：使用 XCopy 方式，将需要的所有页面文件连同需要的相应的资源文件，以及编译之后的 dll 文件，按开发时设定的文件夹结构复制到指定位置，然后将其复制到服务器上，进行相应的设置即可。例如，可以在控制台中执行以下命令：

```
Xcopy /s d:\website\*.* e:\librarysite\*.*
```

执行之后 d:\website 文件夹下的所有文件连同子文件夹会被一并复制到 e:\librarysite 文件下。

第三种：使用 Visual Studio 提供的发布功能，完成网站的发布。

在网站发布时可以使用菜单命令或 ASP.NET 编译器工具(ASP.NET_Compiler.exe)将 ASP.NET 网站源码编译成相关 DDL 文件，最后在部署网站时就可以部署程序集，而不必部署源代码。

使用菜单发布的具体步骤如下。

第一步：选择 Visual Studio 2008 中【文件】|【打开网站】命令，打开《图书馆在线管理系统》网站。

第二步：选择【生成】|【发布网站】命令，弹出【发布网站】对话框，如图 7.5 所示。

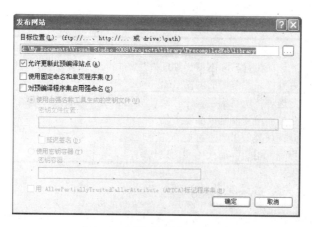

图 7.5　【发布网站】对话框

第三步：单击【目标位置】文本框右侧的按钮，可以更改发布网站的目标位置，Visual Studio 2008 允许直接将网站发布为"文件系统"、"本地 IIS"、"FTP 站点"或者"远程站点"，如图 7.6 所示。在此，选择发布到【文件系统】，然后再部署到网站上。

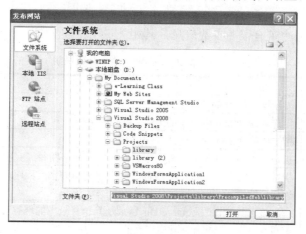

图 7.6　选择发布网站位置

第四步：单击【打开】按钮，就会返回到【发布网站】对话框中，最后单击【确定】按钮。在 Visual Studio 2005 的状态栏中给出相应的信息提示，首先是【已启动生成】，然后是【发布已启动】，最后是【发布成功】。在发布成功后，可以看到所有的相关文件都已经被发布到了文件夹中。

最后，将发布文件夹中的内容复制到服务器上，进行相应的配置即可完成网站的部署。

注意：在发布网站时选择的目标文件夹及其子文件夹中的所有数据在发布过程中都将被删除，所以不要选择包含数据或带有数据的子文件夹的文件夹作为发布文件夹。

在网站发布时还可以利用 ASP.NET 编译器工具(ASPNET_Compiler.exe)编译 Web 应用程序，也可以部署到目标位置的程序。预编译有助于提高应用程序的性能，在编译应用程序的过程中，最终用户可以避免第一次请求应用程序而导致的延迟。预编译选项及相关说明见表 7-1。

表 7-1　预编译选项及相关说明

预编译选项	相关说明
就地编译	此选项执行与动态编译期间发生的相同的编译过程，可以使用此选项编译已经部署到成品服务器的网站
不可更新完全预编译	此选项将所有应用程序代码、标记和用户界面代码都编译为程序集，然后将编译后的输出复制到成品服务器
可更新的预编译	此选项类似于"不可更新完全预编译"，不同之处在于用户界面元素保留其所有标记、用户界面代码和内联代码

1. Aspnet_compiler 命令格式及参数说明

```
Aspnet_compiler [-?]
[-m metabasePath | -v virtualPath [-p physicalPath]]
[[-u] [-f] [-d] [-fixednames] targetDir]
[-c]
[-errorstack]
[-nologo]
[-keyfile file |-keycontainer container] [-aptca] [-delaysign]]
```

Aspnet_compiler 命令带有很多参数信息，其相关说明见表 7-2。

表 7-2　Aspnet_compiler 命令参数说明

参数	说明
-?	显示该工具的命令语法和选项
-m metabasePath	指定要编译的应用程序的 IIS 元数据库路径
-v virtualPath	指定要编译的应用程序的虚拟路径
-p physicalPath	指定包含要编译的应用程序根目录的完整网络路径或完整本地磁盘路径
-u	指定 Aspnet_compiler.exe 应创建一个预编译的应用程序，该应用程序允许对内容进行后续更新
-f	指定该工具应该改写 targetDir 目录及其子目录中的现有文件
-d	重写应用程序源配置文件中定义的设置，强制在编译时的应用程序中包括调试信息
-fixednames	指定应该为应用程序中的每一页生成一个程序集
targetDir	指定包含编译的应用程序根目录的网络路径或本地磁盘路径
-c	指定完全重新生成要编译的应用程序
-errorstack	指定该工具应在未能编译应用程序时包括堆栈跟踪信息
-nologo	取消显示版权信息
-keyfile file	指定应该将 AssemblyKeyFileAttribute 应用于编译好的程序集
-keycontainer container	指定应该将 AssemblyKeyNameAttribute 应用于编译好的程序集
-aptca	指定应该将 AllowPartiallyTrustedCallersAttribute 应用于 Aspnet_compiler.exe 生成的具有名称的程序集
-delaysign	指定应该将 AssemblyDelaySignAttribute 应用于编译好的程序集

2. Aspnet_compiler 命令使用步骤

第一步：选择【开始】|【程序】|Microsoft .NET Framework SDK v2.0|【SDK 命令提示】命令，打开【SDK 命令提示】窗口，如图 7.7 所示。

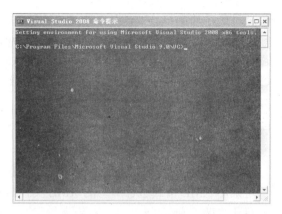

图 7.7　【SDK 命令提示】窗口

第二步：在命令行中输入"Aspnet_compiler-?"命令，【SDK 命令提示】窗口会将所有的命令及相关说明显示出来，如图 7.8 所示。

图 7.8　Aspnet_compiler 命令帮助信息

第三步：在【SDK 命令提示】窗口内输入"Aspnet_compiler-v/lorb –u d:\web"命令，如图 7.9 所示。

图 7.9　Aspnet_compiler 命令错误提示

解释：-v 表示要编译的应用程序的虚拟路径，/lorb 表示在 IIS 虚拟目录中的网站程序，-u 表示预编译的应用程序是可更新的，d:\web 表示目标文件夹，编译后的网站存放路径。

注意：其目标文件夹应该为空文件夹，否则执行命令时会给出 ASPRUNTIME 错误提示。

注意：在发布网站时选择的目标文件夹及其子文件夹中的所有数据在发布过程中都将被删除，所以不要选择包含数据或带有数据的子文件夹的文件夹作为发布文件夹。

7.4 知 识 扩 展

由于所有的配置文件都是采用 XML 格式进行编写的 XML 文件，所以，所有文件都可以通过记事本来方便地实现编写和修改。

注意：由于配置文件是 IIS 使用的特殊的文件，与普通的 XML 文件不同，它定义了一系列的标记用于表示特定的内容。也就是说，不允许使用用户自定义的标记。

所有配置文件的根节点都是<configuration>标记，也就是说，所有的配置数据都写在<configuration>和</configuration>标记之间。另外，与 XML 中的规定一样，所有元素都应该写在标记和闭标记之间，所有的属性都应该写在双引号中。

下面介绍配置文件中常用的标记和这些标记的含义。

1. <configuration>

<configuration>标记是 web.config 文件的根标记，即 web.config 文件中的所有数据都是写在<configuration>和</configuration>标记之间的。

它的写法如下所示：

```
<configuration>
......
</configuration>
```

2. </configuration>

配置文件在结构上分为声明部分和设置部分。声明部分负责定义类，而设置部分为声明部分定义的类赋值。所有的声明部分都写在<configuration>和</configuration>标记之间，其中最重要的是 system.web 组，在这个组中，声明了与 ASP.NET 相关的所有信息。它包含：browserCaps、clientTarget、compilation、pages、customErrors、httpRuntime、globalization、httpHandlers、httpModules、iisFilter、processModel、identity、authorization、authentication、machineKey、sessionSate、trace、securityPolicy、webControls、webServices 等项目的定义信息。

3. <system.web>

在<system.web>和</system.web>标记之间定义了在<configSections>元素中 System.web 组中定义的所有项目，这是与 ASP.NET 相关的所有信息，其中常用的是<httpRuntime>、<pages>、<appSettings>、<customErrors>、<sessionState>和<globalization>。

4. <httpRuntime>

在<httpRuntime>标记中，设置了 HTTP 的请求超时时间的长度、请求的最大长度、是否使用完整的 URL 等信息，具体的写法是：

```
<httpRuntime options/>
```

其中，options 所在的位置用于写这个标记的所有属性。

在<httpRuntime>标记中可以使用的属性见表 7-3。

表 7-3　<httpRuntime>标记中常用的属性

属性	取值	说明
executionTimeout	整数	表明 ASP.NET 在取消某个操作之前可以执行的时间，单位为秒，默认值为 90s
maxRequestLength	整数	表明用户可以得到数据的最大长度。默认值是 4MB
UseFullyQualifiedirectUrl	True/False	表示在使用移动控件时是使用绝对重定向还是相对重定向

代码如下所示：

```
<configuration>
    <system.web>
        <httpRuntime executionTimeout="120"
            maxRequestLength="8192"
                useFullyQualifiedRedirectUrl="false"/>
        </system.web>
</configuration>
```

解释：maxRequestLength 属性：如果由于代码中断，导致大量的数据不断地发送给用户，那么使用这个属性就可以方便地阻止这类事件发生，因为当发送给用户的数据达到这个属性指定的值的时候，数据发送就中断了。

解释：executionTimeout 属性：如果某个数据库操作的时间经常会超过 90s，可以通过修改 executionTimeout 属性的值来保证数据信息可以正确地显示出来；如果不重新设置 executionTimeout 属性的值，而是使用默认值，那么会导致这样的查询经常由于超时而无法显示结果。

5. <pages>

<pages>标记用于设置 ASP.NET 的页面。使用这个标记可以指明发送输出结果之前是否使用缓冲区，是否使用 Session 状态等。具体的写法是：

```
<pages options/>
```

其中，option 所在的位置用于写这个标记的所有属性。

在<pages>标记中可以使用的属性见表 7-4。

表 7-4　在<pages>标记中常用的属性

属性	取值	说明
buffer	True/False	表示在发送输出结果之前是否使用缓冲区，默认值是 True
enableViewState	True/False	表示在页面请求结束的时候是否保存页面状态，默认值是 True
enableSessionState	True/False	表示在页面中是否可以使用 Session 变量，默认值是 True
autoEventWireup	True/False	表示在 ASP.NET 中是否自动激活 page 事件，默认值是 True

如果不使用缓冲，就会出现当有大量数据显示的时候数据一点一点显示，如果要解决这个问题，可以采用输出缓冲。

6. <appSettings>

<appSettings>标记用于设置页面中的配置信息，使用这个标记可以指示一些键/值对，用于简化程序的编制和保护重要的数据。具体的写法是：

```
<appSettings>
    <add key="oadb" value="server=localhost;uid=ss;pwd=123"/>
    ......
</appSettings>
```

其中，oadb 存储了数据库的连接信息。

【例 7-12】采用下面的方法定义数据库连接字符串。

```
<configuration>
  <appSettings>
    <madd key="dbConnection" value="server=localhost;uid=sa;pwd=;database=db1">
  </appSettings>
</configuration>dy
```

在应用程序中使用 Configurationsettings.Appsettings("dbConnectlon")得到这个数据库连接字符串，可以防止被人盗用。

7. <customErrors>

在 ASP.NET 中，允许采用两种方法实现定制的错误页面。一种方法是使用 IIS 提供的属性修改对话框进行定义，也可以使用 Web.config 文件进行定义。

打开 IIS 管理器，然后在【默认网站属性】对话框中，选择【自定义错误】选项卡，如图 7.10 所示。

图 7.10　【自定义错误】选择卡

当发生不同错误的时候，会显示不同的信息。这些信息有的是以网页文件的形式存在，有的是使用默认的形式，还可以使用 URL 作为出错时候的显示信息，用这种方法对任何一种错误信息进行重新配置，也可以按不同的错误自己设计一个网页来替代这些默认的错误信息网页。

除此之外，还可以用 Web.config 文件来定义错误页面，在 config.web 文件中增加 <customerrors>标记，方法如下：

```
<customerrors defaultredirect="url" mode="on/off/remoteonly">
    <error statuscode="errorcode" redirect="url1"/>
……
</customerrors>
```

针对不同的错误代码定义不同的显示页面。其中，url 的位置用于写默认的错误显示页面的 url，而 url 等位置是用于写各个不同错误的显示页面的。url、errorcode 是写 400、404 等的错误代码。

8. <SessionState>

Web.config 文件中使用<SessionState>标记来设置应用程序中 Session 的行为，写法如下：

```
<SessionState options/>
```

其中，options 所在的位置用于写这个标记的所有属性，<Sessionstate>可以使用的属性见表 7-5。

表 7-5　<sessionState>标记中的属性

属性	取值	说明
Inpor	True/False	true，表示 Session 会保存在服务器上；false，表示保存在一个状态服务器上
cookieless	True/False	表示 Session 是否依赖于客户端的 Cookie 设置。true，表示将在链接的 URL 中保存 SessionID；false，表示在 Cookie 中保存 SessionID
timeout	整数	表示以分钟为单位的超时时间，时间超时就不再 Session 状态，默认为 20min
Server	字符串	指定用于存储 Session 状态服务器的名字
port	数字	保存 Session 状态的状态服务器端口号

【例 7-13】设置 Session 保存在服务器上，不在 Cookie 中保存 SessionID，超时时间为 20min。

```
<configuration>
    <system.web>
        <SessionState Inpor="true" cookieless="true" timeout="20"/>
    </system.web>
</configuration>
<globalization>
```

在 Web.config 文件中使用<globalization>标记表示应用范围的区域设置，其写法如下：

```
<globalization options/>
```

其中，options 所在的位置用于写这个标记的所有属性，<globalization>可以使用的属性见表 7-6。

表 7-6　<globalization>标记中的属性

属性	取值	说明
RequestEncoding	字符编码	表示应用程序用于接收的数据编码，如 GB2312、BIG5 等
ResponseEncoding	字符编码	表示应用程序用于显示的数据编码，如 GB2312、BIG5 等
FileEncoding	字符编码	.aspx、.asax、.asmx 文件中所使用的默认编码
Culture	字符编码	默认的区域

练　习

一、选择题

1. 下列关于 global.asax 文件的描述正确的是(　　)。

　A. 是 ASP.NET 网站的配置文件

　B. 其中只能包含处理会话事件的事件处理程序

　C. 其中可以包含处理应用程序级别错误的事件处理程序

　D. 以上都不对

2. 关于 Web.config 的下列叙述中，错误的是(　　)。

　A. 在 ASP.NET 网站中，至少应包含一个配置文件

　B. 在 ASP.NET 网站中，可以使用多个配置文件来控制不同的文件夹

　C. 在配置文件中，只能对当前文件夹进行管理，不可以对其他文件进行管理

　D. 以上都不对

3. 关于用户授权的叙述正确的是(　　)。

　A. 对用户进行授权使用元素 authentication

　B. 对用户进行授权时，allow 元素表示拒绝指定用户或角色

　C. 对用户进行授权时，allow、deny 元素的 users 属性中指定"*"表示匿名用户

　D. 对用户进行授权时，allow、deny 元素的 roles 属性指定特定的角色

4. 关于 Forms 验证的叙述错误的是(　　)。

　A. 要使用 Forms 验证需要为 authentication 元素中的 mode 属性指定"Forms"值

　B. authentication 元素的 forms 子元素的 loginUrl 属性指定登录页面

　C. authentication 元素的 forms 子元素的 name 属性指定登录页面

　D. 要进行 Forms 验证需要 authentication 元素

5. 配置文件是一个基于(　　)的文件。

　A. HTML　　　　　　B. XML　　　　　　C. UDDI　　　　　　D. 以上皆有

6. 系统默认的一个用户 Session 的生命期是(　　)。

　A. 20min　　　　　　B. 1h　　　　　　C. 1day　　　　　　D. 1min

二、思考题

1. global.asax 文件的作用是什么？

2. Web.config 文件的作用是什么？

3. 如何在 Web.config 文件中配置基于角色的安全？

三、实践题

1. 完善《图书馆在线管理系统》，增加自定义错误及成员角色的配置。

2. 尝试在程序设计过程中采用跟踪技术进行程序调试。

第8章 图书馆管理系统

教学目标

(1) 了解网站开发设计的全过程。

(2) 掌握 E-R 图的设计。

(3) 通过实训，熟练掌握相关的 ASP.NET 技术。

教学要求

知识要点	能力要求	关联知识
网站开发过程	(1) 了解开发一个网站的基本过程 (2) 进行网站的总体设计 (3) 掌握数据库设计的方法 (4) 掌握 E-R 图的绘制	软件工程的相关知识
Asp.net 各知识点的综合运用	(1) 掌握静态网页的设计 (2) 掌握各种服务器控件的使用 (3) 掌握各内部对象的使用 (4) 掌握 SQL Server 数据库建库技术 (5) 掌握 SQL 语句 (6) 掌握 ADO.NET 数据库技术 (7) 掌握网站的发布与配置技术	各章知识点

重点难点

➢ 网站开发过程。

➢ 复习 ASP.NET 各节知识点。

➢ 熟练灵活地使用 ASP.NET 进行网站开发。

8.1 系 统 描 述

图书馆管理系统的分析和设计是一项复杂和渐进的过程，本章不仅给出案例系统的需求、分析和设计，还在系统实现部分给出具体代表性的页面功能实现讲解，其中包括 C#编码技术、控件和事件的使用方法，以及 ADO.NET 核心对象等。

图书馆管理系统是为德州职业技术学院而开发的软件系统。根据功能要求，该系统分为以下 9 个功能模块。

(1) 首页模块：德州职业技术学院图书馆的网站的首页，该页显示图书借阅排行榜。

用户输入德州职业技术学院图书馆网站的网址时，即打开该页面。该页面的主要功能是按照图书借阅次数显示图书馆中所有的图书，即图书信息列表中，借阅次数最多的图书排列在第一位，后面的图书按借阅次数降序排列。

(2) 图书查询模块：对图书信息进行查询。

该网站可以允许任何用户查询图书馆内的图书信息以方便借阅和管理。图书查询模块提供多种信息的复合查询：包括图书条形码、图书名称、作者、出版社、图书分类等。用户可以输入一个查询条件，也可以输入多个条件。当用户输入要查询的条件后，单击【查询】按钮，可以得到符合条件的图书列表。

(3) 规章制度模块：显示图书馆的相关制度信息。

用户可以在本模块中查询所有图书馆的规章制度，例如图书馆开馆时间、借阅守则、读者注意事项等信息。

(4) 管理员登录模块：管理员输入用户名、密码等信息进行身份验证。

并不是所有的用户都可以对该图书馆进行后台管理的操作。只有数据库中存在的管理员拥有此种权限，因此，进入后台管理模块之前要先进行管理员身份的验证。通过验证后，才能够打开管理员页面。

(5) 图书管理模块：对图书信息进行管理。

图书管理是管理员的主要工作之一。该模块显示馆藏图书列表，管理员可以根据需要查询出相应的图书，并对该图书的详细信息进行修改、删除等操作。当有新书入馆的时候，也是在该模块内进行图书的添加操作。管理员在该页面上所做的一切操作都会最终保存在数据库中。

(6) 图书借阅模块：完成读者借书的操作。

图书借阅需要完成两步工作，一是通过读者的编号显示出该读者的详细信息，从而可以查看该读者的权限、借阅数量等；二是通过图书的编号显示出图书的信息，若图书的剩余数量不为零，则单击【借阅】按钮，可以实现图书的借阅操作。同时，要将相应的借阅信息写入数据库中。

(7) 图书归还模块：完成还书操作。

图书归还模块中，管理员首先输入读者的编号，调出该读者的详细信息以及该读者目前所借所有图书的列表。在列表中选中相应项单击【归还】按钮即可完成还书操作。更正规的操作为，当管理员获得了读者的信息后，接着输入要还图书的条形码，此时图书列表中列出的只有该读者要还的一本书的信息。在该信息对应处单击【归还】按钮即可。

(8) 用户管理模块：进行读者的添加、删除、修改、查询等操作。

用户管理也是管理员的一项主要工作。与图书管理类似，在该模块中，管理员可以根据需要添加用户、删除用户，或者更改用户的详细信息。还能够进行用户的查询，根据用户的编号、姓名、类别等进行单一或复合条件的查询，得到需要的信息。

(9) 借阅信息管理模块：进行借阅信息的管理。

管理员可以查询某一读者的借阅信息，某一本书的借阅信息，未还图书的借阅信息等，以便于进行图书借阅的管理。

8.2　网站设计步骤

本课题的开发研究过程分为以下 4 个阶段。

(1) 系统需求分析阶段。通过和德州职业技术学院图书馆管理人员的多次沟通，规划出满足需求的流程，并了解具体工作流程，收集他们对系统功能的要求，整理相关信息资料，确定系统的开发范围。

(2) 对整个图书馆管理系统进行概要设计，确立系统的开发原则，并根据流程将整个考试系统划分为若干个子系统，对它们所要完成的功能进行分析。

(3) 数据库设计阶段。确定数据库结构，创建实体数据库和数据表。

(4) 程序模块划分和实现阶段。根据系统管理的信息类型划分出程序模块和子模块，分别编写代码，最终实现系统功能。

8.3　网站实现过程

8.3.1　系统总体设计

图书馆管理系统的前台功能结构图如图 8.1 所示。

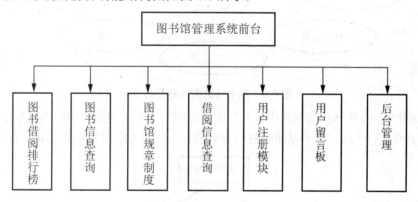

图 8.1　系统前台软件结构图

图书馆管理系统后台功能结构图如图 8.2 所示。

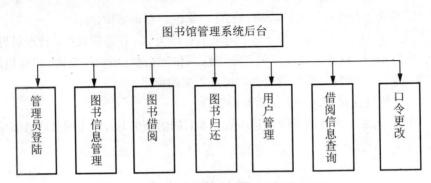

图 8.2　图书馆管理系统后台功能结构图

8.3.2　数据库概念设计

数据库概念设计采用 E-R 图，即实体—联系图表示方法。

E-R 图中包括实体、属性和联系 3 种基本因素。实体用方框表示，实体属性用椭圆框表示，联系用菱形框表示。把有联系的实体(方框)通过联系(菱形框)连接起来，注明联系方式，再把实体的属性(椭圆框)连到相应的实体上。

E-R 图的设计原则是：先局部后整体，在综合的过程中，去除重复的实体，去掉不必要的联系。注意，能作为属性的就不要作为实体。

本系统的数据库概念设计如下。

(1) 图书信息实体：对图书馆内的每一本书都需要记录该书的一些详细信息，从而方便图书的管理。图书信息实体，即用于存储所有图书的相关信息，其 E-R 图如图 8.3 所示。

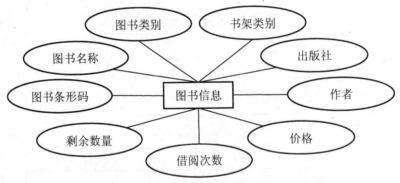

图 8-3　图书信息实体的 E-R 图

(2) 图书类型信息实体：图书馆中有各种类型的图书，为了避免图书归类发生混乱，必须建立一个图书类型信息实体，用于存储图书的类型信息。图书类型信息实体 E-R 图如图 8.4 所示。

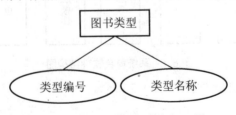

图 8.4　图书类型信息实体 E-R 图

(3) 书架信息实体：为了便于管理，图书馆存放图书室，通常是将不同类型的图书放在相应类型的书架上。书架信息实体存储的是书架信息，其 E-R 图如图 8.5 所示。

图 8.5　书架信息实体 E-R 图

(4) 读者信息实体：图书馆必须能够管理各读者的信息，读者信息实体存储的是读者的相关信息，其 E-R 图如图 8.6 所示。

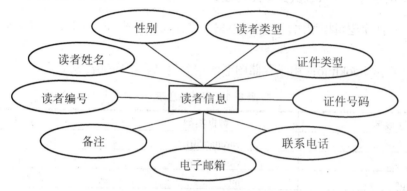

图 8.6　读者信息实体 E-R 图

(5) 读者类型信息实体：在读者群体中，不同类型的读者其权限往往也不一样。所以对读者人群也需进行分类。读者类型信息实体用于存储读者的类型信息，其 E-R 图如图 8.7 所示。

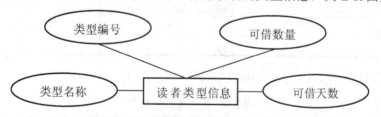

图 8.7　读者类型信息实体 E-R 图

(6) 图书借阅信息实体：图书管理员应该能够管理和查看图书的借阅信息。图书借阅信息实体用于存储所有图书借阅情况，其 E-R 图如图 8.8 所示。

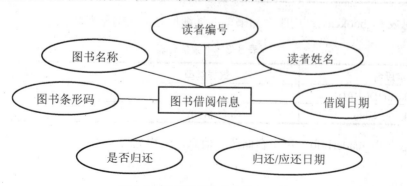

图 8.8　图书借阅信息实体 E-R 图

(7) 管理员信息实体：管理员进行后台管理时，需要要通过身份验证。管理员信息实体管理的就是管理员的用户名和密码等信息，其 E-R 图如图 8.9 所示。

图 8.9 管理员信息实体 E-R 图

8.3.3 系统详细设计——系统数据库结构设计

在设计完数据库逻辑模型之后，需要根据其设计表的结构。接下来给出各主要数据表的数据结构。

图书信息表 tb_bookInfo：用于存储图书的相关信息。结构见表 8-1。

表 8-1 图书信息表

字段名	数据类型	描述
bookBarCode(主键)	varchar(50)	图书条形码
bookName	varchar(50)	图书名称
bookType	int	图书类型
bookcase	int	书架类别
bookConcern	varchar(50)	出版社名称
author	varchar(50)	作者名称
price	varchar(50)	图书价格
borrowSum	int	借阅次数
num	int	剩余数量

图书类型信息表 tb_bookType：用于存储图书类型信息，结构见表 8-2。

表 8-2 图书类型信息表

字段名	数据类型	描述
typeID(主键)	int	图书类型编号
typeName	varchar(50)	类型名称

书架信息表 tb_bookcase：用于存储书架的详细信息，结构见表 8-3。

表 8-3 书架信息表

字段名	数据类型	描述
bookcaseID(主键)	int	书架编号
bookcaseName	varchar(50)	书架名称

读者信息表 tb_readerInfo：用于存储读者信息，结构见表 8-4。

表 8-4　读者信息表

字段名	数据类型	描述
readerBarCode(主键)	varchar(50)	读者条形码
readerName	varchar(50)	读者姓名
sex	char	读者性别
readerType	varchar(50)	读者类型
certificateType	varchar(50)	证件类型
certificate	varchar(50)	证件号码
tel	varchar(50)	联系电话
email	varchar(50)	电子邮件
remark	varchar(50)	备注

读者类型表 tb_readerType：用于存储读者类型信息，结构见表 8-5。

表 8-5　读者类型信息表

字段名	数据类型	描述
id(主键)	int	类型编号
type	varchar(50)	类型名称
num	varchar(50)	可借数量
borrowDay	int	可借天数

管理员信息表 tb_user：用于存储所有管理员信息，结构见表 8-6。

表 8-6　管理员信息表

字段名	数据类型	描述
userid(主键)	int	管理员编号
userName	varchar(50)	管理员姓名
userPwd	varchar(50)	管理员密码

图书借阅表 tb_bookborrow：用于存储所有已借阅图书的信息，结构见表 8-7。

表 8-7　图书借阅表

字段名	数据类型	描述
bookBarCode	varchar(50)	图书条形码
bookName	varchar(50)	图书名称
borrowTime	varchar(50)	借阅日期
returnTime	varchar(50)	归还/应还日期
readerBarCode	varchar(50)	读者条形码
readerName	varchar(50)	读者姓名
isReturn	int	是否归还

8.3.4　系统实现

本节详细讲解在 ASP.NET 技术上具有代表性的几个页面的实现过程，主要从如下 4 个方面介绍相关页面的实现。

(1) 页面功能简介：介绍页面的主要功能。

(2) 页面布局：给出在【设计视图】状态下该页面的外观及相关必要的说明。

(3) 控件属性及事件说明：以列表的形式依次给出该页面中控件的类型、属性及设置和控件说明。

(4) 实现过程：给出页面的创建过程、核心代码及其相关注释说明。

1. 图书馆管理系统首页

(1) 功能：显示图书借阅排行榜。

(2) 页面布局：图书馆管理系统首页的页面布局如图 8.10 所示。

图 8.10　页面布局图

(3) 控件属性说明：控件属性列表见表 8-8。

表 8-8　控件列表

控件类型	控件名称	设置控件的属性	控件说明
GridView	gvbookTaxis	allowPaging=True PageSize=10 AutoGenerateColumns=False	显示图书借阅排行榜
Web 用户控件	usertop.ascx	均为默认值	网站导航
	bottom.ascx	均为默认值	版权信息

(4) 实现代码如下。

```
protected void Page_Load(object sender, EventArgs e)
    {
        string sql = "select * from tb_bookInfo order by borrowSum desc";
                                                        //设置 SQL 语句
        DataTable table=dataOperate.getDataset(sql).Tables[0]; //定义 datatable 对象
        gvBookTaxis.DataSource = table.DefaultView;      //获取图书信息数据源
        gvBookTaxis.DataBind();                          //执行绑定
    }
protected void gvBookTaxis_RowDataBound(object sender, GridViewRowEventArgs e)
    {
        if (e.Row.RowIndex != -1)                        //判断 GridView 控件中是否有值
        {
            int id = e.Row.RowIndex + 1;                 //将当前行的索引加上一赋值给变量 id
```

```
                e.Row.Cells[0].Text = id.ToString();              //将变量 id 的值传给 GridView 控
                                                                     件的每一行的单元格中
        }
        if (e.Row.RowType == DataControlRowType.DataRow)
        {
            //绑定图书类型
            string bookType = e.Row.Cells[7].Text.ToString();      //获取图书类型编号
            string typeSql = "select * from tb_bookType where TypeID=" + bookType;
            SqlDataReader typeSdr = dataOperate.getRow(typeSql);
            typeSdr.Read();                                          //读取一条数据
            e.Row.Cells[7].Text = typeSdr["typeName"].ToString();  //设置图书类型
            //绑定书架
            string bookcase = e.Row.Cells[3].Text.ToString();      //获取书架编号
            string caseSql = "select * from tb_bookcase where bookcaseID=" + bookcase;
            SqlDataReader caseSdr = dataOperate.getRow(caseSql);
            caseSdr.Read();
            e.Row.Cells[3].Text = caseSdr["bookcaseName"].ToString();    //设置书架
            //设置鼠标悬停行的颜色
            e.Row.Attributes.Add("onMouseOver",
"Color=this.style.backgroundColor;this.style.backgroundColor='lightBlue'");
            e.Row.Attributes.Add("onMouseOut",
"this.style.backgroundColor=Color;");
        }
    }
    protected void gvBookTaxis_PageIndexChanging(object sender, GridViewPageEventArgs e)
    {
        gvBookTaxis.PageIndex = e.NewPageIndex;
        gvBookTaxis.DataBind();
    }
}
```

2. 图书查询页面

(1) 功能：用户查询图书信息。

(2) 页面布局：图书查询页面的页面布局如图 8.11 所示。

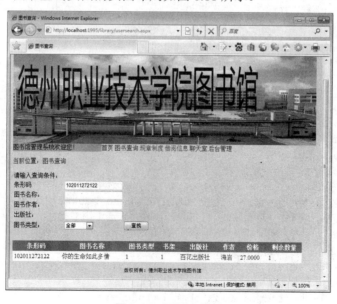

图 8.11　页面布局图

(3) 控件属性说明：控件属性列表见表 8-9。

表 8-9　控件列表

控件类型	控件名称	设置控件的属性	控件说明
GridView	GvbookFind	allowPaging=True PageSize=10 AutoGenerateColumns=False	显示查询结果
TextBox	txtBarCode	均为默认值	输入图书条形码
TextBox	txtBookName	均为默认值	输入图书名称
TextBox	txtAuthor	均为默认值	输入作者
TextBox	txtBookConcern	均为默认值	输入出版社
DropDownList	ddltype	均为默认值	选择图书类型
Button	btnSearch	均为默认值	查询按钮
Web 用户控件	usertop.ascx	均为默认值	网站导航
	bottom.ascx	均为默认值	版权信息

(4) 实现代码如下。

```
//代码 8-2:
protected void Page_Load(object sender, EventArgs e)
{
    if(!IsPostBack)
      bindtype();
}
//绑定图书类型
public void bindtype()
{
    string sql = "select * from tb_bookType";
    ddltype.DataSource = dataOperate.getDataset(sql).Tables[0];
    ddltype.DataTextField = "typeName";
    ddltype.DataValueField = "typeId";
    ddltype.DataBind();
}
//查询
protected void btnSearch_Click(object sender, EventArgs e)
{
    string s1 = txtBarCode.Text;
    string s2 = txtBookName.Text;
    string s3 = txtAuthor.Text;
    string s4 = txtBookConcern.Text;
    string s5 = ddltype.SelectedValue;
    string sql="";
    if (s1 != "")                        //未选中任何条件
        sql = "select * from tb_bookInfo where bookBarCode='" + s1+"'";
    else if(s5=="0")                     //未选中图书类型
    {
        if (s2 == "" && s3=="" && s4!="")
          sql = "select * from tb_bookInfo where bookConcern='"+s4+"'";
        if (s2 == "" && s3 != "" && s4 == "")
          sql = "select * from tb_bookInfo where author='" + s3+"'";
        if (s2 != "" && s3 == "" && s4 == "")
```

```
            sql = "select * from tb_bookInfo where bookName='" + s2+"'";
        if (s2 == "" && s3 != "" && s4 != "")
            sql = "select * from tb_bookInfo where author='" + s3 +"'and bookConcern='"
+ s4 +"'" ;
        if (s2 != "" && s3 == "" && s4 != "")
            sql = "select * from tb_bookInfo where bookName='" + s2 + "'and
bookConcern='" + s4 + "'";
        if (s2 != "" && s3 != "" && s4 == "")
            sql = "select * from tb_bookInfo where bookName='" + s2 + "'and author='"
+ s3 + "'";
        if (s2 != "" && s3 != "" && s4 != "")
            sql = "select * from tb_bookInfo where author='" + s3 + "'and bookConcern='"
+ s4 + "'and bookName='" + s2 + "'";
        if (s2 == "" && s3 == "" && s4 == "")
            sql = "select * from tb_bookInfo";
    }
    else if (s5 != "0")//选中图书类型
    {
        if (s2 == "" && s3 == "" && s4 != "")
            sql = "select * from tb_bookInfo where bookConcern='" + s4 + "'and
bookType='"+s5+"'";
        if (s2 == "" && s3 != "" && s4 == "")
            sql = "select * from tb_bookInfo where author='" + s3 + "'and
bookType='" + s5 + "'";
        if (s2 != "" && s3 == "" && s4 == "")
            sql = "select * from tb_bookInfo where bookName='" + s2 + "'and
bookType='" + s5 + "'";
        if (s2 == "" && s3 != "" && s4 != "")
            sql = "select * from tb_bookInfo where author='" + s3 + "'and
bookConcern='" + s4 + "'and bookType='" + s5 + "'";
        if (s2 != "" && s3 == "" && s4 != "")
            sql = "select * from tb_bookInfo where bookName='" + s2 + "'and
bookConcern='" + s4 + "'and bookType='" + s5 + "'";
        if (s2 != "" && s3 == "" && s4 == "")
            sql = "select * from tb_bookInfo where bookName='" + s2 + "'and
author='" + s3 + "'and bookType='" + s5 + "'";
        if (s2 != "" && s3 != "" && s4 != "")
            sql = "select * from tb_bookInfo where author='" + s3 + "'and
bookConcern='" + s4 + "'and bookName='" + s2 + "'and bookType='" + s5 + "'";
        if (s2 == "" && s3 == "" && s4 == "")
            sql = "select * from tb_bookInfo where bookType='" + s5 + "'";
    }
    gvbookFind.DataSource = dataOperate.getDataset(sql);
    gvbookFind.DataBind();
}
//分页显示
protected void gvbookFind_PageIndexChanging(object sender, GridViewPageEventArgs e)
{
    gvbookFind.PageIndex = e.NewPageIndex;
    gvbookFind.DataBind();
}
```

3. 用户借阅信息查询页面

(1) 功能：输入用户的借书证号，可以查询得到该用户的借阅信息

(2) 页面布局：用户借阅信息页面的页面布局如图 8.12 所示。 在这里，用户可以选择查询所有的借阅记录或仅查询未还记录。图 8.13 所示为查询所有借阅记录后的界面。

图 8.12 查询借阅信息的页面布局

图 8.13 查询所有借阅记录的信息页面

(3) 控件属性说明：控件属性列表见表 8-10。

表 8-10 控件列表

控件类型	控件名称	设置控件的属性	控件说明
GridView	gvborrow	AutoGenerateColumns=False	显示查询结果
TextBox	txtreader	均为默认值	输入读者借书证号
RadioButtonList	rblselect	RepeatDirection=Horizontal	选择查询范围

续表

控件类型	控件名称	设置控件的属性	控件说明
Button	Button1	均为默认值	查询按钮
Web 用户控件	usertop.ascx	均为默认值	网站导航
	bottom.ascx	均为默认值	版权信息

(4) 实现代码如下。

```
//代码 8-3:
    //查询借阅信息
    protected void Button1_Click(object sender, EventArgs e)
    {
        string readersql;
        if (rblselect.SelectedValue == "1")
        {
            readersql = "select * from tb_bookborrow where readerBarCode='" + txtreader.
Text + "'";

        }
        else
        {
            readersql = "select * from tb_bookborrow where readerBarCode='" +
txtreader.Text + "'and isReturn=0";
        }
        gvborrow.DataSource = dataOperate.getDataset(readersql).Tables[0];
        gvborrow.DataBind();
        txtreader.Text = "";
    }
    //修改借阅状态
    protected void gvborrow_RowDataBound(object sender, GridViewRowEventArgs e)
    {
        if (e.Row.RowType == DataControlRowType.DataRow)
        {
            string bookType = e.Row.Cells[6].Text.ToString();    //获得图书借阅状态
            if (bookType == "1")
                e.Row.Cells[6].Text = "已还";        //借阅状态为 1 则显示"已还"
            else
                e.Row.Cells[6].Text = "未还";        //借阅状态为 0 则显示"未还"
            e.Row.Attributes.Add("onMouseOver", "Color=this.style.backgroundColor;
this.style.backgroundColor='lightBlue'");
            e.Row.Attributes.Add("onMouseOut", "this.style.backgroundColor=Color;");
        }
    }
```

4. 管理员登录页面

(1) 功能：管理员输入用户名与密码，进行身份验证。

(2) 页面布局：管理员登录页面的页面布局如图 8.14 所示。

图 8.14　管理员登录页面

(3) 控件属性说明：控件属性列表见表 8-11。

表 8-11　控件列表

控件类型	控件名称	设置控件的属性	控件说明
TextBox	txtname	均为默认值	输入用户名
TextBox	txtpassword	均为默认值	输入密码
Button	btnok	均为默认值	查询按钮
Button	btncancel	均为默认值	取消按钮
HTML 控件\<img\>	\<img\>	src=imagetop.jpg width=100%	显示图片

(4) 实现代码如下。

```
//代码8-4:
protected void btncancel_Click(object sender, EventArgs e)
    {
        txtname.Text = "";
        txtpassword.Text = "";
    }
    protected void btnok_Click(object sender, EventArgs e)
    {
        string managername = txtname.Text;
        string managerpassword = txtpassword.Text;
        string sql = "select * from tb_user where username='" + managername + "' and
userpassword='" + managerpassword + "'";
        if(dataOperate.seleSQL(sql)>0)
            Response.Redirect("managerindex.aspx");
    }
```

5. 图书管理页面

(1) 功能：管理员进行图书的添加、删除、修改和查询操作。本页面为管理员提供快捷查询和高级查询两种方式。快捷查询仅能够通过图书名称或条形码来查询，高级查询可以选择更多的查询条件。高级查询与图书查询页面相同，如图 8.11 所示。

(2) 页面布局：图书管理页面的页面布局如图 8.15 所示。

(3) 控件属性说明：控件属性列表见表 8-12。

表 8-12　控件列表

控件类型	控件名称	设置控件的属性	控件说明
GridView	gvbookmanage	AutoGenerateColumns=False AllowPaging=True PageSize=10 DataKeyNames=bookBarCode	显示图书列表
TextBox	TextBox1	均为默认值	输入图书条形码
TextBox	TextBox2	均为默认值	输入图书名称
Button	Button1	均为默认值	按图书条形码查询按钮
Button	Button2	均为默认值	按图书名称查询按钮
Button	Button3	均为默认值	高级查询按钮
Html 控件	<a>	href="#" onclick="window.open('addBookInfo.aspx?ID=add',')"	添加图书
Web 用户控件	top.ascx	均为默认值	网站导航
	bottom.ascx	均为默认值	版权信息

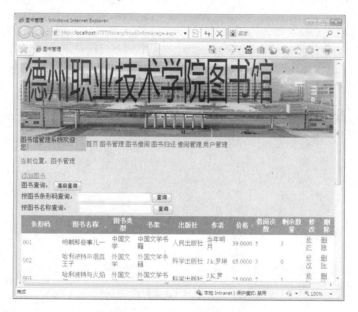

图 8.15　图书管理页面的布局图

(4) 实现代码如下。

```
//代码 8-5:
//首先给出 GridView 的前台代码:
 <asp:GridView ID="gvBookManage" runat="server" AutoGenerateColumns="False"
 AllowPaging="True" onpageindexchanging="gvBookManage_PageIndexChanging"
 onrowdatabound="gvBookManage_RowDataBound"
 onrowdeleting="gvBookManage_RowDeleting" Width="816px" CellPadding="4"
 ForeColor="#333333" GridLines="None"
 onselectedindexchanged="gvBookManage_SelectedIndexChanged1"
 DataKeyNames="bookBarCode" style="margin-right: 46px">
```

```
<FooterStyle BackColor="#5D7B9D" Font-Bold="True" ForeColor="White" />
<RowStyle BackColor="#F7F6F3" ForeColor="#333333" />
<Columns>
<asp:BoundField DataField="bookBarCode" HeaderText="条形码" />
<asp:BoundField DataField="bookName" HeaderText="图书名称" />
<asp:BoundField DataField="bookType" HeaderText="图书类型" />
<asp:BoundField DataField="bookcase" HeaderText="书架" />
<asp:BoundField DataField="bookConcern" HeaderText="出版社" />
<asp:BoundField DataField="author" HeaderText="作者" />
<asp:BoundField DataField="price" HeaderText="价格" />
<asp:BoundField DataField="borrowSum" HeaderText="借阅次数" />
<asp:BoundField DataField="num" HeaderText="剩余数量" />
<asp:TemplateField HeaderText="修改">
<ItemTemplate>
<a href="#" onclick="window.open('addBookInfo.aspx?ID=<%#Eval("bookBarCode")%>','',
'width=340,height=371')">修改</a>
</ItemTemplate>
</asp:TemplateField>
<asp:CommandField HeaderText="删除" ShowDeleteButton="True" />
</Columns>
<PagerStyle BackColor="#284775" ForeColor="White" HorizontalAlign="Center" />
<SelectedRowStyle BackColor="#E2DED6" Font-Bold="True" ForeColor="#333333" />
<HeaderStyle BackColor="#5D7B9D" Font-Bold="True" ForeColor="White" />
<EditRowStyle BackColor="#999999" />
<AlternatingRowStyle BackColor="White" ForeColor="#284775" />
</asp:GridView>
//以下是后台实现代码
    protected void Page_Load(object sender, EventArgs e)
    {
        bindbook();
    }
    //绑定图书信息
    private void bindbook()
    {
        String sql = "select * from tb_bookInfo";
        gvBookManage.DataSource = dataOperate.getDataset(sql);
        gvBookManage.DataBind();
    }
    protected void gvBookManage_RowDataBound(object sender, GridViewRowEventArgs e)
    {
        if (e.Row.RowType == DataControlRowType.DataRow)
        {
        string bookType = e.Row.Cells[2].Text.ToString();//获得图书类型编号
        string booktypesql = "select typeName from tb_bookType where typeID=" + bookType;
        string typename = dataOperate.seletable(booktypesql).Rows[0][0].ToString();
                                                    //根据变化查找图书类型名
        e.Row.Cells[2].Text = typename;
        string bookcase = e.Row.Cells[3].Text.ToString();
        string bookcasesql = "select bookcaseName from tb_bookcase where bookcaseID="
                                                    //获得书架编号
+ bookcase;
```

```
        string bookcasename = dataOperate.seletable(bookcasesql).Rows[0][0].ToString();
                                             //根据书架编号获得图书类型名
        e.Row.Cells[3].Text = bookcasename;
        e.Row.Attributes.Add("onMouseOver", "Color=this.style.backgroundColor;
this.style.backgroundColor='lightBlue'");
        e.Row.Attributes.Add("onMouseOut", "this.style.backgroundColor=Color;");
    }
}
//删除图书信息
protected void gvBookManage_RowDeleting(object sender, GridViewDeleteEventArgs e)
{
    string barCode = gvBookManage.DataKeys[e.RowIndex].Value.ToString();
                                             //获取该行图书条形码
    string sql = "delete from tb_bookInfo where bookBarCode='" + barCode+ "'";
    dataOperate.execSQL(sql);                //将此条图书信息删除
    bindbook();
}
protected void gvBookManage_PageIndexChanging(object sender, GridViewPageEventArgs e)
{
    gvBookManage.PageIndex = e.NewPageIndex;         //设置当前页的索引
    gvBookManage.DataBind();                         //重新绑定GridView控件
}
protected void Button1_Click(object sender, EventArgs e)
{
    string s = TextBox1.Text;
    string sql = "select * from tb_bookInfo where bookBarCode=" + s;
    gvBookManage.DataSource = dataOperate.getDataset(sql);
    gvBookManage.DataBind();
}
protected void Button2_Click(object sender, EventArgs e)
{
    string s = TextBox2.Text;
    string sql = "select * from tb_bookInfo where bookName='" + s+"'";
    gvBookManage.DataSource = dataOperate.getDataset(sql);
    gvBookManage.DataBind();
}
protected void Button3_Click(object sender, EventArgs e)
{
    Response.Redirect("usersearch.aspx");
}
}
```

6. 添加/修改图书信息页面

(1) 功能：添加或修改图书信息。添加图书信息时，自动生成图书的条形码，其余各个文本框的内容为空，等待管理员的输入；修改图书信息时，自动获得选定图书的各项信息并显示到相应的文本框中。

(2) 页面布局：添加图书信息的界面如图 8.16 所示，修改图书信息的界面如图 8.17 所示。

图 8.16 添加图书信息页面

图 8.17 修改图书信息页面

(3) 控件属性说明：控件属性列表见表 8-13。

表 8-13 控件列表

控件类型	控件名称	设置控件的属性	控件说明
TextBox	txtBarCode	均为默认值	显示图书条形码
TextBox	TxtBookName	均为默认值	显示图书名称
TextBox	TxtAuthor	均为默认值	显示作者
TextBox	TxtBookConcern	均为默认值	显示出版社
TextBox	TxtPrice	均为默认值	显示图书价格
TextBox	Txtnum	均为默认值	显示图书剩余数量
DropDownList	ddlBookType	均为默认值	选择图书类型
DropDownList	ddlBookcase	均为默认值	选择书架
Button	btnSave	均为默认值	保存按钮
Button	BtnClose	均为默认值	关闭按钮
Web 用户控件	bottom.ascx	均为默认值	版权信息

(4) 实现代码如下。

```
//代码 8-6
public string id ;
protected void Page_Load(object sender, EventArgs e)
{
    id = Request.QueryString["ID"].ToString();      //获得 ID 的值判断是添加页面
                                                      还是修改页面

    if (!IsPostBack)                                 //是否首次加载
    {
        bindBookType();                             //绑定图书类型列表框
        bindBookcase();                             //绑定书架名称列表框
        if (id != "add")                            //当打开的为修改页面时
            bindBookInfo();                         //绑定图书信息，将对应的图书条形码的信息显
示到各个文本框中
        else
            txtBarCode.Text = barcode();            //当打开的是添加页面时，自动生成图书的条形码
    }
}
public void bindBookInfo()
```

```
{
    string sid = id;
    string sql = "select * from tb_bookInfo where bookBarCode='" + sid + "'";
    SqlDataReader sdr = dataOperate.getRow(sql);
    sdr.Read();                                         //读取一条记录
    txtBarCode.Text = sdr["bookBarCode"].ToString();    //显示图书条形码信息
    txtBookName.Text = sdr["bookName"].ToString();      //显示图书名称信息
    ddlBookType.SelectedValue = sdr["bookType"].ToString(); //显示图书类型信息
    ddlBookcase.SelectedValue = sdr["bookcase"].ToString(); //显示书架信息
    txtBookConcern.Text = sdr["bookConcern"].ToString();    //显示图书出版社信息
    txtAuthor.Text = sdr["author"].ToString();          //显示图书作者信息
    txtPrice.Text = sdr["Price"].ToString();            //显示图书价格信息
    txtnum.Text = sdr["num"].ToString();                //显示剩余图书数量
}
//绑定图书类型下拉列表
public void bindBookType()
{
    string sql = "select * from tb_bookType";           //获取所有图书类型
    ddlBookType.DataSource = dataOperate.getDataset(sql).Tables[0];
                                    //将图书类型绑定到 DropDownList 控件上
    ddlBookType.DataTextField = "TypeName";   //设置 DropDownList 控件的显示文本
    ddlBookType.DataValueField = "TypeID";    //设置 DropDownList 控件的值
    ddlBookType.DataBind();
}
//绑定书架下拉列表
public void bindBookcase()
{
    string sql = "select * from tb_bookcase";
    ddlBookcase.DataSource = dataOperate.getDataset(sql).Tables[0];
    ddlBookcase.DataTextField = "bookcaseName";
    ddlBookcase.DataValueField = "bookcaseID";
    ddlBookcase.DataBind();
}
//生成条形码
public string barcode()
{
    //获取当前日期的年、月、日转换成字符串类型用于表示条形码
    string date = DateTime.Now.Year.ToString() + DateTime.Now.Month.ToString()
+ DateTime.Now.Day.ToString();
    //获取当前时间的小时、分钟转换成字符串类型用于表示条形码
    string time = DateTime.Now.Hour.ToString() + DateTime.Now.Second.ToString();
    return "10" + date + time;                          //返回一个 13 位的条形码
}
protected void btnSave_Click(object sender, EventArgs e)
{
    string bookBarcode = txtBarCode.Text;               //获取图书条形码信息
    string bookName = txtBookName.Text;                 //获取图书名称信息
    string bookType = ddlBookType.SelectedValue;        //获取图书类型信息
    string bookcase = ddlBookcase.SelectedValue;        //获取书架信息
    string bookConcern = txtBookConcern.Text;           //获取图书出版社信息
    string author = txtAuthor.Text;                     //获取图书作者信息
    string price = txtPrice.Text;                       //获取图书价格信息
    string num = txtnum.Text;                           //获取图书剩余数量
    string sql = "";
```

```
        //判断当前对图书信息的操作
        if (id == "add")
        {
            sql = "insert into
tb_bookInfo(bookBarCode,bookName,bookType,bookcase, bookConcern,author,price,borrowSum,
num) values('" + bookBarcode + "','" + bookName + "','" + bookType + "','" + bookcase
+ "','" + bookConcern + "','" +
                author + "'," + price + ",0,'"+num+"')";
        }
        else
            sql = "update tb_bookInfo set bookName='" + bookName + "',bookType='"
+ bookType + "',bookcase='" + bookcase + "',bookConcern='" + bookConcern +
"',author='" + author + "',price=" + price + ",num='"+num+"' where bookBarCode='"
+ bookBarcode + "'";
        if (dataOperate.execSQL(sql))                              //判断添加或修改是否成功
        {
            Response.Write("<script language=javascript>alert('添加成功！');window.
opener.location.reload();window.close();</script>");
        }
        else
        {
            RegisterStartupScript("", "<script>alert('添加失败！')</script>");
        }
    }
    //关闭页面
    protected void btnClose_Click(object sender, EventArgs e)
    {
        RegisterStartupScript("", "<script>window.close();</script>");
    }
```

7. 图书借阅页面

(1) 功能：完成读者借书的操作。管理员首先通过读者编号查找读者，然后根据图书条形码查找图书，最后单击【借阅】按钮，完成图书的借阅。

(2) 页面布局：图书借阅页面的页面布局如图 8.18 所示。

图 8.18   图书借阅页面的布局图

(3) 控件属性说明：控件属性列表见表 8-14。

表 8-14　控件列表

控件类型	控件名称	设置控件的属性	控件说明
GridView	gvBookBorrow	AutoGenerateColumns=False	显示图书列表
TextBox	txtReaderBarCode	均为默认值	读者编码
TextBox	txtReaderName	均为默认值	读者姓名
TextBox	txtReaderSex	均为默认值	读者性别
TextBox	TxtReaderType	均为默认值	读者类型
TextBox	txtCertificateType	均为默认值	读者证件类型
TextBox	txtCertificate	均为默认值	读者证件号码
TextBox	TxtNum	均为默认值	读者可借数量
TextBox	TxtBookBarCode	均为默认值	图书条形码
Button	btnReaderSearch	均为默认值	查询读者按钮
Button	btnBookSearch	均为默认值	查找图书按钮
Web 用户控件	top.ascx	均为默认值	网站导航
	bottom.ascx	均为默认值	版权信息

(4) 实现代码如下。

```
//代码 8-7:
static int isSum = 0;
protected void btnReaderSearch_Click(object sender, EventArgs e)
{
    bindReaderInfo();
}
private void bindReaderInfo()
{
    string readerBarCode = txtReaderBarCode.Text;            //获取读者条形码
    //创建 SQL 语句在读者信息表中查询符合读者条形码条件的记录
    string readerSql = "select * from tb_readerInfo where readerBarCode='" +
readerBarCode + "'";
    SqlDataReader sdr = dataOperate.getRow(readerSql); //获取该读者详细信息
    if (sdr.Read())
        {                                                    //读取一条记录
            txtReaderName.Text = sdr["readerName"].ToString();   //显示读者姓名
            txtReaderSex.Text = sdr["Sex"].ToString();           //显示读者性别
            txtCertificateType.Text = sdr["certificateType"].ToString();
                                                                 //显示证件类型
            txtCertificate.Text = sdr["certificate"].ToString();//显示证件号
            //创建 SQL 语句在读者类型表中查询符合读者类型编号的记录
            string readerTypeSql = "select * from tb_readerType where id=" + sdr
["readerType"].ToString();
            SqlDataReader typeSdr = dataOperate.getRow(readerTypeSql);
                                                                 //获取读者类型信息
            typeSdr.Read();                                      //读取一条记录
            txtReaderType.Text = typeSdr["type"].ToString();     //显示读者类型
            int borrowNum = Convert.ToInt32(typeSdr["num"]);     //获取可借图书总数
            //创建 SQL 语句在图书借阅表中查询符合读者条形码条件的读者借了几本图书(图书未还的)
            string selSql = "select count(*) from tb_bookBorrow where readerBarCode=
'" + readerBarCode + "' and isReturn ='0'";
```

```
            int alreadyNum = dataOperate.seleSQL(selSql);          //获取图书已借数
            txtNum.Text = Convert.ToString(borrowNum - alreadyNum);     //显示可以借阅数
            isSum = 1;
        }
        else
            RegisterStartupScript("", "<script>alert('读者条形码输入错误!')</script>");
    }
    protected void btnBookSearch_Click(object sender, EventArgs e)
    {
        if (isSum > 0)
        {
            if (Convert.ToInt32(txtNum.Text.Trim()) > 0)          //判断读者是否还可以借书
            {
                if (txtBookBarCode.Text.Trim() != "")             //判断图书条形码是否为空
                {
                    string bookBarCode = txtBookBarCode.Text; //获取图书条形码
                    //创建 SQL 语句在图书信息表中查询符合图书条形码条件的记录
                    string sql = "select * from tb_bookInfo where bookBarCode='" + bookBarCode + "'";
                    DataTable table = dataOperate.getDataset(sql).Tables[0];
                    if (table.DefaultView.Count > 0)
                    {
                        gvBookBorrow.DataSource = table.DefaultView;  //获取数据源
                        gvBookBorrow.DataKeyNames = new string[] { "bookBarCode" };
                                                                      //设置主键
                        gvBookBorrow.DataBind();                   //绑定 GridView 控件
                    }
                    else
                        RegisterStartupScript("", "<script>alert('图书条形码错误!')</script>");
                }
                else
                {
                    RegisterStartupScript("", "<script>alert('图书条形码不能为空')</script>");
                }
            }
            else
            {
                RegisterStartupScript("", "<script>alert('借阅数量已满! 不可以再借阅')</script>");
            }
        }
        else
            RegisterStartupScript("", "<script>alert('请先输入正确的读者条形码!')</script>");
    }
    protected void gvBookBorrow_RowDataBound(object sender, GridViewRowEventArgs e)
    {
        if (e.Row.RowType == DataControlRowType.DataRow)
        {   //设置图书类型
            string bookType = e.Row.Cells[1].Text.ToString();        //获取图书类型编号
            //创建 SQL 语句在图书类型表中查询符合图书类型编号条件的记录
            string typeSql = "select * from tb_bookType where TypeID=" + bookType;
            SqlDataReader typeSdr = dataOperate.getRow(typeSql);
            typeSdr.Read();                                          //读取一条记录
            e.Row.Cells[1].Text = typeSdr["typeName"].ToString();    //显示图书类型
            string readersql = "select * from tb_readerInfo as a inner join tb_readerType
as b on a.readerType=id where readerBarCode='" + txtReaderBarCode.Text + "'";
```

```
            SqlDataReader readerSdr = dataOperate.getRow(readersql);
            readerSdr.Read();
            e.Row.Cells[5].Text = readerSdr["borrowDay"].ToString();
                                                            //显示图书可借天数
        }
    }
    protected void gvBookBorrow_SelectedIndexChanging(object sender, GridViewSelectEventArgs e)
    {
        string bookBarCode = gvBookBorrow.DataKeys[e.NewSelectedIndex].Value.ToString();
        //创建 SQL 语句使用内联接连接条件为图书类型编号，查询条件为符合图书条形码的记录
        string sql = "select * from tb_bookInfo as a inner join tb_bookType as b on
a.bookType=typeID where a.bookBarCode='" + bookBarCode + "'";
        SqlDataReader sdr = dataOperate.getRow(sql);           //获取图书信息
        sdr.Read();  //读取一条记录
        string bookName = sdr["bookName"].ToString();          //获取图书名称
        string borrowTime = DateTime.Now.Date.ToShortDateString();  //获取借阅日期
        string readerBarCode = txtReaderBarCode.Text;          //获取读者条形码
        string readersql = "select * from tb_readerInfo as a inner join tb_readerType
as b on a.readerType=id where readerBarCode='" + txtReaderBarCode.Text + "'";
        SqlDataReader readerSdr = dataOperate.getRow(readersql);
        readerSdr.Read();
        int borrowDay=Convert.ToInt32( readerSdr["borrowDay"]); //获取图书可借天数
        string returnTime = DateTime.Now.Date.AddDays(borrowDay).ToShortDateString();
                                                            //获取应还日期
        string readerName = txtReaderName.Text;                //获取读者姓名
        int  num = Convert.ToInt32(sdr["num"]);                //获取图书剩余数量
        if (num <= 0)
        { RegisterStartupScript("", "<script>alert('该图书剩余数量为 0，目前不能借阅!
')</script>"); }
        else
        {string issql = "select * from tb_bookborrow where bookBarCode='" + bookBarCode
+ "'and readerBarCode='" + readerBarCode + "'and isReturn=0";
        if (dataOperate.seleSQL(issql) != 0) //判断该读者目前是否已经借阅了这本书还未还
            RegisterStartupScript("", "<script>alert('不允许同时借多本一样的书!
')</script>");
            //创建 SQL 语句将图书借阅信息添加到图书借阅信息表中
            else
            {
                string addSql = "insert tb_bookBorrow values('" + bookBarCode + "','"
+ bookName + "','" + borrowTime + "','" + returnTime + "','" + readerBarCode + "','"
+ readerName + "','')";
                if (dataOperate.execSQL(addSql))                //判断是否添加成功
                {
                //创建 SQL 更新图书信息表中符合图书条形码条件记录的借阅数
                    string updateSql = "update tb_bookInfo set borrowSum=borrowSum+1,
num=num-1 where bookBarCode='" + bookBarCode + "'";
                    dataOperate.execSQL(updateSql);
                    bindReaderInfo();                         //重新绑定读者信息
                    gvBookBorrow.DataSource = null;           //将数据源设置为空
                    gvBookBorrow.DataBind();
                    txtBookBarCode.Text = "";                 //将图书条形码文本框清空
                    RegisterStartupScript("", "<script>alert('添加成功! ')</script>");
                }
                else
```

```
                {
                    RegisterStartupScript("", "<script>alert('添加失败！')</script>");
                }
            }
        }
    }
```

8. 图书归还页面

(1) 功能：完成读者还书的操作。管理员首先通过读者编号查找读者，然后根据图书条形码查找图书，最后单击【归还】按钮，完成图书的归还。

(2) 页面布局：图书归还页面的页面布局如图 8.19 所示。

(3) 控件属性说明：控件属性列表见表 8-15。

表 8-15　控件列表

控件类型	控件名称	设置控件的属性	控件说明
GridView	GvBookReturn	AutoGenerateColumns=False	显示图书列表
TextBox	txtReaderBarCode	均为默认值	读者编码
TextBox	txtReaderName	均为默认值	读者姓名
TextBox	txtReaderSex	均为默认值	读者性别
TextBox	TxtReaderType	均为默认值	读者类型
TextBox	txtCertificateType	均为默认值	读者证件类型
TextBox	txtCertificate	均为默认值	读者证件号码
TextBox	TxtNum	均为默认值	读者可借数量
TextBox	TxtBookBarCode	均为默认值	图书条形码
Button	btnReaderSearch	均为默认值	查询读者按钮
Button	btnBookSearch	均为默认值	查找图书按钮
Web 用户控件	top.ascx	均为默认值	网站导航
	bottom.ascx	均为默认值	版权信息

图 8.19　图书归还页面的布局图

（4）实现代码如下。

```
//代码8-8:
//GridView的前台代码
<asp:GridView ID="gvBookReturn" runat="server" AutoGenerateColumns="False"
 CellPadding="4" ForeColor="#333333" GridLines="None"
 onselectedindexchanged="gvBookReturn_SelectedIndexChanged"
 OnSelectedIndexChanging="gvBookReturn_SelectedIndexChanging" PageSize="5" Width="815px">
<FooterStyle BackColor="#5D7B9D" Font-Bold="True" ForeColor="White" />
 <Columns>
<asp:BoundField DataField="bookBarCode" HeaderText="图书条形码" />
<asp:BoundField DataField="bookName" HeaderText="图书名称" />
<asp:BoundField DataField="borrowTime" DataFormatString="{0:yyy-MM-dd}" HeaderText="
借阅时间" HtmlEncode="False" />
 <asp:BoundField DataField="returnTime" DataFormatString="{0:yyyy-MM-dd}" HeaderText="
应还时间" HtmlEncode="False" />
<asp:BoundField DataField="readerName" HeaderText="借阅人" />
<asp:CommandField HeaderText="归还" SelectText="归还" ShowSelectButton="True" />
</Columns>
<RowStyle BackColor="#F7F6F3" ForeColor="#333333" />
<EditRowStyle BackColor="#999999" />
<SelectedRowStyle BackColor="#E2DED6" Font-Bold="True" ForeColor="#333333" />
<PagerStyle BackColor="#284775" ForeColor="White" HorizontalAlign="Center" />
 <HeaderStyle BackColor="#5D7B9D" Font-Bold="True" ForeColor="White" />
 <AlternatingRowStyle BackColor="White" ForeColor="#284775" />
</asp:GridView>
  protected void btnReaderSearch_Click(object sender, EventArgs e)
   {
      string readerBarCode = txtReaderBarCode.Text;
    string readerSql = "select * from tb_readerInfo where readerBarCode='" + readerBarCode + "'";
      SqlDataReader sdr = dataOperate.getRow(readerSql);
      if (sdr.Read())
      {
         txtReaderName.Text = sdr["readerName"].ToString();
         txtReaderSex.Text = sdr["Sex"].ToString();
         txtCertificateType.Text = sdr["certificateType"].ToString();
         txtCertificate.Text = sdr["certificate"].ToString();
         string readerTypeSql = "select * from tb_readerType where id=" + sdr
["readerType"].ToString();
         SqlDataReader typeSdr = dataOperate.getRow(readerTypeSql);
         typeSdr.Read();
         txtReaderType.Text = typeSdr["type"].ToString();
         int borrowNum = Convert.ToInt32(typeSdr["num"]);
         string selSql = "select count(*) from tb_bookBorrow where readerBarCode=
'" + readerBarCode + "' and isReturn ='0'";
         int alreadyNum = dataOperate.seleSQL(selSql);
         txtNum.Text = Convert.ToString(borrowNum - alreadyNum);
         string sql = "select * from tb_bookBorrow where  readerBarCode='" +
txtReaderBarCode.Text + "'and isReturn='0'";
         bindGridView(sql);
      }
     else
```

```
            RegisterStartupScript("", "<script>alert('图书条形码输入错误!')</script>");
    }
    protected void btnBookSearch_Click(object sender, EventArgs e)
    {
        if (txtBookBarCode.Text.Trim() != "")
        {
            string bookBarCode = txtBookBarCode.Text;
            string sql = "select * from tb_bookBorrow where bookBarCode='" + bookBarCode
+ "'and readerBarCode='" + txtReaderBarCode.Text + "'and isReturn='0'";
            bindGridView(sql);
        }
        else
        {
            RegisterStartupScript("", "<script>alert('图书条形码不能为空')</script>");
        }
    }
    public void bindGridView(string sql)
    {
        gvBookReturn.DataSource = dataOperate.getDataset(sql);
        gvBookReturn.DataKeyNames = new string[] { "bookBarCode" };
        gvBookReturn.DataBind();
    }
protected void gvBookReturn_SelectedIndexChanging(object sender, GridViewSelectEventArgs e)
    {
        //获取当前选择图书条形码
        string bookBarCode = gvBookReturn.DataKeys[e.NewSelectedIndex].Value.ToString();
        string returntime=DateTime.Now.Date.ToShortDateString();
        //创建 SQL 语句更新图书借阅表中是否归还字段
        string updateSql = "update tb_bookBorrow set isReturn='1',returnTime=
'"+returntime+"' where bookBarCode='" + bookBarCode + "'and readerBarCode='" +
txtReaderBarCode.Text + "'";
        if (dataOperate.execSQL(updateSql))              //判断是否归还成功
        {
            RegisterStartupScript("", "<script>alert('归还成功!')</script>");
            gvBookReturn.DataSource = null;              //将 GridView 控件数据源设置为空
            gvBookReturn.DataBind();                     //绑定 GridView 控件
            txtBookBarCode.Text = null;                  //将显示图书条形码设置为空
        }
        else
        {
            RegisterStartupScript("", "<script>alert('归还失败!')</script>");
        }
    }
}
```

9. 用户管理页面

(1) 功能：管理员管理读者的信息，包括读者的添加、删除、修改和查询操作。本页面的实现与图书管理页面相似。

(2) 页面布局：用户管理页面的页面布局如图 8.20 所示。

(3) 控件属性说明：控件属性列表见表 8-16。

表 8-16 控件列表

控件类型	控件名称	设置控件的属性	控件说明
GridView	gvusermanage	AutoGenerateColumns=False AllowPaging=True PageSize=10 DataKeyNames=readerBarCode	显示读者列表
TextBox	txtid	均为默认值	输入读者编码
TextBox	txtname	均为默认值	输入读者姓名
DropDownList	ddltype	均为默认值	选择用户类别
Button	Button1	Text="查询"	查询按钮
Html 控件	\<a\>	href="#" onclick="window.open('adduser.aspx?ID=add',")"	添加图书
Web 用户控件	top.ascx	均为默认值	网站导航
	bottom.ascx	均为默认值	版权信息

图 8.20 用户管理页面的布局图

(4) 实现代码如下。

```
//代码 8-9:
//首先给出 GridView 的前台代码:
<asp:GridView ID="gvusermanager" runat="server" AutoGenerateColumns="False"
    CellPadding="4" ForeColor="#333333" GridLines="None" onload="Page_Load"
    DataKeyNames="readerBarCode"
    onpageindexchanging="gvusermanager_PageIndexChanging"
    onrowdatabound="gvusermanager_RowDataBound"
    onrowdeleting="gvusermanager_RowDeleting" AllowPaging="True">
    <FooterStyle BackColor="#5D7B9D" Font-Bold="True" ForeColor="White" />
    <RowStyle BackColor="#F7F6F3" ForeColor="#333333" />
    <Columns>
        <asp:BoundField DataField="readerBarCode" HeaderText="用户编号" />
        <asp:BoundField DataField="readerName" HeaderText="用户姓名" />
        <asp:BoundField DataField="sex" HeaderText="用户性别" />
```

```
            <asp:BoundField DataField="readerType" HeaderText="用户类型" />
            <asp:BoundField DataField="certificateType" HeaderText="借阅证类别" />
            <asp:BoundField DataField="certificate" HeaderText="借阅证" />
            <asp:BoundField DataField="tel" HeaderText="电话" />
            <asp:BoundField DataField="email" HeaderText="邮箱" />
            <asp:BoundField DataField="remark" HeaderText="备注" />
            <asp:TemplateField HeaderText="修改">
             <ItemTemplate>
                    <a href="#" onclick="window.open('adduser.aspx?ID=<%#Eval
("readerBarCode")%>','','width=340,height=371')">修改</a>
             </ItemTemplate>
            </asp:TemplateField>
            <asp:CommandField HeaderText="删除" ShowDeleteButton="True" />
        </Columns>
        <PagerStyle BackColor="#284775" ForeColor="White" HorizontalAlign="Center" />
        <SelectedRowStyle BackColor="#E2DED6" Font-Bold="True" ForeColor="#333333" />
        <HeaderStyle BackColor="#5D7B9D" Font-Bold="True" ForeColor="White" />
        <EditRowStyle BackColor="#999999" />
        <AlternatingRowStyle BackColor="White" ForeColor="#284775" />
    </asp:GridView>
//后台代码
protected void Page_Load(object sender, EventArgs e)
    {
        bindreader();
    }
    private void bindreader()
    {
        string sql = "select * from tb_readerInfo";
        gvusermanager.DataSource = dataOperate.getDataset(sql);
        gvusermanager.DataBind();
    }
    protected void Button2_Click(object sender, EventArgs e)
    {
        Response.Redirect("adduser.aspx");
    }
    protected void gvusermanager_RowDataBound(object sender, GridViewRowEventArgs e)
    {
        if (e.Row.RowType == DataControlRowType.DataRow)
        {
            string readerType = e.Row.Cells[3].Text.ToString(); //获得读者类型编号
            string readertypesql = "select type from tb_readerType where id=" + readerType;
            string typename = dataOperate.seletable(readertypesql).Rows[0][0].ToString();
            e.Row.Cells[3].Text = typename;
            e.Row.Attributes.Add("onMouseOver", "Color=this.style.backgroundColor;
this.style.backgroundColor='lightBlue'");
            e.Row.Attributes.Add("onMouseOut", "this.style.backgroundColor=Color;");
        }
    }
    protected void gvusermanager_RowDeleting(object sender, GridViewDeleteEventArgs e)
    {
        string barCode = gvusermanager.DataKeys[e.RowIndex].Value.ToString();
                                                    //获取读者编号
```

```
    string sql = "delete from tb_readerInfo where readerBarCode='" + barCode +
"'";
    dataOperate.execSQL(sql);
    bindreader();
}
protected void gvusermanager_PageIndexChanging(object sender, GridViewPageEventArgs e)
{
    gvusermanager.PageIndex = e.NewPageIndex;          //设置当前页的索引
    gvusermanager.DataBind();                          //重新绑定 GridView 控件
}
protected void Button1_Click(object sender, EventArgs e)
{
    string s1 = txtid.Text;
    string s2 = txtname.Text;
    string s3 = ddltype.SelectedValue;
    string sql="";
    if (s1 != "")
        sql = "select * from tb_readerInfo where readerBarCode=" + s1;
    else
    {
        if (s2 != "" && s3 !="0")
            sql = "select * from tb_readerInfo where readerName='" + s2 + "' and
readerType='" + s3 + "'";
        if (s2 != "" && s3 == "0")
            sql = "select * from tb_readerInfo where readerName='" + s2 + "'";
        if (s2 == "" && s3 != "0")
            sql = "select * from tb_readerInfo where readerType='" + s3 + "'";
        if (s2 == "" && s3 == "0")
            sql = "select * from tb_readerInfo";
    }
    txtid.Text = "";
    txtname.Text = "";
    ddltype.SelectedValue = "0";
    gvusermanager.DataSource = dataOperate.getDataset(sql);
    gvusermanager.DataBind();
}
```

10. 其余模块

除了以上列出的各个模块外，图书馆管理系统的其他页面的实现均在前面的章节中进行过详细地讲解，如聊天室，用户注册等页面，可参考前面的章节中的代码。

练　习

一、作为一个图书馆管理网站，该网站还有一些功能没有健全，试为网站增添如下功能。

(1) 增加图书续借功能。

(2) 增加管理员口令更改功能。

(3) 增加管理员管理功能，包括新建管理员、删除管理员等。

(4) 设置管理员的管理权限，不同的管理员管理权限不同。

(5) 进一步增加借阅信息的管理工作，例如借阅信息的批量删除。

(6) 在读者的借阅信息查询模块，设置读者口令，使得用户同时输入用户编号和口令时才可以查阅借阅信息，从而保证每个人只能查看自己的信息。

(7) 增加还书提醒模块，当用户查看自己的借阅信息时，提醒用户过期未还的图书。

(8) 增加罚款模块，当用户有过期未还的图书时，自动计算罚款数额。

(9) 修改聊天室模块：当客户端注册聊天室用户时，将注册信息写入数据库。用户再度登录聊天室时，根据用户输入的用户名和密码去数据库中查找相应的数据，从而进行身份的验证。

二、作一个互动媒体学习社区

根据需求分析的描述以及实际考察，现制定网站实现如下功能。

(1) 注册功能，用户通过注册成为网站会员。

(2) 发布下载教程，对会员提供发布教程和下载教程的功能。

(3) 密码找回功能，当会员忘记密码时可以通过此功能找回。

(4) 留言功能，通过留言功能进行互动交流。

(5) 查询功能，使用户通过查询快速找到需要的教程。

(6) 后台管理功能，管理员通过后台进行网站的维护和管理。

参 考 文 献

[1] 微软.NET 框架示例文档.

[2] 王兴玲，等. ASP 案例汇编[M]. 北京：清华大学出版社，2009.

[3] 尚俊杰. ASP.NET 程序设计[M]. 北京：清华大学出版社，2004.

[4] 丁桂芝. ASP.NET 动态网页设计教程[M]. 北京：中国铁道出版社，2011.

[5] 张领. ASP.NET 项目开发全程实录[M]. 北京：清华大学出版社，2008.

[6] 李德奇. ASP.NET 程序设计[M]. 北京：人民邮电出版社，2007.

全国高职高专计算机、电子商务系列教材推荐书目

【语言编程与算法类】

序号	书号	书名	作者	定价	出版日期	配套情况
1	978-7-301-13632-4	单片机C语言程序设计教程与实训	张秀国	25	2011	课件
2	978-7-301-15476-2	C语言程序设计(第2版)(2010年度高职高专计算机类专业优秀教材)	刘迎春	32	2011	课件、代码
3	978-7-301-14463-3	C语言程序设计案例教程	徐翠霞	28	2008	课件、代码、答案
4	978-7-301-16878-3	C语言程序设计上机指导与同步训练(第2版)	刘迎春	30	2010	课件、代码
5	978-7-301-17337-4	C语言程序设计经典案例教程	韦良芬	28	2010	课件、代码、答案
6	978-7-301-09598-0	Java程序设计教程与实训	许文宪	23	2010	课件、答案
7	978-7-301-13570-9	Java程序设计案例教程	徐翠霞	33	2008	课件、代码、习题答案
8	978-7-301-13997-4	Java程序设计与应用开发案例教程	汪志达	28	2008	课件、代码、答案
9	978-7-301-10440-8	Visual Basic程序设计教程与实训	康丽军	28	2010	课件、代码、答案
10	978-7-301-15618-6	Visual Basic 2005程序设计案例教程	靳广斌	33	2009	课件、代码、答案
11	978-7-301-17437-1	Visual Basic 程序设计案例教程	严学道	27	2010	课件、代码、答案
12	978-7-301-09698-7	Visual C++ 6.0程序设计教程与实训(第2版)	王丰	23	2009	课件、代码、答案
13	978-7-301-15669-8	Visual C++程序设计技能教程与实训——OOP、GUI与Web开发	聂明	36	2009	课件
14	978-7-301-13319-4	C#程序设计基础教程与实训	陈广	36	2011	课件、代码、视频、答案
15	978-7-301-14672-9	C#面向对象程序设计案例教程	陈向东	28	2011	课件、代码、答案
16	978-7-301-16935-3	C#程序设计项目教程	宋桂岭	26	2010	课件
17	978-7-301-15519-6	软件工程与项目管理案例教程	刘新航	28	2011	课件、答案
18	978-7-301-12409-3	数据结构(C语言版)	夏燕	28	2011	课件、代码、答案
19	978-7-301-14475-6	数据结构(C#语言描述)	陈广	28	2009	课件、代码、答案
20	978-7-301-14463-3	数据结构案例教程(C语言版)	徐翠霞	28	2009	课件、代码、答案
21	978-7-301-18800-2	Java面向对象项目化教程	张雪松	33	2011	课件、代码、答案
22	978-7-301-18947-4	JSP应用开发项目化教程	王志勃	26	2011	课件、代码、答案
23	978-7-301-19821-6	运用JSP开发Web系统	涂刚	34	2012	课件、代码、答案
24	978-7-301-19890-2	嵌入式C程序设计	冯刚	29	2012	课件、代码、答案
25	978-7-301-19801-8	数据结构及应用	朱珍	28	2012	课件、代码、答案
26	978-7-301-19940-4	C#项目开发教程	徐超	34	2012	课件
27	978-7-301-15232-4	Java基础案例教程	陈文兰	26	2009	课件、代码、答案
28	978-7-301-20542-6	基于项目开发的C#程序设计	李娟	32	2012	课件、代码、答案

【网络技术与硬件及操作系统类】

序号	书号	书名	作者	定价	出版日期	配套情况
1	978-7-301-14084-0	计算机网络安全案例教程	陈昶	30	2008	课件
2	978-7-301-16877-6	网络安全基础教程与实训(第2版)	尹少平	30	2011	课件、素材、答案
3	978-7-301-13641-6	计算机网络技术案例教程	赵艳玲	28	2008	课件
4	978-7-301-18564-3	计算机网络技术案例教程	宁芳露	35	2011	课件、习题答案
5	978-7-301-10226-8	计算机网络技术基础	杨瑞良	28	2011	课件
6	978-7-301-10290-9	计算机网络技术基础教程与实训	桂海进	28	2010	课件、答案
7	978-7-301-10887-1	计算机网络安全技术	王其良	28	2011	课件、答案
8	978-7-301-12325-6	网络维护与安全技术教程与实训	韩最蛟	32	2010	课件、习题答案
9	978-7-301-09635-2	网络互联及路由器技术教程与实训(第2版)	宁芳露	27	2010	课件、答案
10	978-7-301-15466-3	综合布线技术教程与实训(第2版)	刘省贤	36	2011	课件、习题答案
11	978-7-301-15432-8	计算机组装与维护(第2版)	肖玉朝	26	2009	课件、习题答案
12	978-7-301-14673-6	计算机组装与维护案例教程	谭宁	33	2010	课件、习题答案
13	978-7-301-13320-0	计算机硬件组装和评测及数码产品评测教程	周奇	36	2008	课件
14	978-7-301-12345-4	微型计算机组成原理教程与实训	刘辉珞	22	2010	课件、习题答案
15	978-7-301-16736-6	Linux系统管理与维护(江苏省省级精品课程)	王秀平	29	2010	课件、习题答案
16	978-7-301-10175-9	计算机操作系统原理教程与实训	周峰	22	2010	课件、答案
17	978-7-301-16047-3	Windows服务器维护与管理教程与实训(第2版)	鞠光明	33	2010	课件、答案
18	978-7-301-14476-3	Windows2003维护与管理技能教程	王伟	29	2009	课件、习题答案
19	978-7-301-18472-1	Windows Server 2003服务器配置与管理情境教程	顾红燕	24	2011	课件、习题答案

【网页设计与网站建设类】

序号	书号	书名	作者	定价	出版日期	配套情况
1	978-7-301-15725-1	网页设计与制作案例教程	杨森香	34	2011	课件、素材、答案

序号	书号	书名	作者	定价	出版日期	配套情况
2	978-7-301-15086-3	网页设计与制作教程与实训(第2版)	于巧娥	30	2011	课件、素材、答案
3	978-7-301-13472-0	网页设计案例教程	张兴科	30	2009	课件
4	978-7-301-17091-5	网页设计与制作综合实例教程	姜春莲	38	2010	课件、素材、答案
5	978-7-301-16854-7	Dreamweaver 网页设计与制作案例教程(2010 年度高职高专计算机类专业优秀教材)	吴 鹏	41	2010	课件、素材、答案
6	978-7-301-11522-0	ASP .NET 程序设计教程与实训(C#版)	方明清	29	2009	课件、素材.答案
7	978-7-301-13679-9	ASP .NET 动态网页设计案例教程(C#版)	冯 涛	30	2010	课件、素材、答案
8	978-7-301-10226-8	ASP 程序设计教程与实训	吴 鹏	27	2011	课件、素材、答案
9	978-7-301-13571-6	网站色彩与构图案例教程	唐一鹏	40	2008	课件、素材、答案
10	978-7-301-16706-9	网站规划建设与管理维护教程与实训(第2版)	王春红	32	2011	课件、答案
11	978-7-301-17175-2	网站建设与管理案例教程(山东省精品课程)	徐洪祥	28	2010	课件、素材、答案
12	978-7-301-17736-5	.NET 桌面应用程序开发教程	黄 河	30	2010	课件、素材、答案
13	978-7-301-19846-9	ASP .NET Web 应用案例教程	于 洋	26	2012	课件、素材
14	978-7-301-20565-5	ASP.NET 动态网站开发	崔 宁	30	2012	课件、素材、答案

【图形图像与多媒体类】

序号	书号	书名	作者	定价	出版日期	配套情况
1	978-7-301-09592-8	图像处理技术教程与实训(Photoshop 版)	夏 燕	28	2010	课件、素材、答案
2	978-7-301-14670-5	Photoshop CS3 图形图像处理案例教程	洪 光	32	2010	课件、素材、答案
3	978-7-301-12589-2	Flash 8.0 动画设计案例教程	伍福军	29	2009	课件
4	978-7-301-13119-0	Flash CS 3 平面动画案例教程与实训	田启明	36	2008	课件
5	978-7-301-13568-6	Flash CS3 动画制作案例教程	俞 欣	25	2011	课件、素材、答案
6	978-7-301-15368-0	3ds max 三维动画设计技能教程	王艳芳	28	2009	课件
7	978-7-301-14473-2	CorelDRAW X4 实用教程与实训	张祝强	35	2011	课件、素材、答案
8	978-7-301-10444-6	多媒体技术与应用教程与实训	周承芳	32	2011	课件、素材、答案
9	978-7-301-17136-3	Photoshop 案例教程	沈道云	25	2011	课件、素材、视频
10	978-7-301-19304-4	多媒体技术与应用案例教程	刘辉珞	34	2011	课件、素材、答案

【数据库类】

序号	书号	书名	作者	定价	出版日期	配套情况
1	978-7-301-10289-3	数据库原理与应用教程(Visual FoxPro 版)	罗 毅	30	2010	课件
2	978-7-301-13321-7	数据库原理及应用 SQL Server 版	武洪萍	30	2010	课件、素材、答案
3	978-7-301-13663-8	数据库原理及应用案例教程(SQL Server 版)	胡锦丽	40	2010	课件、素材、答案
4	978-7-301-16900-1	数据库原理及应用(SQL Server 2008 版)	马桂婷	31	2011	课件、素材、答案
5	978-7-301-15533-2	SQL Server 数据库管理与开发教程与实训(第2版)	杜兆将	32	2010	课件、素材、答案
6	978-7-301-13315-6	SQL Server 2005 数据库基础及应用技术教程与实训	周 奇	34	2011	课件
7	978-7-301-15588-2	SQL Server 2005 数据库原理与应用案例教程	李 军	27	2009	课件
8	978-7-301-16901-8	SQL Server 2005 数据库系统应用开发技能教程	王 伟	28	2010	课件
9	978-7-301-17174-5	SQL Server 数据库实例教程	汤承林	38	2010	课件、习题答案
10	978-7-301-17196-7	SQL Server 数据库基础与应用	贾艳宇	39	2010	课件、习题答案
11	978-7-301-17605-4	SQL Server 2005 应用教程	梁庆枫	25	2010	课件、习题答案

【电子商务类】

序号	书号	书名	作者	定价	出版日期	配套情况
1	978-7-301-10880-2	电子商务网站设计与管理	沈凤池	32	2011	课件
2	978-7-301-12344-7	电子商务物流基础与实务	邓之宏	38	2010	课件、习题答案
3	978-7-301-12474-1	电子商务原理	王 震	34	2008	课件
4	978-7-301-12346-1	电子商务案例教程	龚 民	24	2010	课件、习题答案
5	978-7-301-12320-1	网络营销基础与应用	张冠凤	28	2008	课件、习题答案
6	978-7-301-18604-6	电子商务概论（第2版）	于巧娥	33	2012	课件、习题答案

【专业基础课与应用技术类】

序号	书号	书名	作者	定价	出版日期	配套情况
1	978-7-301-13569-3	新编计算机应用基础案例教程	郭丽春	30	2009	课件、习题答案
2	978-7-301-18511-7	计算机应用基础案例教程(第2版)	孙文力	32	2011	课件、习题答案
3	978-7-301-16046-6	计算机专业英语教程(第2版)	李 莉	26	2010	课件、答案
4	978-7-301-19803-2	计算机专业英语	徐 娜	30	2012	课件、素材、答案

电子书(PDF 版)、电子课件和相关教学资源下载地址：http://www.pup6.cn，欢迎下载。
联系方式：010-62750667，liyanhong1999@126.com，linzhangbo@126.com，欢迎来电来信。